"十二五"职业教育国家规划教材
经全国职业教育教材审定委员会审定

U0177237

果树栽培学程设计

第 2 版

张力飞　主编

中国农业大学出版社
·北京·

内 容 简 介

《果树栽培学程设计》是以果树栽培中的各重点环节为中心开展的教学活动,突出果树周年管理要点。本书主要介绍仁果类果树栽培、核果类果树栽培、浆果类果树栽培、坚果类果树栽培、保护地核果类果树栽培、保护地浆果类果树栽培六个学习情境。前四个学习情境按照春、夏、秋三季安排学习任务,后两个学习情境则点出保护地不同于露地栽培的任务。每项任务设置课堂计划表、引导文(教材资源、网络资源、学习情境报告单、实施计划单、《果树栽培》专业技能评价表、《果树栽培》职业能力评价表、工作技能单、学生补充的引导文等)。旨在以行动为导向,完成各学习情境的学习,体现学生主体、教师主导,从而培养学生的专业能力、社会能力、方法能力及个人能力。本书可作为职业院校园艺技术专业的教材,也可作为园艺技术专业远程教育的学习资源。

图书在版编目(CIP)数据

果树栽培学程设计/张力飞主编.—2版.—北京:中国农业大学出版社,2014.6
ISBN 978-7-5655-0979-7

Ⅰ.①果… Ⅱ.①张… Ⅲ.①果树园艺-高等学校-教学参考资料 Ⅳ.①S66

中国版本图书馆 CIP 数据核字(2014)第 111701 号

书　　名	果树栽培学程设计　第2版		
作　　者	张力飞　主编		
责任编辑	姚慧敏　伍　斌	责任校对	王晓凤　陈　莹
封面设计	郑　川		
出版发行	中国农业大学出版社		
社　　址	北京市海淀区圆明园西路2号	邮政编码	100193
电　　话	发行部 010-62818525,8625	读者服务部	010-62732336
	编辑部 010-62732617,2618	出 版 部	010-62733440
网　　址	http://www.cau.edu.cn/caup		
经　　销	新华书店	e-mail	cbsszs @ cau.edu.cn
印　　刷	涿州市星河印刷有限公司		
版　　次	2014年10月第2版　2014年10月第1次印刷		
规　　格	889×1 194　16开本　18.5印张　450千字		
定　　价	39.00元		

图书如有质量问题本社发行部负责调换

◆◆◆◆◆ 编审人员

主　编　张力飞　（辽宁农业职业技术学院）

副主编　赵师成　（信阳农林学院）

　　　　　卜庆雁　（辽宁农业职业技术学院）

　　　　　娄汉平　（辽宁职业学院）

　　　　　郭　艳　（山西林业职业技术学院）

参　编　孟凡丽　（辽宁农业职业技术学院）

　　　　　梁春莉　（辽宁农业职业技术学院）

　　　　　于立杰　（辽宁农业职业技术学院）

　　　　　李　坤　（沈阳农业大学）

　　　　　邓　洁　（永州职业技术学院）

　　　　　张　爽　（黑龙江农业职业技术学院）

　　　　　姜树成　（大连东马屯水果专业合作社）

　　　　　赵　凯　（陕西西安市果业技术推广中心）

主　审　蒋锦标　（辽宁农业职业技术学院）

●●●●●● 前　言

　　《果树栽培学程设计》是作者在参加了中德高职师资培训项目后开发的一本学习材料,同时它也融入了辽宁农业职业技术学院农学园艺系果树教研室教师多年来教学改革成果,现与其他省市院校教师共同修订开发,以便形成更加合理、普适的学习材料。它可以是单行本,也可以与其他教材配合使用。通过教、学实施,真正意义上改变学生、教师在课堂中的地位,实现学生主体、教师主导。在教学目标的培养上也体现出职业能力的四个方面。

　　《果树栽培学程设计》是以引导文教学法为主。引导文教学法是"借助于预先准备的引导性文字,引导学生解决实际问题"。引导文的任务是建立项目工作和它所需要的知识、技能之间的关系,让学生清楚完成任务应该通晓什么知识、具备哪些技能等。

　　引导文教学法一般包括以下 6 个步骤:

　　①资讯(提出任务):给出一个项目的工作任务。

　　②计划:学生通过引导性问题的引导,找出应对任务的知识和方法。

　　③决策:制定任务实施计划及完成任务所需的工具与材料,避免盲目性。

　　④实施:学生按照自己制定的计划分步实施。

　　⑤检查:为保质保量完成生产任务,实施过程中要进行师查、自查、互查。

　　⑥评价:通过学生任务的实施,给出综合评价。

　　在 6 个步骤当中,教师能作为主体存在的部分是决策和评价。另外,在有些课堂计划表格中还设有反馈。

　　书中设计内容包括仁果类、核果类、浆果类、坚果类、保护地核果类和保护地浆果类果树栽培。各地可以根据自身条件调整部分授课内容及学时分配,并在学习任务的安排上要体现循序渐进,如苹果(梨)修剪,可以从修剪手法的运用、春季修剪、夏季修剪、秋季修剪到休眠期修剪。

　　本教材的编写分工如下:学习情境 1、附录由张力飞编写,学习情境 2 由张力飞、梁春莉编写,学习情境 3 由卜庆雁、赵师成、李坤、邓洁编写,学习情境 4 由赵师成、郭艳编写,学习情境 5 由于立杰、张爽编写,学习情境 6 由娄汉平、孟凡丽编写,姜树成、赵凯提供部分参考材料,最后由张力飞负责统稿,蒋锦标教授审稿。果树栽培课程的学程设计,当否还需同行专家指正。书中部分内容参考了部分学者的文献资料,在此致以衷心的感谢。

编　者

2014 年 3 月

目 录

学习情境1

仁果类果树栽培

- 春季管理

- 夏季管理

- 秋季管理

1.1 春季管理

1.1.1 休眠期修剪

"课堂计划"表格

日期：		用时：	
班级：		地点：	

科目：果树栽培

题目：学习主题 1.1.1（建议 8 学时）：休眠期修剪（应用举例：苹果（梨）休眠期修剪）

课堂特殊要求（家庭作业等等）：
1. 苹果（梨）常用树形及树体结构
2. 休眠期修剪的意义、原则和依据
3. 苹果（梨）的枝芽特性、丰产特性
4. 怎样做苹果（梨）的休眠期修剪
5. 休眠期修剪的注意事项

目标：
专业能力：①熟悉果树的芽、枝条及其与整形修剪有关的特性；掌握苹果（梨）休眠期修剪及主要树形及丰产树形的特点、修剪时期、修剪方法等基本知识。②会观察修剪反应，并独立完成率果（梨）休眠期修剪任务
方法能力：①具有较强的信息采集与处理的能力；②自我控制与管理能力；③自我控制与管理能力；④评价（自我、他人）能力
社会能力：①具备较强的团队协作、组织协调能力；②有一定的劳动组织协调能力；③具有吃苦耐劳、热爱劳动、踏实肯干、爱岗敬业、遵纪守时等职业道德
个人能力：①具有较好的心理素质和身体素质、自信心强；②具有良好的语言表达、人际交往能力

准备：
绘图纸　8 张
白板笔（四种颜色）各 8 支
小磁钉　8 个
苹果（梨）树修剪光盘　2 片
苹果　4 把
手锯　4 个
梯子
修枝剪　48 把
高枝剪
保护剂（铅油、愈合剂等）　4 份

时间	行为阶段	教师活动	参与者活动	方法	媒体
5'	资讯	1. 回顾前面果树用树形及树体结构 2. 学生分组，提出"盛果期苹果（梨）休眠期修剪"任务	1. 学生回答 2. 每组 6 名学生，共 8 组，选小组长，小组成员准备研讨	头脑风暴法	学生自备资料
90'	计划	播放光盘，安排小组讨论，要求学生提炼总结研讨内容	观看光盘、讨论、总结理论知识，填写学习情境报告单	小组学习法	多媒体、光盘、学习情境报告单
40'	决策	指导小组完成实施方案。提出 4 组进行成果展示、点评	确定实施方案、填写实施计划，准备器材与用具	小组学习法	实施计划单
180'	实施	教师示范，明确技能要求与注意事项，实施过程答疑	组长负责，每组学生要共同完成苹果（梨）休眠期修剪任务	实习法	修枝剪、手锯、盛果期苹果（梨）树
20'	检查	教师巡回检查，并对各组进行监控和过程评价，及时纠错	1. 在小组完成生产任务的过程中，互相检查实施情况和进行过程评价 2. 填写《果树栽培》职业能力评价表	小组学习法、工作任务评价	《果树栽培》职业能力评价表
20'	评价	1. 教师在学生实施过程中口试学生理论知识评价表 2. 教师对各组（个人）的实施结果并将结果填入《果树栽培》职业能力评价表	1. 学生回答教师提出的问题 2. 对自己及组内成员完成任务情况进行评价并结果记入《果树栽培》职业能力评价表	提问、工作任务评价	《果树栽培》专业技能评价表、《果树栽培》职业能力评价表
5'	反馈	1. 总结任务实施情况 2. 强调应该完成注意的问题 3. 布置下次学习主题 1.1.2（4 学时）："苹果春季修剪——刻芽、抹芽"任务	1. 学生思考总结自己小组协作完成情况，总结优缺点 2. 完成工作技能单 3. 记录老师布置的工作任务	提问、小组学习法	工作技能单

☞ 引导文

教材

蒋锦标,卜庆雁.果树生产技术(北方本).2版.北京:中国农业大学出版社,2014

参考教材及著作

(1)张力飞,王国东.苹果优质高效生产技术.北京:化学工业出版社,2012
(2)汪景彦,朱奇,杨良杰.苹果树合理整形修剪图解(修订版).北京:金盾出版社,2009
(3)马宝焜,杜国强,张学英.图解苹果整形修剪.北京:中国农业出版社,2010
(4)赵政阳,马锋旺.苹果树现代整形修剪技术.西安:陕西科学技术出版社,2009
(5)张鹏,王有年,刘建霞.梨树整形修剪图解(修订版).北京:金盾出版社,2008
(6)贾永祥,胡瑞兰.图解梨树整形修剪.北京:中国农业出版社,2010
(7)姜淑玲,贾敬贤.梨树高产栽培(修订版).北京:金盾出版社,2008

网络资源

(1)果树技术网:http://www.guoshuweb.cn/apple/pingguozhengxingxiujian/page2.html 苹果整形修剪
(2)新农技术网:http://www.xinnong.com/pingguo/jishu/906169.html 苹果栽培技术(六)整形修剪
(3)酷6网:http://v.ku6.com/show/wXD-BG7JYxvAnILd.html 苹果主干形整形修剪技术
(4)中国农业推广网:http://www.farmers.org.cn/Article/ShowArticle.asp?ArticleID=32893 苹果冬季修剪技术
(5)农村网:http://www.cct114.com/kjny/syjs/linyejs/2010/0223/576878.html 幼龄苹果树修剪
(6)额敏县人民政府公众信息网:http://www.xjem.gov.cn/ysklsx/ShowArticle.asp?ArticleID=25674 梨树整形修剪技术
(7)甘肃林业网:http://www.gsly.gov.cn/content/2012-03/2794.html 梨树整形修剪技术

附件

(1)学习情境报告单　见《果树栽培学程设计》作业单
(2)实施计划单　见《果树栽培学程设计》作业单
(3)《果树栽培》专业技能评价表　见附录A附表1-1
(4)《果树栽培》职业能力评价表　见附录B附表1
(5)工作技能单　见《果树栽培学程设计》作业单
(6)技术资料

学生补充的引导文

技术资料——苹果休眠期修剪

一、常见树形

表 1-1 苹果常见树形及各自特点汇总表

树形	树高（m）	冠径（m）	中心干	主枝	侧枝	开张角度（°）	级次
主干疏层形	4.0~5.0	5.0~6.0	1	5~7	11~16	60~70	0~3
小冠疏层形	3.5~4.0	4.0左右	1	5左右	3~6	60~80	0~2
小冠开心形	3.0左右	4.0左右	1	2~4	3~6	60~80	0~2
自由纺锤形	3.0~3.5	3.0~3.5	1		10~15	70~90	0
细长纺锤形	2.5~3.0	2.0左右	1		15~20	80~110	0
主干形（松塔形）	2.5~3.0	1.5~2.0	1		23~30	90~120	0

二、幼树整形修剪（自由纺锤形为例）

1. 定干

定干高度 60~70 cm。因树种、品种、地力、苗木质量而定。若苗木质量好可长留至 1 m。

2. 栽后第 1 年修剪

方法 1　冬季修剪时，选留方向较好的枝作侧分枝，留 50 cm 左右短截，中心干延长头 50~60 cm 短截。对长势旺的树，侧分枝和中心干延长头可以不动剪。各侧分枝的剪口芽均留外芽，以便开张角度。

方法 2　冬剪时将中心干上的所有分枝都采取极重短截或从基部疏除，中心干延长头 50~60 cm 短截，见图 1-1。

3. 栽后第 2 年修剪

方法 1　冬季修剪时短截侧分枝延长头、中心干延长头。长度分别为 30~40 cm、40~50 cm。疏除背上直立枝条、旺长枝条。

方法 2　冬剪时只对中心干延长头进行短截。去除直立枝、旺长枝，见图 1-2。

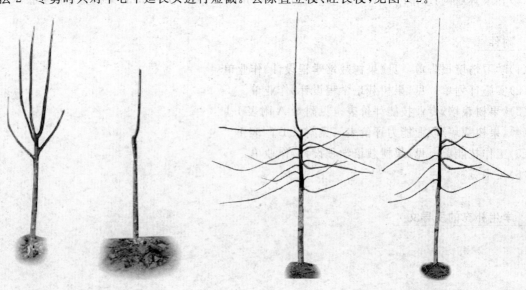

图 1-1　栽后第 1 年冬剪前后　　　　　图 1-2　栽后第 2 年冬剪前后

4. 栽后第 3 年修剪

冬季修剪时短截侧分枝延长头、中心干延长头。长度分别为 30～40 cm、40～50 cm。疏除树上直立枝条、旺长枝条,见图1-3。

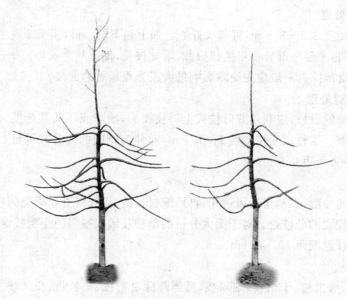

图1-3　栽后第3年冬剪前后

5. 栽后第 4 年修剪

冬季修剪时疏除内膛徒长枝。当株间交接时,侧分枝延长头不再短截。

6. 栽后第 5 年修剪

冬季修剪时,中心干延长头缓放,疏除树上直立枝、徒长枝、密生枝。疏除中心干上 80 cm 下侧分枝。

三、盛果树的整形修剪(自由纺锤形为例)

(一)修剪的时期和方法

落叶后至萌芽前。以疏缓为主,兼顾回缩,个别短截。

(二)修剪的任务

控制树冠,改善光照条件,稳定树势,精细修剪枝组。

1. 适时控制树冠

高度、宽度,行间控制 1 m 以上。

2. 调整处理大枝

去除多余辅养枝,本着去长留短、去大留小、去粗留细、去密留稀的原则。去大枝多时,3 年内完成,即第 1 年 60%,第 2 年 30%,第 3 年 10%。

3. 精细修剪枝组

每米骨干枝上平均留 8～15 个枝组,以斜生和两侧为好,大型枝组配在基层主枝的背下。大型枝组>15 个枝,轴长 60 cm 以上;中型枝组 5～15 个枝,轴长 30～60 cm;小型枝组<5 个枝,轴长< 30 cm。

(三)修剪技术要点

修剪前,观察树体结构、树势强弱及花芽多少等,抓住主要问题,确定修剪量和主要的修剪方法。

1. 中心干延长头处理

树体已达到预定高度 2.5～3.5 m,可落头开心。如上强下弱,可以换头或疏去部分枝条,其余枝条缓放。如上弱下强,可将上层一部分一年生枝短截,增加枝量,促进其生长势。如过密过大的,则根据树势、当年产量,分期分批疏除。一般应先疏除影响最大或光秃最重的大枝。

2. 侧分枝(小主枝)处理

梢角过小或过大的侧分枝,应利用背后枝或上斜枝换头,抬高或压低其角度,若与相邻树冠或大枝交叉则可将其适当回缩。主枝长度控制在 1～1.5 m,对伸向行间的侧分枝保证行间距 1 m,对伸向株间的侧分枝,要保证枝头间距 0.5 m。

3. 结果枝组处理

先疏去部分过密的枝组,以利于通风透光,再回缩过长的、生长势开始衰退的枝组。对弱树,则早些回缩。回缩部位应在较大的分枝处。对于无大分枝的单轴枝组或瘦弱的小型枝组,一般应先缓放养壮,后再回缩。同侧结果枝组间距 20～40 cm。

4. 小枝处理

疏除背上直立枝、病虫枝、干枯枝、细弱枝,适当疏除过密枝、徒长枝、交叉枝、重叠枝,使每 667 m² 枝量达到 7 万～8 万条。

注意事项

①先处理大枝,后处理小枝;先疏枝,后短截。

②按主枝顺序由下向上修剪。

③剪锯口应立即涂抹伤口愈合剂,促进伤口愈合,避免剪锯口干裂。锯除大枝时留橛,等到 6～7 份沿基部锯除。

④病株应最后修剪,并注意工具消毒。

1.1.2　春季修剪

参 "课堂计划" 表格

日期：	用时：	地点：
班级：		

科目：果树栽培

题目：学习主题 1.1.2（建议 4 学时）：春季修剪

课堂特殊要求（家庭作业等等）：
1. 苹果（梨）常用树形及树体结构
2. 春季修剪的意义
3. 苹果（梨）刻芽的时期与方法
4. 苹果（梨）抹芽、刻芽
5. 春季修剪的注意事项
（应用举例：苹果（梨）抹芽）

目标：
专业能力：①熟悉果树的芽、枝条及其与整形修剪有关的特性；掌握苹果（梨）树体结构、主要发育生长及完成苹果（梨）春季修剪等基本知识。②结合果树的生长发育进程、修剪时期、修剪方法，独立完成苹果（梨）春季修剪任务
方法能力：①具有较强的信息采集与处理的能力；②具有再学习的能力；③具备自我控制与管理的能力
社会能力：①具备较强的团队协作、组织协调能力；②评价（自我，他人）能力

准备：
仪器（投影仪、幻灯片等）
果架、座次
绘图纸　8 张
白板笔（四种颜色）　各 8 支
小磁钉　8 个
手锯　4 把
梯子　4 个
刻芽器　48 个

时间	行为阶段	教师活动	参与者活动	方法	媒体
5′	资讯	1. 播放苹果（梨）不同年龄阶段休眠态图片，提出树形培养离不开各个时期修剪，提出春季修剪的主要任务 2. 学生分组	1. 学生回答 2. 每组 6 名学生，共 8 组，选小组长，小组成员准备研讨	问答、头脑风暴法	多媒体、PPT、学生自备资料
30′	计划	安排小组讨论，要求学生提炼总结研讨内容	讨论、总结理论知识基础，填写学习情境报告单	讨论引导问题、填写报告单	学习情境报告单
35′	决策	指导小组完成实施方案。提出 4 组进行成果展示	确定实施方案，填写实施计划	讨论、填写实施计划单	实施计划单
85′	实施	教师示范、巡回指导	组长负责，每组学生共同完成苹果（梨）春季修剪任务	实习法	苹果（梨）幼树、初果期果树、刻芽器
10′	检查	教师巡回检查，并对各组进行监控和过程评价，及时纠错	在小组完成生产任务的过程中，相互检查任务实施情况和进行过程评价	小组学习法、工作任务评价	《果树栽培》职业能力评价表
10′	评价	1. 教师在学生实施过程中口试学生理论知识掌握情况，并将结果填入《果树栽培》专业技能评价表 2. 教师对各组填入《果树栽培》的实施结果进行专业技能评价	1. 学生回答教师提出的问题 2. 对自己及组内成员完成任务情况进行评价，并将结果填入《果树栽培》专业技能评价表	提问、工作任务评价	《果树栽培》专业技能评价表 《果树栽培》职业能力评价表
5′	反馈	1. 总结任务实施情况 2. 强调应该注意的问题 3. 布置下次学习主题 1.1.3（建议 4 学时）："栽植"任务	1. 学生思考总结自己小组完成情况、总结优缺点 2. 完成工作技能单 3. 记录老师布置的工作任务	提问、小组工作法	工作技能单

👉 引导文

教材

蒋锦标，卜庆雁.果树生产技术(北方本).2 版.北京:中国农业大学出版社,2014

参考教材及著作

(1)汪景彦,朱奇,杨良杰.苹果树合理整形修剪图解(修订版).北京:金盾出版社,2009

(2)马宝焜,杜国强,张学英.图解苹果整形修剪.北京:中国农业出版社,2010

(3)赵政阳,马锋旺.苹果树现代整形修剪技术.西安:陕西科学技术出版社,2009

(4)姜淑玲,贾敬贤.梨树高产栽培(修订版).北京:金盾出版社,2008

(5)张力飞,王国东.苹果优质高效生产技术.北京:化学工业出版社,2012

网络资源

(1)新农技术网:http://www.xinnong.com/pingguo/jishu/386651.html 苹果树的春季修剪

(2)农博果蔬:http://guoshu.aweb.com.cn/2009/0401/141032830.shtml 1~3 年苹果幼树刻芽及拉枝管理

(3)史继东的博客:http://shi-jidong.blog.163.com/blog/static/55783098201063083142488/ 苹果树常用的整形方法

(4)河北科技报:http://news.idoican.com.cn/hbkejib/html/2010-03/16/content_781212.htm?div=-1 苹果树发芽前后的管理

(5)辽宁金农网:http://www.lnjn.gov.cn/edu/syjs/2011/5/281469.shtml 苹果刻芽技术

(6)甘肃林业网:http://www.gsly.gov.cn/content/2012-03/2794.html 梨树整形修剪技术

(7)新农村商网:http://nc.mofcom.gov.cn/news/P1P150621I6540042.html 梨树管理之夏季修剪

附件

(1)学习情境报告单　见《果树栽培学程设计》作业单

(2)实施计划单　见《果树栽培学程设计》作业单

(3)《果树栽培》专业技能评价表　见附录 A 附表 1-2

(4)《果树栽培》职业能力评价表　见附录 B 附表 1

(5)工作技能单　见《果树栽培学程设计》作业单

(6)技术资料

学生补充的引导文

技术资料——苹果刻芽、抹芽

一、刻芽

刻芽已成为一项很重要的苹果生产实用技术。所谓刻芽就是在芽上(下)0.3～0.5 cm处,用小刀或小钢锯或刻芽器横割皮层,深达木质部,切断皮层筛管或少许木质部导管。芽上刻伤能促进该芽萌发生长,见图1-4。芽下刻伤则抑制其生长。

1. 刻芽对象

一是缓放的斜生枝、水平枝。尤其是富士品种,修剪时长放枝多,这类枝前端发枝,后部芽潜伏,易形成光杆,影响结果。刻芽促发中、短枝。二是已形成光杆的多年生枝。萌芽前在光秃带进行定距离(相隔15～20 cm)刻芽,刺激萌芽发枝。三是中心干延长枝。对整形期的树,在中心干上每隔3～5芽刻一芽(需要抽生主枝的部位),可促生长枝,克服等位发枝,防止"卡脖"现象,有利整形。生产中可配合点抽枝宝进行,效果更好。

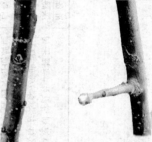

图 1-4　刻芽及效果

2. 刻芽的时间和程度

为了出长枝,刻芽要早(发芽前30 d左右),刻的深(至木质部内),刻的宽(宽度大于芽),刻的近(距芽0.2 cm左右)。为了出短枝,刻芽要晚(发芽前1周),刻的浅(至木质部,但不伤及木质部),刻的窄(宽度小于芽),刻的远(距芽0.5 cm左右)。

3. 刻芽的数量

①中心干延长枝的刻芽:从剪口下第4芽刻起,每隔三个芽刻一个芽,基部40 cm以下不刻芽。

②主枝及主枝延长枝的刻芽:对一年生枝条背下芽和侧生芽进行刻芽,促发形成中、短枝,防止枝条下部秃裸。距中心干20 cm和剪口下20 cm不刻芽。

③辅养枝及主枝上缓放营养枝的刻芽:对长度在50 m以上的一年生枝条,除顶部20 cm和距中心干20 cm以内的芽不进行刻伤外,所有芽都进行刻芽。

注意事项

①弱树、弱枝不要刻,更不要连续刻。

②刻刀或剪刀应专用,并经常消毒,以免刻伤时造成感染枝干病害。

③一定要把握好刻芽的最佳时期,不能过早或过晚,否则效果不佳,甚至造成损失。春季多风、气候干燥地区尤其注意。

④刻芽后枝条增多,花芽大量形成,应加强枝组培养和疏花疏果工作。

⑤刻芽后伤口增多,应加强病虫害防治。

⑥注意适用对象,不是所有品种树都需刻芽,刻芽应在萌芽率低或成枝力低的品种上进行。主要在富士系、元帅系等生长强旺、萌芽率较低的品种上进行。

⑦刻芽应从一年生树抓起,在一年生枝上刻芽效果最佳。

⑧需刻芽的枝条,有条件的在上年秋季拉枝,效果最佳。

二、抹芽

萌芽后,抹除着生位置不当的芽或双生芽称为抹芽。

主要对象一是新栽植幼树主干上近地面40 cm内的萌芽;二是大枝剪锯口周围无用的萌芽;三是拉平枝背上冒出的芽;四是主干上、小主枝基部距干20 cm以内的萌芽。

1.1.3 栽植

"课堂计划"表格

日期：	科目：果树栽培	题目：学习主题1.1.3（建议4学时）：栽植（应用举例：苹果与梨）栽植	目标：专业能力：①熟悉园地的选择和果园规划与设计，掌握果树栽植时期与方式的理论知识；②会正确进行苹果（梨）树的栽植。方法能力：①具有较强的信息采集与处理能力；②具有较强的开拓创新能力和学习管理能力；③具有再学习能力。社会能力：①自我控制与管理能力；②评价（自我、他人）能力；③具备较强的团队协作、组织协调能力；④一定的妥协与协商能力。个人能力：①具有高度的责任感；②吃苦耐劳、热爱劳动、爱岗敬业、遵纪守时等职业道德；②具有良好的心理素质和身体素质；③具有较好的语言表达、人际交往能力。	准备（仪器、投影仪、幻灯片等）：果椅、座次　绘图纸　8张　白板笔（四种颜色）各8支　小磁钉　8个　修枝剪　8把　锨　48把　50 m皮尺　8个　3 m钢卷尺　8个　白云次　8次　生根粉　5 kg　苹果（梨）苗木　若干
班级：	用时：	地点：		

课堂特殊要求（家庭作业等）：
1. 苹果（梨）对环境条件的要求
2. 苹果（梨）苗木质量标准
3. 园址的选择与质量规划
4. 栽植时期与方法
5. 提高栽植成活率的措施

时间	行为阶段	教师活动	参与者活动	方法	媒体
5′	资讯	1. 通过PPT展示一片长满果实的果园，让学生联想这是如何实现的，从而提出果树栽植任务 2. 学生分组	1. 学生回答 2. 每组6名学生，共8组，选小组长，小组成员准备研讨	讲授、联想、问答	多媒体、PPT 学生自备资料
25′	计划	安排小组讨论，要求学生提炼总结研讨内容	讨论，总结理论基础，填写学习情境报告单	讨论引导问题、问答	学习情境报告单
20′	决策	指导小组完成实施方案。提出2组进行成果展示	确定实施方案，填写实施计划	实习法	实施计划单
110′	实施	教师示范，巡回指导	组长负责，每组学生要共同完成苹果（梨）栽植任务	实习法	锨、钢卷尺、苹果、梨苗木、修枝剪等
10′	检查	教师巡回检查，并对各组进行监督和过程评价，及时纠错	1. 在小组完成生产任务的过程中，互相检查实施情况和进行过程评价 2. 填写《果树栽培》职业能力评价表	小组学习法 工作任务评价	《果树栽培》专业能力评价表
10′	评价	1. 教师在学生实施过程中口试学生理论知识掌握情况，并将结果填入《果树栽培》职业能力评价表 2. 教师对个人专业能力进行评价并将结果填入《果树栽培》职业能力评价表	1. 学生回答教师提出的问题 2. 对自己及组内成员完成任务情况进行评价，结果记入《果树栽培》职业能力评价表	提问 工作任务评价	《果树栽培》职业能力评价表
5′	反馈	1. 总结任务实施情况 2. 强调应该注意的问题 3. 布置下次学习主题1.1.4（建议4学时）："疏花"任务	1. 学生思考总结优缺点 2. 完成工作技能单 3. 记录老师布置的工作任务	提问 小组工作法	工作技能单

🖝 引导文

教材

蒋锦标,卜庆雁.果树生产技术(北方本).2版.北京:中国农业大学出版社,2014

参考教材及著作

(1)于泽源.果树栽培.北京:高等教育出版社,2010

(2)杨洪强,接玉玲.无公害苹果标准化生产手册.北京:中国农业出版社,2008

(3)冯社章.果树生产技术(北方本).北京:化工出版社,2007

(4)张玉星.果树栽培学各论(北方本).3版.北京:中国农业出版社,2003

(5)张力飞,王国东.苹果优质高效生产技术.北京:化学工业出版社,2012

网络资源

(1)中国农业信息网:http:// www.agri.gov.cn/V20/syjs/zzjs/201301/t201301213204011.htm 提高苹果树定植成活率的关键技术措施

(2)道客巴巴:http:// www.doc88.com/p－9909963873867.html 提高果树栽植成活率的几项措施

(3)中华园林网:http://www.yuanlin365.com/yuanyi/76514.shtml 怎样栽植苹果树好?

(4)新农村商网:http:// nc.mofcom.gov.cn/news/11578214.html 苹果定植建园技术

附件

(1)学习情境报告单　见《果树栽培学程设计》作业单

(2)实施计划单　见《果树栽培学程设计》作业单

(3)《果树栽培》专业技能评价表　见附录A附表1-3

(4)《果树栽培》职业能力评价表　见附录B附表1

(5)工作技能单　见《果树栽培学程设计》作业单

(6)技术资料

学生补充的引导文

技术资料——苹果(梨)树栽植

一、时间

果树主要在秋季落叶后至春季萌芽前栽植,即春栽和秋栽。北方地区果树栽植时间一般多在春季,在土壤解冻后至苗木萌发前。辽宁一般在 3 月下旬至 4 月上旬。

二、栽植前的准备工作

1. 用 TDJ6E 光学经纬仪配合皮尺、标杆进行定点

按照规划,在栽植小区找到每行的第一株树位置,标记好 1、2、3、……,见图1-5。在 3 处立好标杆,在 1 处安置经纬仪,甲同学对中 1、整平、瞄准 3 后,调整水平角至整刻度 A,然后放开水平制动螺旋,使水平角调整至 A±90°,制动水平制动螺旋,在视野内观察,乙同学拿标杆在此行最远端,按照甲同学的指挥,左右移动标杆,直至竖丝平分标杆基部,立好。丙同学拿标杆在乙前 50 m 左右处,按照甲的指挥,左右移动标杆,直至竖丝平分标杆基部,立好。依此类推至距离 1 点 50 m 左右。丁同学拿上皮尺,0 点固定在 1 处,从 1 点拉尺至整尺段,注意尺在标杆同侧,其余同学拿上白灰,按照预定的株距定点。然后拿起皮尺走入下一个整尺段,拉直后继续标记,直至整行定点结束。同理定出第 2、第 3 等行。

2. 勾股定理配合皮尺、标杆定点

1、2、3 定点后,按照 3、4、5 形成一个直角三角形,见图 1-6,定出第 1 行的行向,插两标杆,甲同学站在 1 处,乙同学拿一标杆向前走,大约在 50 m 处停下,甲指挥乙,利用延长线上定线方法,立好标杆。丙同学拿一标杆继续向前走,大约在 50 m 处停下,按照甲指挥立好标杆。以后操作同上。

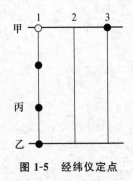

图 1-5 经纬仪定点   图 1-6 勾股定理定点

3. 挖栽植穴、回填

在小区打好的栽植点上,以点为心挖半径 40～50 cm,深 80～100 cm 的栽植穴,表土和心土分放。要求穴壁平直。然后底部放 20 cm 左右厚的秸秆,上面放 30 cm 左右的表土与有机肥的混合物,上面再放心土,适当镇压后灌水。亦可穴挖好后,将 25 kg 左右腐熟粪肥与部分表土混合填入穴底,使成丘状。

4. 苗木的准备

苗木栽植前浸水 24～48 h,栽前对根系进行修剪,使根系露出新茬,利于形成愈伤组织产生新根。在栽植前蘸混有生根剂的稀泥浆,可提高栽植成活率。

三、栽植

将苗木按品种分别放在挖好的栽植穴内。栽植时首先将根系舒展开,一人扶直苗木,另一人填土。如果栽植面积比较大,最好在小区四周设立标杆,并在两头有人照准,保证栽后成行。填土,待根系埋入

一半时,轻轻提一提果苗,使土壤与根密接,踏实,后边填土边踏实。苗木栽后,接口要略高于地面,待灌水后,土壤下沉,接口即与地面平齐。然后在行的两侧修两条畦埂,畦面宽 1.2 m,埂高 15～20 cm,宽 40 cm,灌透水。

四、栽后管理

待水完全渗进后封土,防止水分蒸发,以利根系恢复生长。在风大的地区,苗木栽后要设立支柱,把苗木绑在支柱旁,免使树身摇晃。成活后芽萌动前,进行定干。

注意事项

①挖栽植穴时表土、底土要分开。

②根系必须和土壤密接,防止根系外露。

③栽植深度适宜。

④栽后注意灌水,尽量保持土壤湿润,可覆地膜保湿。

1.1.4 疏花

☞ "课堂计划"表格

日期：	班级：	用时：	科目：果树栽培
		地点：	题目：学习主题1.1.4（建议4学时）：疏花（应用举例：苹果（梨）疏花）

课堂特殊要求（家庭作业等等）：
1. 苹果果树负载量的确定
2. 苹果疏花的意义
3. 苹果疏花的时期与方法
4. 苹果疏花注意事项

目标：
专业能力：①熟悉苹果（梨）树负载量的确定方法及疏花的方法；②掌握疏花的时期；①正确使用工具完成苹果（梨）疏花任务

意义：①具有较强的信息采集与处理能力；②具有开拓创新能力

方法能力：①具有再学习能力；②自我控制与管理能力；③评价（自我、他人）能力；④具备控制的团队协作能力；⑤具备的妥协能力

社会能力：①一定的责任感；②自我、组织协调能力；③高度的个人责任

个人能力：①具有吃苦耐劳、热爱劳动、爱岗敬业、遵纪守时等职业道德；②具有良好的心理身体素质、自信心强；③具有较好的语言表达、人际交往能力

准备：仪器（投影仪、幻灯片等）、桌椅、座次
某果（梨）花序 3 个
苹果（梨）花序 8 张
绘图纸 8 张
白板笔（红、蓝、黑、绿） 各 8 支
胶带 1 捆
小磁钉 8 个
疏果剪 48 把

时间	行为阶段	教师活动	参与者活动	方法	媒体
5′	资讯	1. 取苹果（梨）花序三个，一个中心花已开放，一个处于花蕾分离期的物候期，一个处于花序露出期，提问学生各个材料的物候期 2. 解释开花坐果营养的来源，提出疏花的任务 3. 学生分组	1. 3名学生回答问题 2. 每组6名学生，共8组，选小组长，小组成员准备研讨	观察、比较、提问	三个苹果（梨）花序 学生自备资料
30′	计划	安排小组讨论，要求学生提练总结研讨内容	讨论、总结理论基础，填写学习情境报告单	讨论、引导提问	学习情境报告单
10′	决策	指导小组完成实施方案	确定实施方案，填写实施计划	讨论引导问题、实施计划单	实施计划单
100′	实施	教师示范，巡回观察指导	组长负责，每组学生共同完成苹果（梨）疏花任务	实习法	疏果剪、盛果期苹果（梨）树
20′	检查	教师巡回检查，并对各组进行监控和过程评价，及时纠错	1. 在小组完成生产任务的过程中，互相检查实施情况和进行过程评价 2. 填写《果树栽培》职业能力评价表	小组学习法、工作任务评价	《果树栽培》职业能力评价表
10′	评价	1. 教师在学生实施过程中通过口试学生理论知识掌握情况，并将结果填入《果树栽培》专业技能评价表 2. 教师对个人实施结果并将结果填入《果树栽培》专业技能评价表	1. 学生回答教师提出的问题 2. 对自己及组内成员完成任务情况进行评价，结果记入《果树栽培》职业能力评价表	提问、工作任务评价	《果树栽培》专业技能评价表、《果树栽培》职业能力评价表
5′	反馈	1. 总结任务实施情况 2. 强调苹果疏花的注意事项 3. 布置下次学习主题1.1.5（建议6学时）："花粉的采集与人工辅助授粉"任务	1. 学生思考自己小组协作完成情况，总结优缺点 2. 完成工作技能单的编写 3. 记录老师布置的工作任务	提问、小组工作法	工作技能单

👉 引导文

教材

蒋锦标,卜庆雁.果树生产技术(北方本).2版.北京:中国农业大学出版社,2014

参考教材及著作

(1)于泽源.果树栽培.北京:高等教育出版社,2010

(2)杨洪强,接玉玲.无公害苹果标准化生产手册.北京:中国农业出版社,2008

(3)冯社章.果树生产技术(北方本).北京:化工出版社,2007

(4)张玉星.果树栽培学各论(北方本).3版.北京:中国农业出版社,2003

(5)张力飞,王国东.苹果优质高效生产技术.北京:化学工业出版社,2012

网络资源

(1)北国农业网:http://nyss.lnd.com.cn/shownews.asp? ids＝301 苹果树的疏花疏果

(2)青青花木网:http://www.312green.com/information/detail.php? topicid＝61900 谈谈苹果树疏花

(3)中国农业推广网:http://www.farmers.org.cn/Article/ShowArticle.asp? ArticleID＝39173 苹果疏花疏果技术要点

(4)农博果蔬网:http://guoshu.aweb.com.cn/2009/0915/150055340.shtml 苹果树疏花疏果注意事项

(5)中国农业推广网:http://www.farmers.org.cn/wsm/ShowArticle.asp? ArticleID＝47453 梨树疏花疏果的方法有哪些?

(6)辽宁金农网:http://www.lnjn.gov.cn/edu/syjs/2011/1/246570.shtml 苹果如何疏花疏果

附件

(1)学习情境报告单　见《果树栽培学程设计》作业单

(2)实施计划单　见《果树栽培学程设计》作业单

(3)《果树栽培》专业技能评价表　见附录A 附表1-4

(4)《果树栽培》职业能力评价表　见附录B 附表1

(5)工作技能单　见《果树栽培学程设计》作业单

(6)技术资料

学生补充的引导文

技术资料——苹果疏花

一、疏花的原则

要因树定产,按枝定量。要根据树龄大小,树势强弱,品种特性,栽培管理条件,确定合理的负载量。一般强树、壮枝多留;弱树、弱枝少留;多留中长枝花序,少留短枝花序;多留枝条两侧花序,少留背上和背下花序;留用顶芽花序,不用腋芽花序;选用大花朵,疏去小花朵。一个主枝上,基部的梢头适当重疏,中部适当多留。在枝组上,是留前头、疏后头,以备回缩。

二、疏花的时期

疏花的时期以花序分离到初花期均可进行,有开花前摘花蕾和开花后摘花两个时期。疏花的方法有摘边花和去花序两种,前者仅去除边花留中心花,后者是留发育好的花序,去除发育不良和位置不当的花序。在花期气候不稳定时采取疏花序的办法比较把握。生产中疏花以疏花序为主,用疏果剪剪去花序上的全部花蕾,保留果台上的叶片,见图1-7。

三、疏花的主要方法

1. "以花定果"

在生产实际中,广大果农一般采用这种方法。它是在"距离疏果法"基础上发展的。把疏果工作提到花前疏花序、疏花蕾,这种方法简称"以花定果"。具体做法:在花序分离期,根据树势强弱,品种特性,按20~35 cm的间距留一个花序,余者全部疏除。保留的花序将边花全部疏除,只留中心花。"以花定果"的时间,以花序分离到开花前这段时间为宜。

图1-7 苹果疏花序示意图

疏花的关键是抓"早"。在条件许可的情况下,要做到宁早勿晚,越早越好。花期气候稳定的地区,在确定花期不受低温冻害的前提下,可以以花定果。但在花期气候不稳定,易受低温伤害的品种和果园,宜采用"先保后调"的办法,即先保花,然后根据具体情况再进行疏果。

2. 干周法确定留花量

中国农业科学院果树研究所汪景彦在大量调研的基础上,提出用干周法来确定苹果树的留果标准。其公式是:单株留果数$(Y)=0.2×$干周数^2(cm),再加15%~20%的安全系数。如一株富士,干周(距离地面30 cm处的主干周长)30 cm,则$Y=0.2×30^2=180$个果,加上安全系数27~36个,最终留果数为207~216个,即留下207~216个花序。

3. 化学疏花

(1)品种、使用药剂、浓度和时期:金冠等用西维因1 000~2 000 mg/L、萘乙酸10~20 mg/L、乙烯利150~200 mg/L加萘乙酸7~10 mg/L,国光用西维因2 000 mg/L,盛花后10 d喷药。乙烯利300 mg/L加萘乙酸20 mg/L盛花后10 d喷药以及1°Be石硫合剂在盛花后2 d疏花,均有良好的效果。元帅系(普通型品种)一般自然坐果率不高,大小年不明显。但在部分果园坐果率也高,大小年明显,可选用西维因1 500~2 000 mg/L,在盛花后14 d疏果较好。

(2)药剂的配制,在化学药剂疏除时,药剂浓度必须配制准确,否则会造成疏除不足或过量,给生产造成损失。

注意事项

①操作顺序是先疏树上,再疏树下;先疏冠内,再疏外围。

②疏花前,首先要调查花器是否受到冻害,以决定是否采取疏花措施以及疏花的程度。

③疏花一般在树势健壮,花芽饱满,坐果率较高、花期气候条件较稳定的园田应用。

④园内授粉树配置合理或进行人工点授花粉或有足够的蜜蜂、壁蜂授粉条件。

1.1.5 花粉的采集与人工辅助授粉

"课堂计划"表格

日期：					
班级：	用时：	地点：	科目：果树栽培		

题目：学习主题1.1.5（建议4学时）：花粉的采集与人工辅助授粉（应用举例：苹果（梨）花粉的采集与工辅助授粉）

课堂特殊要求（家庭作业等等）：
1. 授粉与受精的概念
2. 花粉的采集与贮藏
3. 花粉的稀释
4. 人工辅助授粉的时期与方法
5. 人工授粉注意事项

目标：
专业能力：①熟悉授粉受精，花粉采集、花粉的稀释等基本知识，方法②会正确选择花药、贮藏花药、散粉③正确用工具完成苹果（梨）人工授粉任务
方法能力：①具有较强的信息采集与处理的能力；②具有决策和计划的能力；③具有再学习能力；④具有较强的开创创新能力；⑤自我控制与管理能力；⑥评价（自我，他人）能力
社会能力：①具有较强的团队协作，组织协调能力；②高度的责任感；③一定的合作能力
个人能力：①吃苦耐劳，热爱岗位敬业，遵纪守时等职业道德；②具备良好的心理素质和身体素质，自信心强；③具有较好的语言表达、人际交往能力

准备：
仪器（多媒体、投影仪、幻灯片等）
课椅、座次
练习本 8张
绘图纸（四种颜色） 各8支
白板笔
胶带 1捆
小磁钉 8个
硫酸纸 若干
自制授粉器 48套
苹果花粉 10 g
玉米淀粉 10 g

时间	行为阶段	教师活动	参与者活动	方法	媒体
5'	资讯	1. 准备幻灯片，草莓畸形果、正常果、苹果偏斜果，正常果 2. 由果实的表现引出问题——花粉采集与人工辅助授粉技术 3. 学生分组	1. 3名学生回答问题 2. 每组6名学生，共8组，选小组长，小组成员准备研讨	观察、比较、提问	多媒体、PPT
30'	计划	安排小组讨论，要求学生提炼总结实施方案	讨论、总结理论基础，填写学习情境报告单	讨论引导问题，填写报告单	学习情境报告单
10'	决策	指导小组完成实施方案	确定实施方案，填写实施计划单 组长负责，每组学生共同完成苹果（梨）花粉采集与人工授粉任务	讨论、填写实施计划单	实施计划单
90'	实施	教师示范、巡回观察指导		实习法	硫酸纸、玉米淀粉、授粉器等
20'	检查	教师巡回检查，并对各组进行监控和过程评价，及时纠错	在小组完成生产任务的过程中，互相检查实施情况和进行过程评价 填写《果树栽培》职业能力评价表	小组学习法 工作任务评价	《果树栽培》专业技能职业能力评价表
20'	评价	1. 教师在学生实施过程中口试学生理论知识掌握情况，并将结果填入《果树栽培》专业技能评价表 2. 教师对个人的实施结果进行评价并将结果填入《果树栽培》专业技能评价表	1. 学生回答教师提出的问题 2. 对自己分组内成员完成任务情况进行评价	提问 工作任务评价	《果树栽培》职业能力评价表 《果树栽培》职业能力评价表
5'	反馈	1. 总结任务实施情况 2. 强调苹果人工授粉的注意事项 3. 强调实施时间和花粉稀释的问题 4. 布置下次学习主题1.2.1（建议4学时）："苹果疏果"任务	1. 学生思考自己小组协作完成情况，总结优缺点 2. 完成工作技能单的编写 3. 记录老师布置的工作任务	提问 小组工作法	工作技能单

☞ 引导文

教材

蒋锦标，卜庆雁.果树生产技术(北方本).2版.北京:中国农业大学出版社,2014

参考教材及著作

(1)于泽源.果树栽培.北京:高等教育出版社,2010
(2)杨洪强,接玉玲.无公害苹果标准化生产手册.北京:中国农业出版社,2008
(3)冯社章.果树生产技术(北方本).北京:化工出版社,2007
(4)张玉星.果树栽培学各论(北方本).3版.北京:中国农业出版社,2003
(5)张力飞,王国东.苹果优质高效生产技术.北京:化学工业出版社,2012

网络资源

(1)中华园林网:http://www.yuanlin365.com/yuanyi/77758.shtml 苹果园花期放蜂和人工辅助授粉
(2)食品科技网:http://www.tech-food.com/kndata/1026/0053795.htm 苹果梨树人工辅助授粉与疏花疏果技术
(3)新农村商网:http://nc.mofcom.gov.cn/news/4637932.html 苹果树人工辅助授粉技术
(4)农广在线网:http://www.ngonline.cn/nysp/gszpnysp/201009/t2010092852972.html 果树的花粉采集及人工辅助授粉技术
(5)中国农业推广网:http://www.farmers.org.cn/Article/ShowArticle.asp? ArticleID＝79776 果树人工辅助授粉技术

附件

(1)学习情境报告单　见《果树栽培学程设计》作业单
(2)实施计划单　　见《果树栽培学程设计》作业单
(3)《果树栽培》专业技能评价表　见附录 A 附表 1-5
(4)《果树栽培》职业能力评价表　见附录 B 附表 1
(5)工作技能单　见《果树栽培学程设计》作业单
(6)技术资料

学生补充的引导文

技术资料——苹果花粉的采集与人工辅助授粉

一、花粉采集

1. 花蕾的采集

花蕾应在预定授粉前 2～3 d,选择晴天或阴天早上露水干后至中午 12:00 前采集。采集的对象主要是铃铛花期或初开的花朵,见图 1-8。采花量根据授粉面积来定。例如,每 50 kg 苹果鲜花能出 1 kg 干花粉(含干的花粉壳),可供 2～3.33 hm² 果园使用。

2. 取花药

采下的鲜花要立即取花药,不能堆放。可在室内用镊子剥或两花对搓,见图 1-9、图 1-10,将花药取下,去除碎花瓣、花丝及杂物。或者是在室内将花蕾倒入细铁丝筛中,用手轻轻揉搓,见图 1-11。当花朵量较大时可利用脱药机剥取花药。

图 1-8 花蕾采集

图 1-9 两花对搓取花药

图 1-10 用镊子剥取花药

图 1-11 用筛子搓取花药

3. 散粉

将花药薄薄的(厚度 2 mm)摊在光洁的纸上,放在通风、室温 20～25℃、相对湿度 60%～80%的房内。若室温不足,可生火炉或用电暖风提高温度。每昼夜翻动2～3次,经24～48 h后,花药即可自行开裂,散出黄色的花粉粒,过筛后将纯花粉装入棕色小玻璃瓶中,放入冰箱中备用。也可连同花药壳一起收集保存在干燥的容器内放于避光的地方备用。

二、人工授粉

人工辅助授粉以多品种的混合花粉较好。授粉以花朵开花当天授粉坐果率最高。一般在上午9时至下午4时之间进行。由于花朵常分期开放,要注意分期授粉,一般于初花期和盛花期进行两次授粉效果较好。

人工辅助授粉常用的方法有人工点授、花粉袋撒粉、鸡毛掸子辅助授粉、液体授粉和机械喷粉等。

1. 人工点授

授粉前,应根据花粉的发芽率加以稀释,因为发芽率在20%的花粉即可满足授粉需求。常用的稀释量为1:2(花粉1份,稀释剂2份)。稀释剂为滑石粉、甘薯淀粉、玉米淀粉等。人工点授常用的授粉工具有毛笔、带橡皮头的铅笔、香烟的过滤嘴、自行车气门芯反叠插在钢钉上、鸡毛掸子等,见图1-12。授粉时将蘸有花粉的授粉器,在初开花的柱头上轻轻一点,使花粉粘在柱头上即可。每粘一次,可授苹果花7～10朵,每个花序可授花2～3朵,见图1-13。

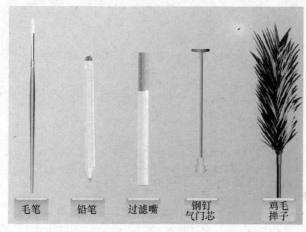

图1-12　人工点授工具

图1-13　点授花粉

2. 花粉袋授粉法

将采集的花粉加入3～5倍滑石粉或食用淀粉,过细箩3～4次,使滑石粉(淀粉)与花粉混匀,装入双层纱布袋内。开花时,将花粉袋绑于竹竿上,在树冠上方顺风轻轻摇动花粉袋,使花粉均匀地撒落在花朵柱头上。

3. 鸡毛掸子授粉法

当授粉树较多、分布不均匀、主栽品种花量少时应用。具体做法是,当主栽品种花朵开放时,用一竹竿绑上鸡毛掸子(软毛的),先用掸子在授粉树上滚动蘸取花粉,然后再移至主栽品种花朵上滚动,这样反复进行完成相互授粉。此法在阴雨、大风天不宜使用。在用鸡毛掸子授粉时,主栽品种与授粉品种距离不能过远。毛掸蘸粉后,不要猛烈振动或急速摆动,以防花粉失落。授粉时,要在全树上下、内外均匀进行,以确保坐果均匀。

4. 液体授粉法

当果园面积较大时,为了节省劳力,而采用的一种授粉方法。进行时,取筛好的细花粉20～25 g,加入10 L纯净水,500 g白糖,30 g尿素,10 g硼砂,配成悬浮液,在全树花朵开放60%以上时,用喷雾器向柱头上喷布。注意花粉水悬浮液要随配随用。

5. 机械喷粉法

一般可用农用喷粉器或特制的授粉枪进行。机械喷粉稀释比例为 1 ∶ 250。要手持摇把摇动,用力要匀,不得过快、过慢、过猛。喷粉时要顺风进行,使花粉均匀地落到柱头上。喷粉机距花的距离,视其喷粉中不使花序摇摆、又稍有吹动为宜。每 667 m² 花粉用量在 250 g 左右。

注意事项

①人工辅助授粉应该重复进行。即开花始期、盛花期各进行一次。

②花粉的准备一定要随用随配。利用花粉水悬液进行喷雾时,要在 1 h 内喷完。

③配置容器忌使用塑料器具,以免器壁吸附花粉,影响花粉浓度,降低授粉效果。

1.2 夏季管理

1.2.1 疏果

☞"课堂计划"表格

日期:		用时:	
班级:		地点:	
科目:果树栽培			
题目:学习主题1.2.1(建议4学时):疏果(应用举例:苹果(梨)疏果)			

课堂特殊要求(家庭作业等等):
1. 坐果与落果的概念
2. 著花落果的次数及原因分析
3. 疏果的意义
4. 苹果(梨)疏果的时期与方法
5. 苹果(梨)疏果注意事项

目标:
专业能力:①熟悉坐果与落花落果、果实生长发育和疏果的理论知识;②熟悉苹果(梨)果实发育规律,会正确进行苹果(梨)疏果;③正确使用工具完成苹果(梨)疏果任务
方法能力:①具有较强收集信息的能力;②具有较强的信息采集与处理能力;③具有再学习能力;④具有较强的开拓创新能力;⑤自我控制与管理能力;⑥评价(自我、他人)能力
社会能力:①具备较强的团队协作、组织协调能力;②高度敬业、遵纪守时等职业道德;③一定的安协助力等个人能力心理强;①遵纪守时等职业道德;②具有良好的心理素质,自信心强;③具有较好的语言表达人际交往能力

准备:
仪器(投影仪、幻灯片等)
桌椅、座次
绘图纸 8张
白板笔(四种颜色) 各8支
胶带 1捆
小磁钉 8个
疏果剪 48把

时间	行为阶段	教师活动	目标	参与者活动	方法	媒体
5′	资讯	1. 提问:一株6年生的瘦苹果树树,树上结1 000个果和结300个果,两者成熟果实有何不同,提出"疏果"任务 2. 学生分组		1. 4名学生回答问题 2. 每组6名学生,共8组,选出小组长,小组成员准备研讨	联想、比较、提问	黑板、粉笔
30′	计划	安排小组讨论,要求学生提炼总结研讨内容		讨论,总结理论基础,填写学习情境报告单	讨论引导问题、填写报告单	学习情境报告单
10′	决策	指导小组完成实施方案		确定实施方案,填写实施计划单	讨论、填写实施计划单	实施计划单
100′	实施	教师示范,巡回观察指导		组长负责,每组学生共同完成苹果(梨)疏果任务	实习法	疏果剪、盛果期果树
20′	检查	教师巡回检查,并对各组进行监控和过程评价,及时纠错		在小组完成生产任务的过程中,互相检查实施情况并进行过程评价	小组学习法、工作任务评价	《果树栽培》职业能力评价表
10′	评价	1. 教师在学生实施过程中口试学生理论知识掌握情况,并将结果填入《果树栽培》专业技能评价表 2. 教师对个人对个人的实施情况进行评价并将结果填入《果树栽培》职业能力评价表		1. 学生回答教师提出的问题 2. 对自己及组内成员完成任务情况进行评价,填写《果树栽培》职业能力评价表	提问、工作任务评价	《果树栽培》专业能力评价表、《果树栽培》职业能力评价表
5′	反馈	1. 总结苹果生产任务实施情况 2. 强调苹果(梨)疏果的注意事项 3. 布置下次学习主题1.2.2(建议8学时):"苹果(梨)夏季修剪(苹果剪精、剪梢、疏枝)"任务		1. 学生思考自己小组协作完成情况,总结优缺点 2. 完成工作技能单的编写 3. 记录老师布置的工作任务	提问、小组工作法	工作技能单

👉 引导文

教材

蒋锦标,卜庆雁.果树生产技术(北方本).2 版.北京:中国农业大学出版社,2014

参考教材及著作

(1)于泽源.果树栽培.北京:高等教育出版社,2010
(2)杨洪强,接玉玲.无公害苹果标准化生产手册.北京:中国农业出版社,2008
(3)冯社章.果树生产技术(北方本).北京:化工出版社,2007
(4)张玉星.果树栽培学各论(北方本).3 版.北京:中国农业出版社,2003
(5)张力飞,王国东.苹果优质高效生产技术.北京:化学工业出版社,2012

网络资源

(1)辽宁金农网:http://www.lnjn.gov.cn/edu/syjs/2011/1/246570.shtml 苹果如何疏花疏果
(2)食品科技网:http://www.tech-food.com/kndata/1026/0053795.htm 苹果梨树人工辅助授粉与疏花疏果技术
(3)北国农业网:http://nyss.lnd.com.cn/shownews.asp? ids＝301 苹果树的疏花疏果
(4)青青花木网:http://www.312green.com/information/detail.php? topicid＝58621 优质梨疏果套袋方法
(5)食品伙伴网:http://www.foodmate.net/tech/zhongzhi/1/114625.html 砀山酥梨疏果与套袋技术

附件

(1)学习情境报告单　见《果树栽培学程设计》作业单
(2)实施计划单　见《果树栽培学程设计》作业单
(3)《果树栽培》专业技能评价表　见附录 A 附表 1-6
(4)《果树栽培》职业能力评价表　见附录 B 附表 1
(5)工作技能单　见《果树栽培学程设计》作业单
(6)技术资料

学生补充的引导文

技术资料——苹果疏果

一、疏果时期

疏果时期一般是在谢花后 10 d,大约在 5 月中旬进行第一次疏果,去除果形不正、虫果和梢头果,保留中心果,见图 1-14;谢花后 4~5 周,时间大约在 6 月上中旬,进行第二次疏果,即定果。此次是要疏除小果、偏斜果、扁果、畸形果、肉质柄果、朝天果、背上果、病虫果、有伤果等,保留下垂果,再按树定产,确定留果。

二、疏果方法

1. 干周法

根据果园目标产量和苹果树的具体生长状况,确定每株树的产量和留果数。生产上可采用干周法,确立全树留果量,利用距离法具体进行调整和疏除。

图 1-14 疏果

干周法利用的公式为单株适宜留果数(Y)= $0.2 \times$ 干周数^2(cm)加上 15%~20% 的安全系数。若一株苹果树干周为 20 cm,安全系数 20%,则单株适宜留果数(Y)= 0.2×20^2 = 80(个),80+80× 20% = 96(个)。

2. 距离法

对于大型果,留果距离要大,反之则小。一般富士系等大型果留果距离为 30~35 cm;新世界等中型果留果距离为 25~30 cm;粉红女士、国光等小型果为 15~20 cm。

3. 叶果比法

矮化砧、短枝型苹果,叶片同化能力强,叶果比为 40:1;一般乔化砧普通型苹果大型果,如富士系叶果比为 60:1。

4. 顶芽数法

小型果的国光、粉红女士等品种三个顶芽留一个果。大型果富士、乔纳金等四个顶芽留一个果。

5. 枝果比法

依据品种、树势,大型果为(8~9):1;小型果(6~7):1。

上述方法按距离留果比较常用。疏果的顺序是先上部后下部,先内膛后外围。为防止漏疏,可按枝条自然分布顺序由上而下,每枝从里到外进行;就一个果园而言,应根据品种开花早晚、坐果率高低,先疏开花早、坐果率低的品种,通常可按元帅系、乔纳金系、津轻系、金冠系、富士系等品种依次进行;同一品种内,先疏大树、弱树和花果量多的树。果实应选留长势健壮、肩部平展、自然下垂、花萼朝下的幼果,果形要端正、高桩,果实无病虫为害、果柄长。

注意事项

①在花量充足的条件下,疏去腋花芽果以及各骨干枝延长头梢部的果。

②疏除小果、畸形果、病虫果、朝天果和有机械损伤的果。留中心果、周正果、大果。

③做到准确、细致、按先上后下,先内后外的顺序逐枝进行,勿碰伤果台,注意保护好下部的叶片以及周围的果子。

1.2.2　夏季修剪

☞ "课堂计划"表格

日期：	班级：	用时：	地点：

科目：果树栽培
题目：学习主题 1.2.2（建议 8 时）：夏季修剪 （应用举例：苹果（梨）扭梢、摘心与剪梢、疏梢）

课堂特殊要求（家庭作业 等等）：
1. 苹果（梨）常用树形及树体结构
2. 夏季修剪的意义
3. 苹果扭梢的时期与方法
4. 苹果（梨）摘心与剪梢的时期与方法
5. 苹果（梨）疏梢的时期与方法

目标：
专业能力：①熟悉果树枝条特性；掌握苹果（梨）主要树形及树体结构；②结合果树的生长发育进程独立完成苹果（梨）夏季修剪任务

方法能力：①具有较强的信息采集与处理的能力；②具有解决新问题的能力；③有再学习能力；④评价（自我、他人）能力；⑤自我控制与管理能力

社会能力：①具备团队协作、组织协调能力；②高度的责任感；④一定的安协能力

个人能力：①吃苦耐劳，热爱劳动，踏实肯干、爱岗敬业、遵纪守时等职业道德；②具有良好的心理素质和身体素质，自信心强；③具有较好的语言表达，人际交往能力

准备：
仪器（投影仪、幻灯片等）
桌椅、座次
绘图纸　8张
白板笔（四种颜色）　各8支
小磁钉　8个
手锯　4把
梯子　4个
修枝剪　48把

时间	行为阶段	教师活动	参与者活动	方法	媒体
5'	资讯	1. 回顾前面做的苹果（梨）刻芽、抹芽，联系后期的苹果（梨）夏季修剪的主要内容 2. 学生分组，准备研讨	1. 学生回答 2. 每组 6 名学生，共 8 组，选小组长，小组成员准备研讨	问答	学生自备资料
30'	计划	安排小组讨论，要求学生提炼总结研讨内容	讨论、总结理论基础，填写学习情境报告单	讨论引导问题，填写学习情境报告单	学习情境报告单
10'	决策	指导小组完成实施方案	确定实施方案，填写实施计划单	讨论，填写实施计划单	实施计划单
270'	实施	教师示范，巡回指导	组长负责，每组学生共同完成苹果（梨）夏季修剪任务	实习法	苹果（梨）树、修枝剪、手锯
20'	检查	教师巡回检查，并对各组进行监控和过程评价，及时纠错	1. 在小组完成生产任务的过程中，相互检查实施情况和进行过程评价 2. 填写《果树栽培》职业能力评价表	小组学习法工作任务评价	《果树栽培》职业能力评价表
20'	评价	1. 教师在学生实施过程中口试学生理论知识掌握情况，并将结果填入《果树栽培》专业技能评价表 2. 教师对各组（个人）的实施结果进行评价并将结果填入《果树栽培》专业技能评价表	1. 学生回答教师提出的问题 2. 对自己及组内成员完成任务情况进行评价，结果记入《果树栽培》职业能力评价表	提问 小组工作法	《果树栽培》专业技能评价表 《果树栽培》职业能力评价表
5'	反馈	1. 总结苹果（梨）夏季修剪实施情况 2. 强调苹果（梨）夏季修剪应注意的问题 3. 布置下次学习主题 1.2.3 "苹果（梨）套袋" 任务	1. 学生思考总结自己小组协作完成情况，总结优缺点 2. 完成苹果（梨）套袋工作任务 3. 记录教师布置的工作任务	提问 小组工作法	工作技能单

☞引导文

教材

蒋锦标,卜庆雁.果树生产技术(北方本).2版.北京:中国农业大学出版社,2014

参考教材及著作

(1)汪景彦,朱奇,杨良杰.苹果树合理整形修剪图解(修订版).北京:金盾出版社,2009

(2)马宝焜,杜国强,张学英.图解苹果整形修剪.北京:中国农业出版社,2010

(3)赵政阳,马锋旺.苹果树现代整形修剪技术.西安:陕西科学技术出版社,2009

(4)姜淑玲,贾敬贤.梨树高产栽培(修订版).北京:金盾出版社,2008

(5)张力飞,王国东.苹果优质高效生产技术.北京:化学工业出版社,2012

网络资源

(1)辽宁金农网:http://www.lnjn.gov.cn/edu/syjs/2011/5/281466.shtml 苹果夏季修剪技术

(2)中国农业信息网:http://www.agri.gov.cn/V20/syjs/zzjs/201301/t201301213204020.htm 苹果树夏季修剪五原则

(3)道客巴巴网:http://www.doc88.com/p-671168289356.html 苹果树夏季修剪技术

(4)中国农资网:http://www.ampcn.com/info/detail/14028.asp 苹果树的夏季修剪技术

(5)新农村商网:http://nc.mofcom.gov.cn/news/P1P150621I6540042.html 梨树管理之夏季修剪

(6)中国种植技术网:http://zz.ag365.com/zhongzhi/guoshu/zaipeijishu/2006/2006090652180.html 梨树的夏季修剪

附件

(1)学习情境报告单   见《果树栽培学程设计》作业单

(2)实施计划单   见《果树栽培学程设计》作业单

(3)《果树栽培》专业技能评价表   见附录 A 表 1-7

(4)《果树栽培》职业能力评价表   见附录 B 表 1

(5)工作技能单   见《果树栽培学程设计》作业单

(6)技术资料

学生补充的引导文

技术资料——苹果扭梢、摘心与剪梢、疏梢

一、扭梢

1. 时间

5月下旬至6月上中旬。

2. 方法

当新梢长到15 cm左右时,在其基部5 cm左右、半木质化部位处扭转180°后,使梢头转向水平或下垂,然后固定,见图1-15。

3. 对象

幼旺树的直立梢、果台副梢、竞争梢、强旺梢。

图1-15　扭梢

二、摘心与剪梢

1. 摘心

①时间:5月末至7月。

②方法:去掉新梢顶端的幼嫩部分。摘心后一般在先端萌生一个枝,促生二次分枝的效果不如短截,如果要增加二次枝的数量,应采用重摘心或多次摘心方法。也可摘心配合摘叶,促进发枝。即摘心后随之摘除前端3片叶片。

③对象:主枝、拉平枝背上的直立梢和有一定空间的徒长梢或竞争梢,连续摘心1~2次,可培养枝组、形成花芽;对落花落果严重的苹果品种(元帅系),可在果台副梢长到20 cm长时,留6~8片叶进行轻摘心,以促进坐果,提高果实品质,培养小型枝组。

2. 剪梢

①时间:6~8月。

②方法:对长度在20~30 cm新梢剪去10~15 cm,促发副梢,见图1-16。

③对象:竞争枝、强旺枝、直立枝。

三、疏梢

1. 时间

从5月上中旬萌芽后至8月均可。

2. 方法

将新梢从基部疏除。

3. 对象

剪锯口周围萌生的密挤的强旺枝,对易冒条的"元帅"苹果更应如此;对延长头周围出现的新梢保留1~2个分枝,过多应尽量疏除,见图1-17;树冠内膛过多的直立强旺枝上的分枝;对于辅养枝和长放枝组都应跑单头,不留大分枝,较强的当年分枝一般应尽早疏除以促使下部中短枝充实饱满和成花。

图 1-16　剪梢

图 1-17　疏梢

注意事项

①注意夏剪对象。夏季修剪的主要作用是促进成花,因此夏剪的主要对象是幼树、旺树和旺枝。

②掌握夏剪时间。夏剪在生长期进行,以 5～8 月最佳。过早,不利于树体生长;过晚,则不利于花芽形成。

③控制夏剪量。由于夏剪正值苹果生长旺季,既是消耗养分和制造养分的旺盛时期,也是营养生长和生殖生长矛盾最突出的时期,因此修剪量不宜过大,以免因修剪过重去枝过多而削弱树势或造成冒条。

1.2.3 套袋

"课堂计划"表格

日期：	科目：果树栽培	用时：
班级：	地点：	题目：学习主题 1.2.3（建议 4 学时）：套袋（应用举例：苹果（梨）套袋）

课堂特练要求（家庭作业等等）：
1. 套袋的意义
2. 果袋的选择
3. 套袋前的准备
4. 苹果（梨）套袋的时期和方法
5. 注意事项

目标：
专业能力：①熟悉套袋的意义、果袋的选择（种类、规格）、套袋前的准备、掌握套袋时期与方法等基本知识；②会正确给苹果（梨）套袋

方法能力：①具有较强的信息采集与处理的能力；②具有较强的开拓创新能力和计划的能力；③有再学习能力；④具有自我控制与管理能力；⑤自我控制与管理能力（自我、他人）能力

社会能力：①具备较强的团队协作、组织协调能力；②高度的责任感；③一定的妥协能力

个人能力：①具有吃苦耐劳、踏实肯干、热爱劳动、爱岗敬业、遵纪守时等职业道德；②具有良好的心理素质、自信心强；③具有较好的语言表达、人际交往能力

准备：
仪器（多媒体、投影仪、幻灯片等）：
桌椅、座次
绘图本
绘图纸 8张
白板笔（四种颜色）各 8 支
胶带 1 捆
小磁钉 8 个
苹果（梨）纸袋 4 800 个

时间	行为阶段	教师活动	参与者活动	方法	媒体
5'	资讯	1.准备幻灯片、不同品种的苹果（梨）套袋果、未套袋果图片 2.由果实的外在表现引出问题——套袋技术 3.学生分组	1. 3～5名学生回答问题 2.每组 6 名学生，共 8 组，选小组长、小组成员准备研讨	观察、比较、提问	多媒体、PPT、学生自备资料
30'	计划	安排小组讨论，要求学生提炼总结研讨内容	讨论、总结理论基础、填写学习情境报告单	讨论、填写报告单	学习情境报告单
10'	决策	指导小组完成实施方案	确定实施方案，填写实施计划单	讨论、填写实施计划单	实施计划单
90'	实施	教师示范、巡回指导	组长负责，每组学生主要共同完成苹果（梨）套袋任务	实习法	盛果期苹果（梨）树、纸袋
30'	检查	教师巡回检查，并对各组进行监控和过程评价，及时纠错	1.在小组完成生产任务的过程中，互相检查实施情况和进行过程评价 2.填写《果树栽培》职业能力评价表	小组学习法、工作任务评价	《果树栽培》职业能力评价表
10'	评价	1.教师在学生实施过程中口试学生理论知识掌握情况，并将结果填入各组（个人）果树栽培专业技能评价表 2.教师对各组的实施结果进行评价并将结果填入《果树栽培》专业能力评价表	1.学生回答教师提出的问题 2.对自己及组内成员完成任务情况进行评价，结果记入《果树栽培》职业能力评价表	提问、工作任务评价	《果树栽培》专业能力评价表、《果树栽培》职业能力评价表
5'	反馈	1.总结任务实施情况 2.强调苹果（梨）套袋的注意事项 3.布置下次学习主题 1.2.4（建议 4 学时）"苹果（梨）追肥"任务	1.学生思考自己小组协作完成情况、总结优缺点 2.完成工作技能单的编写 3.记录老师布置的工作任务	提问、小组工作法	工作技能单

☞引导文

教材

蒋锦标,卜庆雁.果树生产技术(北方本).2 版.北京:中国农业大学出版社,2014

参考教材及著作

(1)于泽源.果树栽培.北京:高等教育出版社,2010

(2)王少敏.苹果套袋新技术.北京:中国农业出版社,2007

(3)冯社章.果树生产技术(北方本).北京:化工出版社,2007

(4)姜淑玲,贾敬贤.梨树高产栽培(修订版).北京:金盾出版社,2008

(5)张力飞,王国东.苹果优质高效生产技术.北京:化学工业出版社,2012

网络资源

(1)新农村商网:http://nc.mofcom.gov.cn/news/3885778.html 苹果套袋的五种好处

(2)新农技术网:http://www.xinnong.com/jishu/zz/shuiguo/1247211804.html 无公害套袋红富士苹果的配套管理技术措施

(3)西北苗木网:http://www.xbmiaomu.com/zaipeizhishi44631/苹果套袋技术规程

(5)食品科技网:http://www.tech－food.com/kndata/1018/0037435.htm 梨果实套袋技术

(6)新农技术网:http://www.xinnong.com/li/jishu/419945.html 梨套袋方法

附件

(1)学习情境报告单　见《果树栽培学程设计》作业单

(2)实施计划单　见《果树栽培学程设计》作业单

(3)《果树栽培》专业技能评价表　见附录 A 附表 1-8

(4)《果树栽培》职业能力评价表　见附录 B 附表 1

(5)工作技能单　见《果树栽培学程设计》作业单

(6)技术资料

学生补充的引导文

技术资料——苹果套袋

一、套袋前准备

套袋前尽量选择颗粒细、对水倍数高、对果面安全、高效的可湿性粉剂、可溶性粉剂、悬浮剂等剂型的农药,尽量选择内吸加保护配方,如 80％大生 M-45 可湿性粉剂 800～1 000 倍液＋20％螨死净胶悬液 2 000～3 000 倍＋25％灭幼脲 3 号悬剂 1 500～2 000 倍,杀虫剂也可用 4.5％高甲维盐微乳剂 2 000 倍液。严禁喷施含硫磺、质量差的国产代森锰锌的复配药剂及铜制剂、乳化性差的乳油、劣质钙肥,以防刺激幼果果面,产生果锈、小黑点,影响套袋苹果的光洁度。

注意事项

①药剂种类不宜超过 4 种,均应先配成母液,化开后稀释。

②加入药剂时要先加杀菌剂,再加杀虫剂,最后加入叶面肥、钙肥。

③打药用水不宜用井水或受污染的水。

④打药雾滴要细,喷头距果面不宜太近,停留时间要短,以尽量减少对果面的刺激。待药剂干后 1～2 d套袋。

二、果袋选择

依据品种特性选择果袋类型,按照市场要求确定果袋档次。首先,考虑品种特性,红富士系品种为较难着色的红色品种,要求着色面大,着色均匀,色调鲜艳,果面光洁,一般选择双层纸袋外袋以外灰内黑为主,内袋以红色为主,如小林袋、佳田袋;元帅系品种可选遮光单层袋或低档双层袋;纸袋规格一般为 145 mm×180 mm。其次,考虑苹果的市场定位,如生产高档果选外黑内红离体双层袋;最后,考虑果园的环境条件。如同样是红富士,在海拔 800 m 以上、温差大、光照强的地区,采用遮光单层袋即可很好着色。

三、套袋的时期与方法

1. 时期

一般黄绿色品种和早、中熟品种在谢花后 10～15 d 进行;生理落果重的红星、乔纳金等品种,可在生理落果后进行;晚熟红色品种在花后 40～50 d 完成,在辽南大约在 6 月中下旬完成,具体可在 6 月 20 日左右。降雨量多,阴雨天多的年份应在 6 月 25～30 日进行,避免发生黑点病、日烧等。套袋过早易产生日灼病,套袋时期过晚,往往影响了果面的光洁度,果点较大且较明显,降低了套袋的效果,也影响了套袋果的效果。套袋应在早晨露水干后,或药液干后进行,晴天一般以上午 9:00～11:00 和下午 2:00～5:00 为宜。

2. 方法

先撑开袋口,托起袋底,使两底角的通气放水口张开,使袋体膨起(图 1-18)。手执袋口下 2～3 cm 处,套入果实(图 1-19)后,从中间向两侧依次按"折扇"的方式折叠袋口(图 1-20),然后将捆扎丝反转 90°,沿袋口旋转一周扎紧袋口(图 1-21)。果实在袋内悬空,以防止袋体摩擦果面。套袋人员不要用力触摸果面,防止人为造成果面伤害。

套袋最好在喷药后 7 d 内完成,大果园可边喷药边套袋,只要果面药干。为了便于管理,需全树套袋。要按顺序进行,先套树上部果,后套树下部果,先套冠内果,后套冠外果,以防碰掉套袋果和碰伤果实。

图 1-18 撑袋

图 1-19 套果

图 1-20 收口

图 1-21 捆扎

注意事项

①套前防病虫。

②认真进行疏花疏果。

③选择适当的果袋,注意纸质和制作工艺。

④套袋顺序:应先上后下,先内后外,逐枝逐果整株成片进行,以便管理。

⑤套时不将叶片和枝条装入袋内,不将捆扎丝缠在果柄上;用力要轻,尽量不接触幼果。

⑥适当晚采:推迟到立冬前后采收,这样可提高含糖量,增加着色面,果味变浓。

⑦摘袋后适时摘叶转果,铺反光膜。

1.2.4　追肥

"课堂计划"表格

日期：	用时：	科目：果树栽培
班级：	地点：	题目：学习主题1.2.4（建议4学时）：追肥（应用举例：苹果（梨）追肥）

课堂特殊要求（家庭作业等等）：
1. 苹果（梨）果实发育规律
2. 苹果（梨）树的种类
3. 追肥需肥特点
4. 苹果（梨）追肥的时期与方法
5. 苹果（梨）追肥注意事项

目标： 专业能力：①熟悉苹果（梨）果实发育规律、需肥特点、追肥的种类，掌握追肥的时期、数量与方法；②会正确使用工具及完成苹果（梨）膨果施肥基本要求；③严格执行无公害果品生产规程及环保基本要求

方法能力：①具有较强的信息采集与处理能力；②具有决策和计划的能力；③具有学习管理能力；④评价（自我、他人）能力；⑤自我控制与管理能力

社会能力：①具备的责任感；②一定的安协能力

个人能力：①具有吃苦耐劳、热爱劳动、踏实肯干、爱岗敬业、遵纪守时等职业道德；②具有良好的心理素质和身体素质、自信心强；③具有较好的语言表达人际交往能力

准备： 仪器（多媒体、投影仪等）

多媒体、座椅	
练习本	
白板笔（四种颜色）	各8支
彩纸	
小磁钉	16个
锤子	16把
盆	16个
耙子	16把
硫酸钾	50 kg
复合肥	100 kg
尿素	50 kg

时间	行为分阶段	教师活动	参与者活动	方法	媒体
5'	资讯	1. 提问果树追肥的方法有哪些？引出"苹果（梨）追肥"任务 2. 学生分组	1. 学生回答问题 2. 每组6名学生，共8组，选小组长，小组成员准备研讨	头脑风暴法、张贴板法	黑板、粉笔
30'	计划	安排小组讨论，要求学生提练总结研讨内容	讨论、总结理论基础，填写学习情境报告单	讨论引导与问题	学习情境报告单
10'	决策	指导小组完成实施方案	确定实施方案，填写实施计划单	讨论、填写实施计划单	实施计划单
100'	实施	教师示范、巡回指导	组长负责，每组学生共同完成苹果（梨）追肥任务	实习法	施肥工具、材料
20'	检查	教师巡回检查，并对各组进行监督和过程评价，及时纠错	1. 在小组完成任务的过程中，互相检查实施情况和进行过程评价 2. 填写《果树栽培》职业能力评价表	小组学习法、工作任务评价	《果树栽培》专业能力评价表、《果树栽培》职业能力评价表
10'	评价	1. 教师在学生实施过程中口试学生理论知识掌握情况，并将结果填入《果树栽培》专业技能评价表 2. 教师对各组对实施结果及实施评价进行评价并将结果填入《果树栽培》（个人）的专业技能评价表	1. 学生回答问题 2. 对自己及组内成员完成任务情况进行评价、结果记入《果树栽培》职业能力评价表	提问、工作任务评价	《果树栽培》专业能力评价表、《果树栽培》职业能力评价表
5'	反馈	1. 总结任务实施情况 2. 强调无公害水果生产在追肥的选择上应该注意的问题 3. 布置下次学习主题1.3.1（建议4学时）："苹果果实增色"任务	1. 学生思考自己小组协作完成情况、总结优缺点 2. 完成工作技能单的编写 3. 记录老师布置的工作任务	提问、小组工作法	工作技能单

☞引导文

教材

蒋锦标,卜庆雁.果树生产技术(北方本).2 版.北京:中国农业大学出版社,2014

参考教材及著作

(1)于泽源.果树栽培.北京:高等教育出版社,2010

(2)杨洪强,接玉玲.无公害苹果标准化生产手册.北京:中国农业出版社,2008

(3)冯社章.果树生产技术(北方本).北京:化工出版社,2007

(4)姜淑玲,贾敬贤.梨树高产栽培(修订版).北京:金盾出版社,2008

(5)张力飞,王国东.苹果优质高效生产技术.北京:化学工业出版社,2012

网络资源

(1)西北苗木网:http://www.xbmiaomu.com/zaipeizhishi46646/苹果施肥问题多

(2)新农技术网:http://www.xinnong.com/pingguo/jishu/554893.html 苹果树追肥要适宜

(3)新农村商网:http://nc.mofcom.gov.cn/news/P1P430281I10202140.html 优质无公害苹果追肥技术

(5)辽宁金农网:http://www.lnjn.gov.cn/edu/syjs/2011/5/282262.shtml 梨树施肥技术

(6)中国农业推广网:http://www.farmers.org.cn/wsm/ShowArticle.asp? ArticleID＝47414 梨树怎样施用基肥和追肥

附件

(1)学习情境报告单 见《果树栽培学程设计》作业单

(2)实施计划单 见《果树栽培学程设计》作业单

(3)《果树栽培》专业技能评价表 见附录 A 附表 1-9

(4)《果树栽培》职业能力评价表 见附录 B 附表 1

(5)工作技能单 见《果树栽培学程设计》作业单

(6)技术资料

学生补充的引导文

技术资料——苹果追肥

一、追肥的时间

追肥应以速效肥为主。追肥一般每年进行 3 次。

第 1 次萌芽前后追肥,可促进果树萌芽整齐、开花一致,提高坐果率。此次追肥主要以氮肥为主。

第 2 次在花后追肥,可起到减少生理落果、促进枝叶生长和果实发育的作用。以氮肥为主,配合适量磷、钾肥。

第 3 次在果实膨大期和花芽分化期追肥,可起到促进果实增大提高产量,有利于花芽分化和枝条成熟的作用。根据近几年实践经验,早中熟品种在 6 月中下旬,晚熟品种在 7 月底进行为宜,过早、过晚效果都不理想,施入全年 20% 的追肥,此次追肥要氮、磷、钾肥配合施用,并以钾肥为主。

二、施肥种类和数量

氮肥用尿素,每 667 m^2 施 10 kg,磷肥用磷酸二铵每 667 m^2 施 20 kg,钾肥用硫酸钾每 667 m^2 施 40 kg。

三、追肥方法

追肥的主要方法有土壤追肥和叶面喷肥。

(1)土壤施肥。可采用条沟、放射沟和环状沟施肥,沟深以 10~15 cm 为佳,见图 1-22。

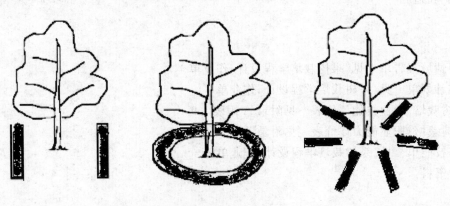

图 1-22 条沟、环状沟、放射沟施肥示意图

对于养殖业较发达的果区也可采用随灌水追施禽畜肥,即在果园有利位置设一粪池,将禽畜粪在其中发酵腐熟后进行追肥。也可采用滴灌,它比常规施肥省肥 50% 以上。目前,在德国、以色列等苹果生产发达国家应用较为普遍。滴灌施肥常用的肥料有:尿素、磷酸、硝酸钙、氯化钾、硝酸钾、硫酸钾、其他水溶性氮、磷、钾复合肥等。

(2)叶面喷肥。叶面喷肥是在果树生长发育期间,通过地上部分器官(叶片、新梢和果实等)补给营养的技术措施。生产中常用于补充土壤追肥、矫治果树的缺素症和干旱缺水地区及果树根系受损情况下追肥。叶面肥可与农药混合施用,其特点是省肥、省工、速效,不受养分分配中心的影响,同时不受土壤条件的限制,避免肥料在根系施肥中的流失、淋失和固定,但叶面喷肥不能完全代替土壤施肥。

叶面喷肥要合理选择肥料的种类、浓度,具体可参考表 1-2。喷布时间选择无雨的阴天或晴天上午

10:00 以前或下午 4:00 以后。喷布部位以叶背和嫩叶为好。生产上全年可喷 4～5 次,一般生长前期 2 次,以氮为主;后期 2～3 次,以磷钾为主;还可用于补施果树生长发育所需的微量元素。生产上提倡喷施多元微肥,在采果前 20 d 禁止叶面喷肥。

表 1-2 果树常用叶面喷肥的种类、浓度   %

肥料名称	浓度	肥料名称	浓度
尿素	0.2～0.5	硫酸锌	0.1～0.3
硫酸铵	0.2～0.3	硫酸镁	0.1～0.3
过磷酸钙	0.5～1.0	硫酸锰	0.1～0.3
磷酸二氢钾	0.2～0.5	草木灰	1.0～3.0
硫酸钾	0.3～0.5	螯合铁	0.05～0.1
硫酸亚铁	0.1～0.4	硼砂	0.1～0.3
氨基酸复合肥	0.2	氯化钙	0.3

1.3 秋季管理

1.3.1 果实增色

☞ "课堂计划"表格

日期：	用时：	科目：果树栽培
班级：	地点：	题目：学习主题1.3.1（建议4学时）：果实增色（应用举例：苹果果实增色）

课堂特殊要求（家庭作业等）：
1. 影响花青苷合成的内外因素
2. 果实着色的调控技术
3. 苹果果实增色

目标：
专业能力：①熟悉果实着色机理，掌握果实增色时期与果实增色生产规程方法；②会正确给苹果果实增色；③严格执行无公害果实增色生产规程
方法能力：①具有较强的信息采集与处理能力；②具有再学习能力；③具有较强的开拓创新能力；④具有制订计划与管理能力；⑤自我整控与调整能力
社会能力：①自我整控与管理能力；②具备较强的团队协作、组织协调能力；③高度的责任感；③一定的安全意识
个人能力：①具有吃苦耐劳、热爱劳动、爱岗敬业、遵纪守时等职业道德；②具有良好的心理素质、自信心强；③具有较好的语言表达、人际交往能力

准备：仪器（投影仪、幻灯片等）
果品、桌椅、座次
练习本
绘图纸　8张
白板笔（四种颜色）　各8支
胶带　1捆
小磁钉　8个
反光膜　12捆（100 m×1 m）
疏果剪　48把

时间	行为阶段	教师活动	参与者活动	方法	媒体
5′	资讯	1.准备幻灯片、展示果实套袋、摘叶等处理后的果实图片 2.由果实的外在表现引出问题 3.学生分组	1. 3~5名学生回答问题 2.每组6名学生，共8组，选小组长，小组成员准备研讨	观察、比较、提问	多媒体、PPT
55′	计划、决策	安排小组讨论，要求学生提炼总结研讨内容，形成成果展示材料	讨论、总结理论基础，完成成果展示	讨论引导问题、成果汇报	绘图纸、白板笔、磁钉等
90′	实施	教师示范、巡回观察指导	1.组长负责，每组学生共同完成苹果摘袋、铺设反光膜、转果任务 2.组长负责，每组学生共同完成苹果摘叶、转果	实习法	带袋果树、反光膜、压膜材料、疏果剪、盛果期果树等
15′	检查	教师巡回检查，并对各组进行监控和过程纠错	1.在小组完成生产任务的过程中互相检查实施情况和进行过程评价，及时纠错	小组学习法、工作任务评价	《果树栽培》职业能力评价表
10′	评价	1.教师在学生实施过程中口试学生理论知识掌握情况，并将结果填入《果树栽培》专业技能评价表 2.教师对个人的实施结果进行评价并填入《果树栽培》职业技能评价表	1.学生回答教师提出的问题 2.对自己及组内成员完成任务情况进行评价，结果记入《果树栽培》职业能力评价表	提问、工作任务评价	《果树栽培》专业技能评价表、《果树栽培》职业能力评价表
5′	反馈	1.总结任务实施情况 2.强调苹果果实增色注意事项 3.布置下次学习主题1.3.2（建议4学时）："苹果（梨）采收反果后处理任务"	1.学生思考自己小组协作完成情况、总结优缺点 2.完成工作技能单的编写 3.记录老师布置的工作任务	提问、小组工作法	工作技能单

☞ 引导文

教材

蒋锦标，卜庆雁.果树生产技术(北方本).2 版.北京:中国农业大学出版社,2014

参考教材及著作

(1)于泽源.果树栽培.北京:高等教育出版社,2010
(2)杨洪强,接玉玲.无公害苹果标准化生产手册.北京:中国农业出版社,2008
(3)冯社章.果树生产技术(北方本).北京:化工出版社,2007
(4)张玉星.果树栽培学各论(北方本).3 版.北京:中国农业出版社,2003
(5)马文哲.绿色果品生产技术(北方本).北京:中国环境科学出版社,2006

网络资源

(1)新农技术网:http:∥www.xinnong.com/jishu/zz/shuiguo/1247211804.html 无公害套袋红富士苹果的配套管理技术措施
(2)西北苗木网:http:∥www.xbmiaomu.com/zaipeizhishi44631/苹果套袋技术规程
(3)农博果蔬网:http:∥guoshu.aweb.com.cn/2009/0915/142856470.shtml 富士苹果增色增糖技术
(4)中国果业协会:http:∥www.guoye114.cn/newview.asp? id＝5023 影响苹果着色的几个因素
(5)中国食品产业网:http:∥www.foodqs.cn/news/jszl03/20067516555.htm 红富士苹果增色技术

附件

(1)学习情境报告单　见《果树栽培学程设计》作业单
(2)实施计划单　见《果树栽培学程设计》作业单
(3)《果树栽培》专业技能评价表　见附录 A 附表 1-10
(4)《果树栽培》职业能力评价表　见附录 B 附表 2
(5)工作技能单　见《果树栽培学程设计》作业单
(6)技术资料

学生补充的引导文

技术资料——苹果增色

一、控氮增钾、合理施肥

1. 土壤施肥

采收后基肥多施有机肥,有机肥以人粪尿、家畜厩肥、禽肥、油粕饼肥为最好,但施用前要经过充分发酵,没有上述肥料的果园,亦可施用土杂肥。盛果期树每产 1 kg 果以施入 1.5 kg 有机肥为宜。施肥前进行土壤检测,实行配方施肥,使 N、P、K 三要素的比例保持 1∶2∶2 的水平,改过去的偏施氮肥、光合微肥等。在果实着色前、着色期多追施钾肥,可使果实着色指数提高 24.4%,糖分增加 2.4%。

2. 叶面喷肥

果实临近着色时喷布 500 mg/L 的稀土溶液,可使长富 2 苹果着色提高 12～17 d,着色指数提高 24.2%,全红果率提高 5% 以上,含糖量增加 0.9%～1.6%,并提高果实的糖酸比;据山东省烟台市试验:红富士自展叶期开始,每隔 15～20 d 喷 1 次光合微肥,全生长期共喷 3～4 次,果实着色指数可由对照的 37% 增加到 72%。在果实生长的中后期,喷施 2～3 次的 0.3%～0.4% 的磷酸二氢钾溶液,每隔 10～15 d 喷 1 次,能明显提高着色度。另外,在着色期喷施喷施宝、叶面宝、惠满丰、美果露等叶面肥,也能明显改善果实色泽。

二、合理整形修剪,保持良好光照条件

乔砧采用小冠疏层形,矮砧采用纺锤形,树高小于行间距,行间冠距控制在 0.80～1.0 m,每 667 m² 枝量控制在 8 万～10 万个,方法以疏、拉、缓、刻为主,及时更新衰老枝组,疏除直立旺枝和扫地枝,尽量少截少堵,保持骨干枝角度开张、枝级紧凑。增加中短枝数量,确保花枝率在 30% 左右,叶面积系数在 3.5～4。

三、果实套袋

套袋于盛花后 40～50 d 内进行,套袋前要做好疏花疏果工作,并细致地喷 1 次高效、低毒、低残留的杀虫、杀菌剂。除袋一般早、中熟品种宜于采收前 15～20 d,晚熟品种于采果前 25～30 d 进行。如果是单层纸袋,先将底部撕开,使袋呈伞状,待 2～3 d 果实适应外部环境后再将袋除去;如为双层及双层以上纸袋,应先除去外层纸袋,3～5 d 后再除去内层防菌袋。塑料膜袋可带袋采摘。

四、摘叶、转果

1. 摘叶

在除袋后 1～2 d 开始进行。先摘除贴果叶片和果实上部、外围靠近果实的遮阴叶片,3～5 d 后,再摘除果实周围的遮光叶片,包括树冠内膛及下部果实周围 10～20 cm 以内的全部叶片。摘叶时要保留其叶柄。摘叶不能过多,过多则果实重量降低,并影响花芽质量;不能过早,过早则增加日灼,果面降色和破坏树体营养,全树摘叶量应控制在 14%～20% 的范围内。津轻系、元帅系、乔纳金为全树叶量的 10%～11%,千秋、富士系、秦冠等品种为 13%～18%。摘叶可分期进行,第一次摘除应摘叶片的 60%～70%,第二次摘除应摘叶片的 30%～40%。摘叶前应通过细致秋剪疏除遮光强的背上直立枝、内膛徒长枝、外围密生枝,以改善树冠各部风光条件,增进果面着色,见图 1-23。

2. 转果

一般在除袋 15 d 后进行转果,此时果实阳面已上足色。方法是用手轻托果实,将其转动 90°～

180°,使果实阴面转到阳面,为了防止果实再转回原位,可用透明白胶带将果固定于附近合适的枝条上。转果时要顺同一方向进行,否则,果柄易脱落。一次转果后,如还有少部分未着色,5~6 d 后再转一次,使果实充分受光,果面均匀着色。单果应顺同一方向转,转后将果贴于树枝上;双果应向相反方向转动。

摘叶、转果宜选在阴天及多云天气进行;如在晴天,应于下午以后进行。

五、树下铺反光膜

生产上常用的反光膜有银色反光塑料薄膜和 GS-2 型果树专用反光膜。铺膜时间在果实着色期,套袋苹果在除袋后立即进行,见图 1-24。铺膜前 5 d 清除铺膜地段的残茬、硬枝、石块和杂草,打碎大土块,把地整成中心高、外围稍低的弓背形。铺膜面积限于树冠垂直投影范围。铺反光膜时,膜面拉紧、拉平,各边固定。密植果园可于树两侧各铺 1 m 宽反光膜,要求膜面平展,与地面贴紧,周边盖严。反光膜可以用石块、砖头或装了土的塑料袋压实。果实采收后,去掉膜面上的树枝、落果、落叶及埋压物等,小心揭起,卷叠后拿出园外用清水漂洗晾干后,放入无腐蚀性室内,以备下年使用。

图 1-23　摘叶

图 1-24　铺反光膜

六、应用果实增红剂和生物肥

红富士苹果采前 40 d 和 20 d 各喷 1 次 2 000 倍苹果增红剂 1 号加 0.3% 磷酸二氢钾,可明显促进果实着色和光洁度,全红果率比对照增加了 26.2%,着色指数比对照增加了 21.1%。6 月、10 月各喷 1 次 500 倍恳易微生物有机肥或 500 倍高美施均能明显地促进果实着色。

七、暮喷

喷水能洗掉叶面上的尘埃,有利叶片光合作用,制造较多的光合产物。暮喷还有利于树体降温,增大昼夜温差,促进果实糖分积累,果实上色快,色泽艳。从 9 月上旬开始,晴日每天从傍晚 5:00 起用干净喷雾器向叶面喷布细雾状清水。叶片干净的果园 1 000 m² 喷水量 500 kg 即可,叶片污垢重可酌情加大喷水量。

八、适时采收

据调查,与一般晚熟苹果品种相比,红富士的果实生长期至少要长 10~15 d。因此红富士在冀东地区应延至 10 月 25 日至 11 月 5 日采收。冀北和辽宁部分地区因晚秋霜冻来临早,采收可 10 月中旬以前进行。

九、采后增色

对达到一定成熟度但着色差的果实,可在采后促进着色,其适宜的环境条件是:10%左右的光照,10~20℃的温度,90%以上的空气相对湿度和早、晚果皮着露,果实增色显著。具体做法是:选地势高燥、宽敞平坦的通风处,先在地面铺 3 cm 厚的洁净细沙,将苹果果柄朝下,单层排好,果实间稍有空隙,若摆两层,则成品字形排列,使果个个见光。若天气干旱或无露水时,每天早、晚用干净喷雾器,向果面各喷一次清水,以果面布满水珠为度。太阳出来后,用草帘或牛皮纸等遮阴。3~4 d 果实着色后,翻动一次果实,使果柄向上。经 4~5 d 后整个果面可全部着色。

1.3.2 采收及采后处理

"课堂计划"表格

日期:	用时:	科目: 果树栽培
班级:	地点:	题目: 学习主题1.3.2(建议4学时):采收及采后处理(应用举例:苹果采收及采后处理)

目标:

专业能力:①熟悉苹果实采成熟的标准,做好果实采收前的准备,掌握果实采收时期、采收方法及采后包装、分级;②会正确进行苹果(梨)采收,包装及分级符合行业规范。

方法能力:①具有较强的信息采集与处理能力;②具有再学习能力;③具有较强的团队协作,组织协调能力;④具有一定的安防能力。

社会能力:①自我控制与管理能力;②具备较强的职业道德,热爱劳动,踏实肯吃苦耐劳,热爱岗敬业、遵纪守时等;③一定的心理素质和身体素质。

个人能力:①吃苦耐劳;②具有良好的心理交往能力;③具有较好的语言表达,人际交往能力。

课堂特殊要求(家庭作业等):

1. 苹果(梨)果实采成熟的标准及方法
2. 苹果(梨)采收的时期标准
3. 苹果(梨)采收及分级标准
4. 苹果(梨)采后包装
5. 采收及采后处理注意事项

准备:

仪器(投影仪、幻灯片等)；绘图纸 8张；白板笔(四种颜色)各8支；胶带 1捆；小磁钉 8个；采果剪 48把；采果凳 4个;持测糖仪 8个;采果篮 8个;包装箱 1袋;硬度计 8个

时间	行动阶段	教师活动	参与者活动	方法	媒体
10'	资讯	1.准备两类苹果(成熟和未成熟的),切开让学生品尝,观察,用仪器测量硬度,可溶性固形物含量。播放PPT(包装及采果)。提出"苹果采收及采后处理"任务 2.学生分组	1. 3~5名学生回答问题 2. 每组6名学生,共有8组,选1小组长,小组成员准备研讨	观察、比较、提问	多媒体、PPT、手持测糖仪、硬度计
80'	计划·决策	安排小组讨论,要求学生提炼总结研讨内容。教师指导	讨论、总结理论基础,完成学习情境报告单,实施计划单	讨论引导问题、总结实施计划、成果汇报	学习情境报告单、实施计划单等
60'	实施	教师巡回观察指导	组长负责,每组学生共同完成苹果采收及采后处理任务	实习法	采果剪、盛果期苹果树苗、果筐等
15'	检查	教师巡回检查,并对各组进行过程评价,及时纠错	1.在小组完成生产任务的过程中,互相检查实施情况和进行过程评价 2.填写《果树栽培》职业能力评价表	小组学习法、工作任务评价	《果树栽培》职业能力评价表
10'	评价	1.教师对学生填入《果树栽培》中口试学生理论知识掌握情况,并将结果填入各组进行评价并将结果填入《果树栽培》(个人)专业技能评价表	1.学生回答教师提出的问题 2.对自己及组内成员完成苹果采收及采后处理结果进行评价并填写《果树栽培》职业能力评价表	提问、工作任务评价	《果树栽培》专业技能评价表、《果树栽培》职业能力评价表
5'	反馈	1.总结任务实施情况 2.强调苹果采收、分级包装的注意事项 3.布置下次学习主题1.3.3(建议4学时):"秋施基肥"任务	1.学生思考自己小组协作完成情况,总结优缺点 2.完成工作技能单的编写 3.记录老师布置的工作任务	提问、小组工作法	工作技能单

☞ 引导文

教材

蒋锦标,卜庆雁.果树生产技术(北方本).2版.北京:中国农业大学出版社,2014

参考教材及著作

(1)于泽源.果树栽培.北京:高等教育出版社,2010

(2)杨洪强,接玉玲.无公害苹果标准化生产手册.北京:中国农业出版社,2008

(3)冯社章.果树生产技术(北方本).北京:化工出版社,2007

(4)姜淑玲,贾敬贤.梨树高产栽培(修订版).北京:金盾出版社,2008

(5)张玉星.果树栽培学各论(北方本).3版.北京:中国农业出版社,2003

网络资源

(1)盛世金农网:http://www.jinnong.cc/technology/wangyou/guopin/2011/content382467.shtml 苹果采收应注意事项

(2)新农村商网:http://nc.mofcom.gov.cn/news/P1P522601I6145148.html 苹果的采收和贮藏保鲜技术简介

(3)河北林业网:http://www.hebly.gov.cn/showarticle.php? id=30325 优质苹果培育采收及采后处理技术－采收

(4)新农村商网:http://nc.mofcom.gov.cn/news/18568782.html 苹果分批采收的注意事项

(5)安徽农网:http://www.ahnw.gov.cn/2006nykj/html/200411/%7B09BC9BB8-D261-4878-B252-44D68A0193AB%7D.shtml 梨果实采收及采后处理

行业标准

NY/T439—2001　中华人民共和国农业部发布苹果外观登记标准

附件

(1)学习情境报告单　见《果树栽培学程设计》作业单

(2)实施计划单　见《果树栽培学程设计》作业单

(3)《果树栽培》专业技能评价表　见附录 A 附表 1-11

(4)《果树栽培》职业能力评价表　见附录 B 附表 2

(5)工作技能单　见《果树栽培学程设计》作业单

(6)技术资料

学生补充的引导文

技术资料——苹果采收及采后处理

一、制定采收方案

采收方案以当年苹果市场需求为导向,以果实成熟度为主要依据,具体确定全园采收的时期、批次、技术规程以及相应的资金、人力、物资等资源的调配。首先根据市场销售价格决定采收时期。可对同一株树实行分期分批采收。其次根据果品用途决定采收时期。用于当地鲜食销售、短期贮藏以及制果汁、果酱、果酒的苹果应在果实已表现出本品种特有的色泽和风味时采收。用于长期贮藏和罐藏加工的苹果应适当提前采收,判断苹果成熟度的主要方法有以下几种:

1. 果实发育期

在一定的栽培条件下,从落花到果实成熟,需要一定的天数,即果实发育期。各地可根据多年的经验得出当地各苹果品种的平均发育天数。主要苹果品种的生育天数见表1-3,可作为采收时期的参考。

表1-3　苹果主要品种发育期   d

品种	果实发育期	品种	果实发育期
珊夏	90～110	乔纳金	135～150
美国8号	95～110	王林	150～160
嘎拉	110～120	国光	160～175
津轻	120～125	澳洲青苹	165～180
新红星	135～155	富士	170～185
金冠	135～150	粉红女士	180～195

2. 果实硬度

苹果采收时的果实硬度要求因品种而异。在陕西谓北苹果产区,果肉硬度红富士$7.3\sim8.2$ kg/cm^2,嘎拉$6.5\sim7.0$ kg/cm^2,澳洲青苹$8.0\sim9.0$ kg/cm^2,新红星$6.5\sim7.6$ kg/cm^2,国光9.5 kg/cm^2,秦冠8.7 kg/cm^2,乔纳金$6.3\sim6.8$ kg/cm^2,王林$6.3\sim6.8$ kg/cm^2。

3. 可溶性固形物和可滴定酸

可溶性固形物中主要成分是糖分,其含量高标志着含糖量高、成熟度高。总含糖量与总酸含量的比值称"糖酸比",可溶性固形物与总酸的比值称为"固酸比",它们不仅可以衡量果实的风味,也可以用来判断成熟度。随着果实的成熟,果实的含糖量逐渐增加,可滴定酸含量逐渐下降,糖酸比增大。常见品种的可溶性固形物和可滴定酸指标见表1-4。

表1-4　主要苹果品种采收时的可溶性固形物和可滴定酸指标   %

品种	可溶性固形物	总酸量	品种	可溶性固形物	总酸量
富士	≥14.0	≤0.40	红玉	≥12.0	≤0.90
嘎拉	≥12.5	≤0.35	澳洲青苹	≥12.5	≤0.80
粉红女士	≥13.0	≤0.90	金冠	≥13.5	≤0.60
国光	≥13.5	≤0.80	津轻	≥13.5	≤0.40
寒富	≥14.0	≤0.40	乔纳金	≥13.5	≤0.50
红将军	≥14.0	≤0.40	秦冠	≥13.0	≤0.30
新红星	≥11.0	≤0.40	王林	≥13.5	≤0.35
华冠	≥12.5	≤0.35	元帅	≥11.0	≤0.40

同一品种在不同产地及不同年份,果实的适宜采收期可能不同。因此,确定某一品种的适宜采收期,不可单凭一项指标,应将上述指标综合考虑,同时根据生产者的经验确定。

二、采前准备

采收前应在考察市场、建立销售网络的基础上,掌握市场最新信息,随时与客户保持联系;准备好采收工具(采果剪、采果梯、采收袋、周转箱等)、包装用品、分级包装场所及果场果库;集中培训采收人员,掌握操作规范,以减少采收损失,提高劳动效率。

三、采收方法

鲜食苹果目前主要是人工采收,人工采收可以做到轻拿轻放,机械损伤少,可以对果实成熟度进行判断和分期采收。人工采收的缺点是采收效率较低,需要大量劳动力,采收成本较高。人工采收要点如下:

1. 采收方法

采收人员要剪短并修圆指甲,戴上手套,用手掌将果实向上一托,果实即可自然脱落,果实放入采收袋或采收篮。

2. 采收时间

采收选择在晴天进行,尽可能安排在早晨和下午 4:00 时以后。被迫在雨雾天采果时,应将果实放在通风处晾干。

3. 采收过程

采前,应先拾净树下落果,减少踩伤。然后,先采树冠外围和下部的果,后采上部和内膛的果,采收树冠顶部的果实时,要用梯子,少上树,以免撞落果实,踩断果枝。采后再绕树细查一遍,防止漏采。采摘时一定要保留果柄,采摘后将果柄剪至稍低于梗洼,以防止扎伤果面。采收、运输时要轻摘、轻装、轻卸,以减少碰、压伤等损失。对于成熟度不一致的品种,要分期采收,第一批先采树冠上部和外围着色好、果个大的果实。5~7 d 后同样采着色好的果实,再过 5~7 d 采收其余部分。

4. 采后管理

采后田间停留不超过 12 h,田间地头临时存放,要设防雨遮阴棚;用于贮存或外运的苹果采后要及时预冷,入库时间不超过 48 h,将果温尽快降到 0~2℃。

四、采后处理

1. 分级

将收获的苹果,根据其形状、大小、色泽、质地、成熟度、机械损伤、病虫害及其他特性等,依据相关标准,分成若干等级,使同一级别的苹果规格、品质一致,果实均一性高,从而实现果实商品化。分级可按 2001 年 2 月 12 日中华人民共和国农业部发布苹果外观登记标准(NY/T 439—2001)见表 1-5,采用人工或机械方法进行。

表 1-5　苹果外观等级规格指标

项目	特等	一等	二等
基本要求	充分发育,成熟,果实完整良好,新鲜洁净,无异味,不正常外来水分,刺伤、虫果及病害,果梗完整		
色泽	具有本品种成熟时应有的色泽,苹果主要品种的具体规定参照附表 A(标准的附录)		
单果重(g)	苹果主要品种的单果重等级要求见附表 B(标准的附录)		
果形	端正	比较端正	可有缺陷,但不得有畸形果

续表1-5

项目		特等	一等	二等
果梗		完整	允许轻微损伤	允许损伤,但仍有果梗
果锈1)	褐色片锈	不得超出梗洼和萼洼,不粗糙	可轻微超出梗洼和萼洼,表面不粗糙	不得超过果肩,表面轻度粗糙
	网状薄层	不得超过果面的2%	不得超过果面的10%	不得超过果面的20%
	重锈斑	无	不得超过果面的2%	不得超过果面的10%
果面缺欠2)	刺伤	无	无	允许干枯刺伤,面积不超过0.03 cm²
	碰压伤	无	无	允许轻微碰压伤,面积不超过0.5 cm²
	磨伤	允许轻微磨伤,面积不超过0.5 cm²	允许不变黑磨伤,面积不超过1.0 cm²	允许不影响外观的磨伤,面积不超过2.0 cm²
	水锈	允许轻微薄层,面积不超过0.5 cm²	轻微薄层,面积不超过1.0 cm²	面积不超过2.0 cm²
	日灼	无	无	允许轻微日灼,面积不超过1.0 cm²
	药害	无	允许轻微,面积不超过0.5 cm²	允许轻微药害,面积不超过1.0 cm²
	雹伤	无	无	允许轻微雹伤,面积不超过0.8 cm²
	裂果	无	无	可有1处短于0.5 cm的风干裂口
	虫伤	无	允许干枯虫伤,面积不超过0.3 cm²	允许干枯虫伤,面积不超过0.6 cm²
	痂	无	面积不得超过0.3 cm²	面积不得超过0.6 cm²
	小疵点	无	不得超过5个	不得超过10个

注:①只有果锈为其固有特征的品种才能有果锈缺陷。

②果面缺陷,特等不超过1项,一等不超过2项,二等不超过3项。

人工分级是比较传统的方法。利用分级板上的直径不等的圆孔将果实分级,而果形、色泽、果面的光洁度等指标完全凭借人员的目测和经验分级,在用工成本急剧增加的情况下,越来越体现出机械分级的优势。果品分级机的机型包括果品尺寸分级机、重量分级机、光电分级机等。从目前国内市场对果品分级要求的标准和现有果品加工车间的设计水平来看,机械重量分级机较为适用。

附表A 苹果主要品种的色泽等级要求   %

品种	特有色泽	最低着色百分比			品种	特有色泽	最低着色百分比		
		特等	一等	二等			特等	一等	二等
元帅系	浓红或紫红	95	85	70	嘎拉系	红色	80	70	55
富士系	片红/条红	90/80	80/70	65/55	乔纳金系	浓红或鲜红	80	70	55
寒富	浓红或鲜红	90	80	65	津轻系	红色	80	70	55
华冠	鲜红	90	80	65	国光	暗红或浓红	70	60	50
秦冠	暗红	90	80	65	金冠系	绿黄	现出其固有色泽		
秋锦	暗红	90	80	65	王林	黄绿或绿黄	现出其固有色泽		

注:①本表中未涉及的品种,可比照表中同类品种参照执行。

②提早采摘出口和用于长期贮藏的金冠系品种允许淡绿色,但不允许深绿色。

附表 B　苹果主要品种的单果重等级要求　　　　　　　　　　　　　　　　　g

品种	特等	一等	二等	品种	特等	一等	二等
元帅系	≥240	≥220	≥200	金冠系	≥200	≥180	≥160
乔纳金系	≥240	≥220	≥200	华冠	≥200	≥180	≥160
富士系	≥240	≥220	≥200	津轻系	≥200	≥180	≥160
王林	≥200	≥180	≥160	秋锦	≥200	≥180	≥160
秦冠	≥200	≥180	≥160	嘎拉系	≥180	≥150	≥120
寒富	≥200	≥180	≥160	国光	≥180	≥150	≥120

附表 C　红富士单果理化指标

果实硬度（kg/cm²）	可溶性固形物（%）	总酸量（%）
不低于 7.84	不低于 13	不高于 0.4

注：摘自 NY/T 439—2001 中华人民共和国农业部发布苹果（梨）外观登记标准。

2. 洗果

洗果即是对果实用清水采用浸泡、冲洗、喷淋等方式水洗或用毛刷等清除果实表面污物、病菌，使果面卫生、光洁。清水未能洗净的果实可用 0.1％的盐酸溶液洗果 1 min 左右，再用 0.1％的磷酸钠溶液中和果面的酸，后用清水漂洗。

3. 打蜡

打蜡是指在果面上涂一层鲜亮的半透性的可食性液体保鲜剂。涂蜡剂的种类主要有石蜡类（乳化蜡、虫胶蜡、水果蜡等）、天然涂被膜剂（果胶、乳清蛋白、天然蜡、明胶、淀粉等）和合成涂料（防腐紫胶涂料等）。涂蜡方法有人工涂蜡和机械涂蜡。若清洗后的苹果数量不多时，可采用人工涂蜡法，即将果实浸蘸到配好的涂料中，取出后即可，或用软刷、棉布等蘸取涂料，均匀抹于果面上，涂后，揩去多余蜡液。苹果数量较多时，采用涂蜡分级机进行，可同时完成清洗、分级、打蜡三项工作。

4. 包装

经过分级、清洗、打蜡等处理以后就要进行苹果包装。销售包装包括普通包装和装潢包装两种，目前以前者为主。随着苹果商品化程度的提高，果园经营者应一方面注重生产技术中的品牌和诚信意识，另一方面应在外观品牌上形成鲜明的特色，精心设计包装，注重产品形象，强化市场意识，提高竞争能力。

包装材料要求卫生、美观、高雅、大方、轻便、牢固，利于贮藏堆码和运输。主要包装材料有纸箱和钙塑箱。纸箱包括两种。一种是瓦楞纸箱，其造价低，易生产。但纸软，易受潮，可作为短期贮藏或近距离运输用。另一种是由木纤维制成的纸箱，质地较硬，可作为远运包装用。钙塑瓦楞箱是用钙塑瓦楞板组装而成，轻便、耐用、抗压、防潮、隔热，虽造价稍高，但可以重复使用。另外，配合使用的还有包装软纸、发泡网、凹窝隔板等。包装箱的规格一般按容量包括 10 kg、15 kg、20 kg 不等。现在的精品礼品盒包装容量还包括 2 kg、3 kg、4 kg、5 kg 等，见图 1-25。

图 1-25　礼盒包装

1.3.3　施基肥

🖙 "课堂计划"表格

日期:	用时:	科目:果树栽培
班级:	地点:	题目:学习主题1.3.3;施基肥(应用举例案例:苹果(梨)秋施基肥)

课堂特殊要求(家庭作业等):
1. 果树施基肥的好处和最佳时期
2. 苹果(梨)树根系分布特点及生长发育规律
3. 基肥的种类
4. 苹果(梨)施基肥的方法
5. 施基肥注意事项

目标:

专业能力:①熟悉苹果(梨)树根系分布特点及生长发育规律;②掌握苹果(梨)施基肥的种类、基肥需肥特点、基肥的时期与方法;③会正确使用工具完成苹果(梨)秋施基肥任务;④严格执行无公害果品生产规程及环保基本要求

方法能力:①具有较强的信息采集与处理能力;②具有再学习的能力;③具有较强管理能力;④具有较强的开拓创新能力;⑤自我控制与管理能力;⑥评价(自我、他人)的能力

社会能力:①具有较强的团队协作、组织协调能力;②良好的纪律守时等职业道德;③高度的责任感;④一定的妥协能力

个人能力:①具有吃苦耐劳、热爱劳动,踏实肯干,爱岗敬业,遵律意识;②具有良好的心理素质、身体素质,自信心强;③具有较好的语言表达、人际交往能力

准备:仪器(多媒体、投影仪等) 2个;苹果(梨)果实 48;锨 8把;耙;独轮车 4辆;有机肥 2 m³

时间	行为阶段	教师活动	参与者活动	方法	媒体
5'	资讯	1.准备两个苹果(梨)园,一个是来自每年都做秋基肥的苹果(梨)园,一个是来自不做秋基肥的苹果(梨)园,请四名学生品尝,从口感、色泽上评价两个	1.四名学生品尝苹果(梨),说出吃后的感觉 2.每组6名学生,共8组,选	看、品、提问	两个苹果(梨)
30'	计划	安排小组讨论,要求学生提炼总结研讨内容	讨论、总结理论基础,填写学习情境报告单	讨论引导问题,填写报告单	学习情境报告单
10'	决策	指导小组完成实施方案	确定实施方案,填写实施计划单	讨论、填写实施计划单	实施计划单
100'	实施	教师示范、巡回指导	组长负责,每组学生共同完成苹果(梨)施基肥任务	实习法	苹果(梨)树、锨、耙、车、肥等
20'	检查	教师巡回检查,并对各组进行整理和过程评价,及时纠错	1.在小组完成生产任务的过程中,互相检查实施情况 2.填写《果树栽培》职业能力评价表	小组学习法,工作任务评价	《果树栽培》职业能力评价表
10'	评价	1.教师在学生填入《果树栽培》(个人)的实施结果并将结果填入《果树栽培》专业技能评价表 2.教师对各组的实施过程进行评价	1.学生回答教师提出的问题 2.对自己及组内成员完成任务情况进行评价,结果记入《果树栽培》职业能力评价表	提问,工作任务评价	《果树栽培》专业技能评价表,《果树栽培》职业能力评价表
5'	反馈	1.总结任务实施情况,强调无公害苹果(梨)基肥的选择问题 2.布置下次学习主题1.3.4(建议8学时):"苹果(梨)秋季修剪"任务	1.学生思考自己小组协作完成情况,总结优缺点 2.学生完成工作技能单 3.记录教师布置的工作任务	提问,小组工作法	工作技能单

👉 引导文

教材

蒋锦标,卜庆雁.果树生产技术(北方本).2 版.北京:中国农业大学出版社,2014

参考教材及著作

(1)于泽源.果树栽培.北京:高等教育出版社,2010

(2)杨洪强,接玉玲.无公害苹果标准化生产手册.北京:中国农业出版社,2008

(3)冯社章.果树生产技术(北方本).北京:化工出版社,2007

(4)姜淑玲,贾敬贤.梨树高产栽培(修订版).北京:金盾出版社,2008

(5)张玉星.果树栽培学各论(北方本).3 版.北京:中国农业出版社,2003

网络资源

(1)中国化肥网:http://www.fert.cn/news/2009/12/28/2009122816111242391.shtml 苹果施基肥八注意

(2)新农村商网:http://nc.mofcom.gov.cn/news/P1P430124I11872569.html 苹果秋施基肥的要点是什么?

(3)广西农业信息网:http://www.gxny.gov.cn/web/2003-11/11331.htm 果树秋施基肥技巧

(4)新农技术网:http://www.xinnong.com/jishu/zz/shuiguo/1225871964.html 梨树秋施基肥技术要点

(5)新疆兴农网:http://www.xjxnw.gov.cn/ts/tslg/07/714007.shtml 梨树秋施基肥助高产

附件

(1)学习情境报告单　见《果树栽培学程设计》作业单

(2)实施计划单　见《果树栽培学程设计》作业单

(3)《果树栽培》专业技能评价表　见附录 A 附表 1-12

(4)《果树栽培》职业能力评价表　见附录 B 附表 2

(5)工作技能单　见《果树栽培学程设计》作业单

(6)技术资料

学生补充的引导文

技术资料——苹果(梨)秋施基肥

一、基肥施用时期

以秋季最好,宜早不宜晚。据邢台绿太果业专业合作社的李国江在红富士苹果上的秋施基肥试验,以8月20日至9月10日施有机肥为最佳期。

二、秋施基肥的用肥种类

基肥主要指秋季至春季萌芽前向土壤中施入的肥料,是可以较长时期供应果树多种养分的基础肥料,通常以腐熟的有机肥为主,如厩肥、圈肥、堆肥、饼肥、渔肥、血肥、绿肥和腐殖酸类肥料等,施基肥时可以混加少量的速效肥和尿素、过磷酸钙等,也可附加一些作物秸秆、杂草、枝叶等有机物,肥效更好。

三、基肥的施用量

根据果园的土壤条件和需肥情况进行配方施肥,幼树氮、磷、钾可按1:2:1的比例,结果树可按2:1:2的比例。在基肥中,氮肥应占全年氮肥用量的40%,磷占全年磷用量的60%,钾占全年钾用量的30%为宜。适量补充中微量元素肥料,有效避免缺素症的发生。增加生物菌肥,使大量的有益生物在果树根系周围形成保护屏障,抑制有害菌的生长和繁殖,使根际环境得到净化,且疏松土壤,消除板结,中和碱性,降低土壤盐碱危害。

据有关试验测定,苹果的结果树每生产100 kg果实需要纯氮磷钾的量如表1-6所示。生产经验施肥量按每生产1 kg苹果施1.5~2 kg有机肥计算。

表1-6　每100 kg果实需要的纯氮磷钾的量

种类	氮(N_2)	磷(P_2O_5)	钾(K_2O)
数量(kg)	1~1.2	0.5~0.6	1~1.2

四、施用方法

基肥一般采用土壤深施的方法,施肥部位在树冠投影范围内。秋施基肥可结合果园深翻进行,也可单独进行。常用的土壤施肥方法主要有以下几种类型:

1. 条沟施肥

在果树行间或株间树冠投影处开2条沟,见图1-26。根据树龄不同,深浅略有差异,一般距干50~100 cm挖沟,沟深30~60 cm,沟宽30~40 cm,长度1~1.5 m。将肥与土混拌均匀撒于沟内,及时覆土踩实。如果两行树冠接近时,可采用隔行开沟,翌年更换的方法。此法便于机械或畜力作业。国外许多果园用此法施肥,效率高,但要求果园地面平坦,条沟作业与灌水要方便。一般适用于成年果树施基肥。

2. 环状沟施肥

见图1-27,在果树树冠投影外缘挖一宽30~40 cm,深30~50 cm的环状沟,将肥与土混拌均匀撒于沟内,及时覆土踩实。施肥量大时沟可挖宽挖深一些。随树冠扩大,环状沟逐年向外扩展。此法适用于根系分布较小的幼树与初果期的树,太密植的树不宜用。

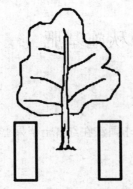

图 1-26 条沟施肥示意图

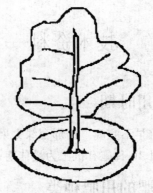

图 1-27 环状沟施肥示意图

3. 放射沟施肥

图 1-28 中以主干为中心在树冠下距干 80～100 cm 开始向外至树冠外缘投影以外挖放射状沟 4～8 条,沟宽 30～40 cm,深 15～60 cm。距主干越远,沟要逐渐加宽加深。将肥与土混拌均匀撒于沟内,及时覆土踩实。此种施肥方法较环状沟施肥伤根少,但挖沟时也会伤及大根,故应隔次更换放射沟位置,以扩大施肥面积促进根系吸收。比较而言,此种施肥方法的施肥部位虽然具有一定的局限性,但可以使肥料施在吸收根密集区,有利于肥效的发挥。此法适用于稀植成年果树,太密植的树也不宜用。注意放射状沟的开挖方向不要与主枝方向相同,以避免伤及骨干根。

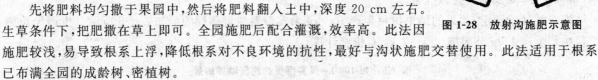

图 1-28 放射沟施肥示意图

4. 全园施肥

先将肥料均匀撒于果园中,然后将肥料翻入土中,深度 20 cm 左右。生草条件下,把肥撒在草上即可。全园施肥后配合灌溉,效率高。此法因施肥较浅,易导致根系上浮,降低根系对不良环境的抗性,最好与沟状施肥交替使用。此法适用于根系已布满全园的成龄树、密植树。

施基肥应突出"熟、早、饱、全、深、匀"的技术要求。"熟"即有机肥要充分沤熟;"早"即时间要早;"饱"即数量充足;"全"即成分全,有机、无机、大量、微量元素相结合;"深"即部位深,在根系的集中分布区内;"匀"即搅拌均匀。

1.3.4 秋季修剪

"课堂计划"表格

日期：	班级：	用时：	地点：

科目：果树栽培
题目：学习主题 1.3.4（建议 8 学时）秋季修剪（应用举例：苹果（梨）秋季修剪）

课堂特练要求（家庭作业等）：
1. 苹果（梨）常用树形及树体结构
2. 秋季修剪的意义
3. 秋季修剪的原则
4. 秋季修剪的措施
5. 秋季修剪的注意事项

目标：
专业能力：①熟悉果树的枝芽特性；掌握苹果（梨）树主要结构形及丰产树形的特点，秋季修剪方法等基本知识；②独立完成苹果（梨）树主要秋季修剪任务
方法能力：①具有较强的信息采集与处理能力；②具有改策和计划的信息采集能力；③具有再学习能力；④具有较强的开拓创新能力；⑤自我控制与管理能力；⑥评价（自我、他人）能力
社会能力：①具有较强的团队协作、组织协调能力；②具有一定的法律意识；③高度的责任感；④一定的妥协能力
个人能力：①具有吃苦耐劳、热爱劳动、爱岗敬业、遵纪守时等职业道德；②具有良好的心理素质和身体素质、自信心强；③具有较好的语言表达、人际交往能力

准备：
黑板
仪器（投影仪、幻灯片等）
桌椅、座次
绘图纸 8 张
白板笔（红、蓝、黑、绿） 各 8 支
小磁钉 8 个
手锯 4 把
梯子 4 个
麻绳 8 团
修枝剪 48 把

时间	行为阶段	教师活动	参与者活动	方法	媒体
5′	资讯	1. 苹果（梨）是多年生高产植物，在其生产中，经常出现树树冠密闭，秋季枝条不封顶，不充实，春季抽条，落花落果严重等现象，如何解决这些矛盾？提出"盛果期果（梨）秋季修剪"任务 2. 学生分组	1. 学生回答 2. 每组 6 名学生，共 8 组，选小组长，小组成员准备研讨	问答、头脑风暴	学生自备资料
40′	计划	安排小组讨论，要求学生提炼总结研讨内容	讨论、总结理论基础，填写学习情境报告单	讨论引导回答问题，填写学习情境报告单	学习情境报告单
45′	决策	指导小组完成实施方案	确定实施方案，填写实施计划单	讨论、填写实施计划单	实施计划单
235′	实施	教师示范、巡回指导	组长负责，每组学生共同完成苹果（梨）秋季修剪任务	实习法	修枝剪、手锯、麻绳等
20′	检查	教师巡回检查，并对各组进行监控和过程评价，及时纠错	1. 在小组完成生产任务的过程中，互相检查实施情况和进行过程评价 2. 填写《果树栽培》职业能力评价表	小组学习法，工作任务评价	《果树栽培》职业能力评价表
10′	评价	1. 教师在学生实施过程中口试学生理论知识掌握情况，并将结果填入《果树栽培》专业技能评价表 2. 教师对各组实施（个人）的实施结果进行评价并将结果填入专业技能评价表	1. 学生回答教师提出的问题 2. 对自己及组内成员完成任务情况进行评价填入《果树栽培》职业能力评价表	提问，工作任务评价	《果树栽培》专业技能评价表《果树栽培》职业能力评价表
5′	反馈	1. 总结调苹果（梨）拉枝情况 2. 强调苹果（梨）拉枝应该注意的问题 3. 布置下次学习主题 1.3.5（建议 4 学时）："苹果（梨）树干涂白"任务	1. 学生思考总结自己小组协作完成情况，总结优缺点 2. 完成工作技能单 3. 记录老师布置的工作任务	提问，小组工作法	工作技能单

☞ 引导文

教材

蒋锦标,卜庆雁.果树生产技术(北方本).2 版.北京:中国农业大学出版社,2014

参考教材及著作

(1)汪景彦,朱奇,杨良杰.苹果树合理整形修剪图解(修订版).北京:金盾出版社,2009

(2)马宝焜,杜国强,张学英.图解苹果整形修剪.北京:中国农业出版社,2010

(3)赵政阳,马锋旺.苹果树现代整形修剪技术.西安:陕西科学技术出版社,2009

(4)姜淑玲,贾敬贤.梨树高产栽培(修订版).北京:金盾出版社,2008

(5)张玉星.果树栽培学各论(北方本).3 版.北京:中国农业出版社,2003

网络资源

(1)果树技术网:http://www.bokee.net/company/weblogviewEntry/3423279.html 苹果的秋季修剪

(2)中国农资网:http://www.ampcn.com/info/detail/854.asp 苹果园秋冬季施肥与修剪技术

(3)辽宁金农网:http://www.lnjn.gov.cn/edu/syjs/2011/3/264616.shtml 苹果树秋季修剪

(4)新农技术网:http://www.xinnong.com/pingguo/jishu/887374.html 苹果树秋季修剪要点

(5)新农村商网:http://nc.mofcom.gov.cn/channel/zxhd/zxwd/zxwddetail.shtml? id=11895957 梨树秋季如何修剪

附件

(1)学习情境报告单　见《果树栽培学程设计》作业单

(2)实施计划单　见《果树栽培学程设计》作业单

(3)《果树栽培》专业技能评价表　见附录 A 附表 1-13

(4)《果树栽培》职业能力评价表　见附录 B 附表 2

(5)工作技能单　见《果树栽培学程设计》作业单

(6)技术资料

学生补充的引导文

技术资料——苹果(梨)秋季修剪

一、疏枝

1. 清理树膛

适当疏除树冠内膛的重叠枝、密生枝、向内生长枝、背上直立旺长枝、交叉枝、病虫危害枝、徒长枝,清除影响果实着色的过密枝梢。

2. 疏除大枝

9~11月份采果后落叶前,对树冠郁闭、枝量大的树可分批疏除严重影响光照的大型骨干枝、辅养枝、大型结果枝组等。疏枝后要涂抹愈合剂,保护伤口。此种秋剪方法仅适合生长旺的树、有树体改造任务的树。不可过重,也不可连年进行,否则,会削弱树势。

3. 疏除背上过旺过密及剪锯口周围萌条

9~10月份对背上过旺过密的枝条以及剪口附近的萌条。此时疏枝不易冒条,部分伤口当年就可以愈合。

4. 疏除外围徒长枝、旺长枝、过密枝

果树外围枝萌条太多影响后部芽萌发、生长,尤其枝先端的直立旺枝严重影响延长头生长发育。对外围过密的徒长枝采取疏大留小、疏直留平的原则。对中心干、主枝延长头具有3~4个旺条的,先疏去1个,冬季再疏去1个,重截1个。这样利用秋冬结合修剪对延长头的生长发育影响较小,并可解决光照,复壮内膛,提高树体贮藏营养水平。

二、短截

此次为生长后期修剪,新梢大多数已停止生长,对于未停止生长新梢采用短截的手法,剪除未成熟部分,以利于枝芽的充实,提高花芽分化质量和越冬抗寒能力。对于下部、内膛出现的下垂枝可适当短截,以利于枝芽充实。8~9月份进行轻截,或于盲节处短截,可减少养分消耗,有利养分积累,促花效果显著。

三、回缩

对树冠外围的旺长枝、密挤的新梢及背上多余的密生枝,在采收前20 d回缩,或采收后回缩株间、行间的大枝、密生枝,树体上部的严重挡光大枝,保持行间作业道在1 m以上。

四、拉枝

1. 拉枝时间

8月中下旬至9月下旬拉枝。此时枝条柔软,可塑性大,拉后枝条易固定,背上不再萌发新枝,并能促进营养积累和花芽形成。

2. 拉枝对象

拉枝主要应用于长度大于80 cm的长枝。中心干延长枝一般不拉,若主枝不够用时也可将其拉成主枝,并重新培养中心干延长头。过弱的树不拉枝。纺锤形树形拉主枝时,下部主枝长度应大于100 cm,中部主枝长度应大于80 cm,不够长度不拉枝,否则不利于扩大树冠。应避免只拉小树不拉大树,只拉下不拉上。应做到三拉三不拉,即拉直立枝不拉侧平枝,拉长枝不拉短枝,拉粗壮枝不拉细弱枝。

3. 拉枝角度

在树形整形阶段,不同树形的树冠越小,骨干枝的开张角度越大,如主干疏层形基部三主枝开张50°～60°;小冠疏层形,基部三主枝开张60°～70°;自由纺锤形,下部小主枝开张70°～80°;细长纺锤形,下部侧生分枝为80°～90°;主干(高纺锤、松塔)形下部侧生分枝为90°～100°。对一株树来说,越往上,侧生分枝的开张角度应越大,这有利于稳定和平衡树势,保持树形的轮廓。如细长纺锤形,侧生分枝的开张角度,下层为80°～90°,中层90°,上层90°～110°。辅养枝角度一般应大于主枝角度,保持一定的从属关系。一般掌握立地条件好、树势旺的角度要大一些,而立地条件差、树势弱的角度要小一些。拉枝不仅是开张角度,同时应调整其生长方位,使枝条上下不重叠,左右不拥挤,均匀分布,合理占用空间。

4. 拉枝部位

拉枝部位不宜放在梢部,也不能距树干太近,应根据实际情况选择在枝条中部。若从梢段拉枝,主枝易变成弧形。造成枝条顶端长势衰弱,树冠扩大缓慢,且弧形枝段易萌发徒长枝;距主干较近拉枝开角,腰角难拉开,拉枝开角的效果不大。拉枝着力点应位于枝的中部偏后,着力点正确可使枝拉开后呈顺直开角状,切不可拉成弓背状。

5. 拉枝材料

拉枝目的是开角、调整方位,因此,可就地取材,纤维绳、细铁丝、麻绳、布条等。拉枝不宜使用草绳,草绳经雨水浸沤、日光曝晒,容易烂断,起不到拉枝作用。草绳也易成为蚜螨等果树害虫的寄栖繁育场所。拉枝还可用8号线自制开角器开角,见图1-29。

图1-29 自制开角器拉枝

6. 方法

拉枝分开角部位软化、绑枝固定两个步骤,前者的作用尤为重要。拉枝前先进行全树整形修剪,剪除过密枝、重叠枝、不充实的细弱枝等。

拉枝时,枝条粗度不同,方法也有差别:

①对径粗3 cm以下的枝用左手握住枝杈处,右手握住枝基部,渐用力向左、右扭70°～90°,再向上、向下弯曲几次;也可分别向上、向下、向左、向右反复弯曲活动几次即可拉绳固定。在密植栽培中,为促进幼树快速成形,竞争枝也可作为骨干枝加以利用。由于竞争枝正拉容易劈裂,拉枝时应向侧方向拉出。

②径粗3～8 cm的枝,一是可用杈枝顶住枝的基部,用双手逐渐用力向下拉枝,反复拉3～5次即可;二是可面对主干,双手抓住所拉枝向上用力推,靠近主干3～5次,缩小基角,再用力向左、右各弯2～4次,而后再向上、右、下、左做小幅度的圆周转动2～3周,最后再拉到要开张的角度。

③径粗超过 8 cm 的枝,可用手锯在所拉枝基部弯曲受力点处,锯 1～3 条锯口。锯口深不超过枝的 1/3,两锯口间隔 2～3 cm,对过粗过硬的枝可间隔 1 cm 左右,两锯口向中间倾斜交叉,去掉中间楔形的枝段,拉枝后锯口应能挤对在一起,便于愈合,然后用双手抓紧枝向下反复拉 5～7 次达到所需要的角度,拉绳固定。拉枝后要及时对锯的伤口进行包扎护理。

④竞争枝的利用。在密植栽培中,为促进幼树快速成形,竞争枝也可作为骨干枝加以利用。由于竞争枝正拉容易劈裂,拉枝时应向侧方向拉出。

拉枝时,枝绳结合处要有垫衬物。绑枝处要宽松,但不能上下错动。拉枝后应定期进行检查,以免绳索勒伤木质部。拉枝达到预期效果,放而不复时,要及时解除绑缚在枝干上的绳子,以防造成缢伤,影响树体生长。

另外,树冠下部部分裙枝和长结果枝,在果实重力的作用下容易压弯下垂,为了解决下垂枝果实的光照条件,可采用立支柱或吊枝等措施。

注意事项

①秋剪要因势而异、主要对象为旺树,并适当进行,以免修剪过重削弱树势。掌握适度、适时的原则,以减少养分消耗,改善通风条件,提高光合效率。

②秋剪时间不宜太早和太晚,并配合秋施基肥。

③秋季雨水多,疏除大枝的要涂伤口保护剂,以防感病。

④剪口平滑,伤面小,疏枝不留概。

1.3.5 树体保护

◎ "课堂计划"表格

日期:	小时:
班级:	地点:

科目:果树栽培
题目:学习主题 1.3.5(建议 4 学时):树体保护(应用举例:苹果(梨)树干涂白)
课堂特殊作业(家庭作业)等等: 1. 苹果(梨)树干涂白的好处 2. 树干涂白的时期 3. 涂白剂的配制与树干涂白的方法 4. 树干涂白的注意事项

目标:
专业能力:①熟悉苹果(梨)树干涂白的好处、时期、涂白剂的配制与树干涂白等相关知识;②会正确进行苹果(梨)树干涂白
方法能力:①具有较强的信息采集与处理的能力;②会正确进行苹果(梨)树干涂白方法计划的能力;③具有学习能力;④具有较强的开拓创新能力;⑤自我控制与管理能力;⑥评价(自我、他人)能力
社会能力:①具备较强的团队协作、组织协调能力;②良好的责任感;③高度的责任意识;④一定的安协能力
个人能力:①具有吃苦耐劳、热爱劳动、踏实肯干、爱岗敬业、遵纪守时等职业道德;②具有良好的心理素质和身体素质、人际交往能力;③具有较好的语言表达、人际交往能力;自信心强

准备:
黑板;仪器(多媒体、投影仪、幻灯片等);桌椅、座凳;绘图纸 8 张;白板笔(四种颜色) 各 8 支;胶带 4 卷;小磁钉 16 个
石硫合剂 3 kg;豆油 1 kg;桶 2 个;盐 3 kg;量筒(1 000 mL)4 个;刷子 48 把;托盘天平 1 台

时间	行为阶段	教师活动	参与者活动	方法	媒体
5′	资讯	1. 准备一些树干涂白的图片制成 PPT 播放,让学生观察,提出共性的东西,引出问题,为什么做树干涂白? 2. 学生分组	1. 学生回答 2. 每组 6 名学生,共 8 组,选小组长,小组成员准备研讨	归纳、问题	PPT、学生自备资料
30′	计划	安排小组讨论,要求学生提炼总结研讨内容	讨论、总结理论基础,填写学习情境报告单	讨论引导问题、填写报告单	学习情境报告单
10′	决策	指导小组完成实施方案	确定实施方案、填写实施计划、展示板	讨论、填写报告单	展示板、实施计划单
100′	实施	观察学生配制涂白剂、涂白示范、巡回督导	组长负责,每组学生共同完成苹果(梨)树干涂白任务	实习法、小组工作法	苹果(梨)树、刷子、石灰等
20′	检查	教师巡回检查,并对各组进行监控调整和过程评价,及时纠错	1. 在小组完成生产任务的过程中,互相检查实施情况和进行过程评价 2. 填写《果树栽培》职业能力评价表	小组学习法、工作任务评价	《果树栽培》专业技能评价表
10′	评价	1. 教师在学生实施过程中口试学生理论知识掌握情况,并将结果填入《果树栽培(个人)》专业技能评价表 2. 教师对各组的实施结果进行评价并将结果填入《果树栽培(个人)》专业技能评价表	1. 学生回答教师提出的问题 2. 对自己及组内成员完成任务情况进行评价,结果记入《果树栽培》职业能力评价表	提问、工作任务评价	《果树栽培》专业技能评价表、《果树栽培》职业能力评价表
5′	反馈	1. 总结任务实施情况 2. 强调涂白应该注意的问题	1. 学生思考自己小组协作完成情况,总结优缺点 2. 完成工作技能单的编写	归纳总结	工作技能单

👉 引导文

教材

蒋锦标,卜庆雁.果树生产技术(北方本).2 版.北京:中国农业大学出版社,2014

参考教材及著作

(1)于泽源.果树栽培.北京:高等教育出版社,2010

(2)冯社章.果树生产技术(北方本).北京:化工出版社,2007

(3)马骏,蒋锦标.果树生产技术(北方本).北京:中国农业出版社,2006

(4)姜淑玲,贾敬贤.梨树高产栽培(修订版).北京:金盾出版社,2008

(5)张力飞,王国东.苹果优质高效生产技术.北京:化学工业出版社,2012

网络资源

(1)新农科技网:http://www.xinnong.com/pingguo/jishu/906171.html 苹果栽培技术(七)果园灾害防治

(2)中国林业网:http://lyj.tjwq.gov.cn/system/2007/10/25/000008303.shtml 树干涂白好处多

(3)青青花木网:http://www.312green.com/information/detail.php?topicid=97755 十一月份苹果园管理技术

(4)中国苹果科技网:http://kjtg.nwsuaf.edu.cn/apple/showart.php?artid=962&cluid=17 苹果树越冬防寒技术措施

(5)新农村商网:http://nc.mofcom.gov.cn/news/9365584.html 苹果涂白剂应怎样配制?什么时间用最好?

附件

(1)学习情境报告单　见《果树栽培学程设计》作业单

(2)实施计划单　见《果树栽培学程设计》作业单

(3)《果树栽培》专业技能评价表　见附录 A 附表 1-14

(4)《果树栽培》职业能力评价表　见附录 B 附表 2

(5)工作技能单　见《果树栽培学程设计》作业单

(6)技术资料

学生补充的引导文

技术资料——苹果(梨)树干涂白

一、树体保护的时期

10月下旬至11月上旬,土壤封冻之前,即霜降前后。

二、树体保护的方法

枝干涂白、灌封冻水、枝干覆草、根颈培土、埋土防寒等。

三、枝干涂白

1. 目的

树木涂白能有效地防止冬季果树的冻害,因白色具有反光作用,吸热少,树木不会因昼夜气温剧变受到明显影响,可以防止和减轻日灼、冻害。同时,涂白后还能防止病菌侵入,消灭寄居在果树上的越冬害虫,减少越冬虫源,提高树体的抗病能力,而且还能破坏病虫的越冬场所,起到既防冻又杀虫的双重作用。特别是对在树皮里越冬的螨类、蚧类等作用尤佳。树木涂白亦可起到美化作用。

2. 涂白剂的配制

原料配比:

①生石灰∶水∶盐∶油∶石硫合剂原液

      15∶30∶2∶0.2∶2

②白云灰∶水∶盐∶油∶石硫合剂原液

      15∶15∶1∶0.2∶1

注:7年生苹果(梨)树参考用灰量每10 kg白云灰95株。

配制:

①用少量的水将盐溶解,备用。

②用少量的水将生石灰(或白云灰)化开,然后加入油,充分搅拌,加入剩余的水,制成石灰乳。

③将石硫合剂原液和盐水加入石灰乳中,搅拌均匀,备用。

也可仅用生石灰(或白云灰)、水和少的盐制成涂白剂。

3. 涂白(涂抹方法)

从树干第一主枝分叉处从上往下涂白,刷子的走向是从下向上,纵向涂抹。要求涂抹均匀、周到,有一定的厚度,并且薄厚适中。

注意事项

①涂白剂要随配随用,不得久放。不要使用铝质、铁质容器盛装。

②使用时要将涂白剂充分搅拌,以利刷匀,并使涂白剂紧贴在树干上。

③在使用涂白剂前,仔细检查,如发现树干上已有害虫蛀孔,要用棉花浸药把蛀孔堵住后再进行涂白处理。根颈处必须涂到。

④涂抹均匀,厚度适中。

⑤涂白时,要仔细认真,不能拿着嬉戏打闹,以免溅到面部。

学习情境2

核果类果树栽培

- 春季管理

- 夏季管理

- 秋季管理

2.1 春季管理

2.1.1 解除防寒物

"课堂计划"表格

日期：

班级： 用时： 地点：

科目：果树栽培

题目：学习主题2.1.1（建议4学时）：树体保护（应用举例：桃解除防寒草把）

课堂特殊要求（家庭作业等）：

提前查阅下列问题：
1. 桃生物学特性、当地的气候条件
2. 解除防寒草把的时期
3. 解除防寒草把的方法
4. 解除防寒草把的注意事项

目标：

专业能力：①熟悉桃生物学特性、当地的气候条件、解除防寒草把的解除时期，解除防寒草把的方法等相关知识；②会正确进行防寒草把的解除

方法能力：①具有较强的信息采集与处理的能力；②具有较强的开拓创新能力；③具有再学习能力；④评价（自我、他人）能力

社会能力：①自我控制与管理能力；②具备较强的团队协作、组织协调能力；③一定的妥协能力；④遵纪守时等职业道德；②具有良好的心理素质和身体素质、自信心强；③具有较好的语言表达、人际交往能力业、遵纪守时等职业道德；②具有良好的心理素质、自信心强；③具有较好的语言表达、人际交往能力个人能力：①有能力；②高度的责任感；③高度的责任感；热爱劳动、踏实肯干、爱岗敬

准备：

黑板 仪器（投影仪、幻灯片等）

课桌、座椅 小磁钉 16个 修枝剪 48把

时间	行为阶段	教师活动	参与者活动	方法	媒体
5'	资讯	1. 回顾果树防寒的措施，提出"防寒草把的解除"任务 2. 学生分组	1. 回答问题 2. 每组6名学生，共8组，选小组长、小组成员准备研讨	归纳、问题	学生自备资料
30'	计划	安排小组讨论，要求学生提炼总结研讨内容	阅读资料，讨论、总结理论基础，填写学习情境报告单	讨论引导问题，填写报告单	学习情境报告单
10'	决策	指导小组完成实施方案	确定实施方案，填写实施计划	讨论、填写实施计划单	实施计划单
100'	实施	教师示范，巡回观察指导	组长负责，每组学生共同完成桃树解除防寒草把的任务	实习法、小组工作法	盛果期桃树修枝剪
20'	检查	教师巡回检查，并对各组进行监控和过程评价，及时纠错	1. 在小组完成生产任务过程中的自我评价和互相检查实施情况 2. 填写《果树栽培》职业能力评价表	小组学习法、工作任务评价	《果树栽培》职业能力评价表
10'	评价	1. 教师在学生实施过程中口试学生生理论知识掌握情况 2. 并将结果填入《果树栽培（个人）》专业技能评价表 3. 教师对各组的实施结果进行评价并将评价结果填入《果树栽培》专业技能评价表	1. 学生回答教师提出的问题 2. 对自己及组内成员完成任务情况进行评价	提问、工作任务评价	《果树栽培》专业技能评价表 《果树栽培》专业技能评价表
5'	反馈	1. 总结任务完成情况 2. 强调解除防寒物应该注意的问题 3. 布置下次学习主题2.1.2（建议8学时）："桃树休眠期修剪"任务	1. 学生思考自己小组协作完成情况，总结优缺点 2. 完成工作技能单的编写 3. 记录老师布置的工作任务	归纳总结	工作技能单

引导文

教材

蒋锦标,卜庆雁.果树生产技术(北方本).2 版.北京:中国农业大学出版社,2014

参考教材及著作

(1)马骏,蒋锦标.果树生产技术(北方本).北京:中国农业出版社,2006

(2)王玉柱,李金海,李少宁.北方林果冻害及防范.北京:科技出版社,2009

(3)朱佳满.果树寒害与防御.北京:金盾出版社,2002

(4)冯杜章,赵善陶.果树生产技术.北京:化学工业出版社,2007

网络资源

(1)中国农业推广网:http://www.farmers.org.cn/Article/ShowArticle.asp? ArticleID=146756 冬季果树如何防寒防冻

(2)广西壮族自治区国有三门江林场:http://www.smjlc.com.cn/index.php? m=content&c=index&a=show&catid=28&id=57 果树防寒防冻措施

(3)阿里巴巴资讯农业:http://info.1688.com/detail/1021995828.html 果树种植—幼龄果树冬季防寒法

(4)农博数据:http://shuju.aweb.com.cn/technology/2008/0123/095114410.shtml 果树冻害类型与防治

附件

(1)学习情境报告单　见《果树栽培学程设计》作业单

(2)实施计划单　见《果树栽培学程设计》作业单

(3)《果树栽培》专业技能评价表　见附录 A 附表 2-1

(4)《果树栽培》职业能力评价表　见附录 B 附表 1

(5)工作技能单　见《果树栽培学程设计》作业单

学生补充的引导文

2.1.2 休眠期修剪

☞ "课堂计划"表格

日期:	用时:	科目:果树栽培
班级:	地点:	题目:学习主题2.1.2 休眠期修剪（应用举例:桃休眠期修剪）

课堂特殊要求(家庭作业等等):

课前查阅下列问题:
1. 桃常用树形及树体结构
2. 休眠期修剪的意义
3. 休眠期修剪的原则是什么
4. 怎样做桃的休眠期修剪
5. 休眠期修剪的注意事项

目标:
专业能力:①熟悉桃树体结构,枝条及其与整形修剪有关的特性,掌握桃树形及其整形修剪的特点、修剪时期、修剪方法等基本知识;②会观察修剪反应,并独立完成桃休眠期修剪任务

方法能力:①具有较强的信息采集与处理能力;②具有决策与计划的能力;③具有再学习的能力;④具有较强的开拓创新能力

社会能力:①自我控制与管理能力;②评价(自我、他人)能力;③良好的团队协作能力;④一定的安协能力

个人能力:①具备高度的责任感;②具有良好的心理素质,爱岗敬业、遵纪守时等职业道德;③具有较好的语言表达人际交往能力

个人能力:①具有吃苦耐劳、热爱劳动、脚踏实干的身体素质、自信心强;②具有良好的语言表达人际交往能力

准备:
黑板
仪器(投影仪、幻灯片等)
桌椅、座次
绘图纸
白板笔(红、蓝、黑、绿)
小磁钉
手锯 4把
修枝剪 48把

时间	行为阶段	教师活动	参与者活动	方法	媒体
5′	资讯	1.回顾前面果树修剪内容,提出"盛果期桃休眠期修剪"任务 2.学生分组	1.学生回答问题 2.每组组6名学生,共8组,选组长、小组成员准备研讨	问答、头脑风暴	学生自备资料
40′	计划	安排小组讨论,要求学生提炼总结研讨内容	讨论、总结理论基础,填写学习情境报告单	讨论引导问题、填写报告单	学习情境报告单
45′	决策	指导小组完成实施方案,提出4组进行成果展示	确定实施方案,填写实施计划	讨论、填写实施计划单	实施计划单
225′	实施	教师示范,巡回观察指导	组长负责,每组学生共同完成桃休眠期修剪任务	实习法	修枝剪、手锯、盛果期桃树
20′	检查	教师巡回检查,并对各组进行监督纠错	1.在小组完成生产任务的过程中,互相检查实施情况和进行过程评价 2.填写《果树栽培》职业能力评价表	小组学习法 工作任务评价	《果树栽培》职业能力评价表
20′	评价	1.教师在学生实施过程中口试学生理论知识掌握情况,并将结果填入《果树栽培(个人)》专业技能评价表 2.教师对各组的实施结果进行评价并将结果填入《果树栽培》职业能力评价表	1.学生回答教师提出的问题 2.对自己及组内成员完成任务结果记入《果树栽培》职业能力评价表	提问 工作任务评价	《果树栽培》专业技能评价表 《果树栽培》职业能力评价表
5′	反馈	1.总结任务实施情况 2.强调应该注意的问题 3.布置下次学习主题2.1.3(建议2学时):"桃栽植"任务	1.学生思考总结自己小组协作完成情况,总结优缺点 2.完成工作技能单 3.记录老师布置的工作任务	提问 小组工作法	工作技能单

👉 引导文

教材

蒋锦标,卜庆雁.果树生产技术(北方本).2 版.北京:中国农业大学出版社,2014

参考教材及著作

(1)马骏,蒋锦标.果树生产技术(北方本).北京:中国农业出版社,2006

(2)张文,沙海峰,郝姜玲.桃树栽培技术问答.北京:中国农业大学出版社,2008

(3)蒋锦标.桃优质高效生产技术.北京:化学工业出版社,2012

(4)张鹏,魏连贵.桃树整形修剪图解(修订版).北京:金盾出版社,2013

网络资源

(1)中华园林网:http://www.yuanlin365.com/yuanyi/179641.shtml 桃树修剪中存在的问题

(2)新农网:http://www.xinnong.com/jishu/zz/shuiguo/1251709670.html 桃树修剪技术

(3)中国农药第一网:http://new.nongyao001.com/show.php? itemid=39190 冬季桃树常用什么方法修剪

(4)中国敖汉网:http://www.aohan.gov.cn/Article/Detail/21945 桃树怎么修剪

(5)贵阳农业信息网:http://www.gysagri.gov.cn/Article/njservice/njtuiguan/2007-09-28/139.html 桃树整形修剪

附件

(1)学习情境报告单 见《果树栽培学程设计》作业单

(2)实施计划单 见《果树栽培学程设计》作业单

(3)《果树栽培》专业技能评价表 见附录 A 表 2-2

(4)《果树栽培》职业能力评价表 见附录 B 表 1

(5)工作技能单 见《果树栽培学程设计》作业单

(6)技术资料

学生补充的引导文

技术资料——桃休眠期修剪

一、休眠期修剪时期

最冷月过后→萌芽前。

二、修剪技术

(一)主要树形

(1)自然开心形。树高 2.5～3.5 m,干高 40～60 cm,主枝 3 个,主枝间角度 120°,主枝与地面的夹角为 30°～45°,主枝上着生枝组。大、中型枝组着生在主枝中、下部,小型枝组在主枝上部或补充空间。

(2)二主枝开心形。又称为"Y"形(图 2-1)。适用于宽行密株的果园,一般株行距为(1～2) m×(4～5) m,每 667 m² 栽 111～166 株。该树形干高 40～60 cm,两主枝基本对生,夹角 80°～90°,即主枝开张角度 45°左右,向行间延伸,每个主枝上培养 2～3 个侧枝,侧枝间距 50～60 cm。这种树形成型快,光照好,结果早,产量高,品质好。

(3)主干形。有中心干,干高 0.3～0.5 m,树高 2.5～3 m,中心干上着生 25～35 个结果枝,结果枝长度 30～50 cm。

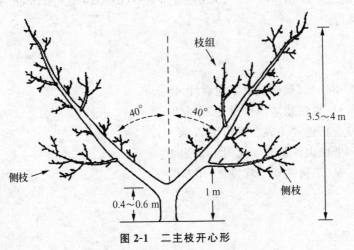

图 2-1 二主枝开心形

(二)盛果期(6～15 年生)树修剪技术

1. 开心形整形修剪技术

桃进入盛果期,主枝逐渐开张,树势缓和,树冠稳定,各类枝组配备齐全,徒长枝和副梢逐渐减少,短果枝比例上升,生长和结果的矛盾突出,内膛下部小枝枯死渐多。本期修剪重点是调节生长与结果的关系,兼顾结果与抽梢的双重要求,延长盛果期年限。

(1)树体结构调整。按照目标树形,对各主枝之间采取抑强扶弱方法,保持各主枝之间的平衡。尤其是南部主枝过高的,要及时回缩。对不能利用的徒长枝和细弱枝要尽早疏除,以减少营养消耗,防止下部枝条生长势减弱。

(2)主枝延长枝的修剪。延长枝剪留 20～30 cm。在行间、株间相接时,可选合适的背后枝换头,以利角度开张。注意主枝间生长势、方向。

（3）结果枝的修剪。短截修剪是结果枝修剪的基本技术。剪口芽必须是叶芽或有叶芽的复芽，以保证枝条的生长。剪留长度主要考虑品种群和结果枝的类型。北方品种群以轻短截为主，长果枝或花芽节位高的枝，剪留 7～10 节或更长，中果枝 5～7 节，短果枝不剪。南方品种群结果枝一般以中短截为主，长果枝剪留 5～7 节，中果枝 4～5 节，短果枝不剪或疏剪。留下结果枝以间距 10～15 cm 为宜，伸展方向互相错开。

长放修剪（亦称长梢修剪技术），也是结果枝修剪采用的技术，即在骨干枝和大型枝组上每 15～20 cm 留一个结果枝，结果枝剪留长度为 45～70 cm，并采用单枝更新方式。即在生长季，果实与叶片使枝条下垂，使枝条基部发生 1～2 个较长的新梢，作预备枝培养，冬剪时把已结果的母枝回缩至基部的预备枝处。

（4）结果枝组的修剪。桃的结果枝组分为大、中、小三个类型。大型枝组有 10 个以上的结果枝，长度≥50 cm，结果多，寿命长；中型枝组有 5～10 个结果枝，长度 30～50 cm，一般 7～8 年后衰老；小型枝组的结果枝数少于 5 个，长度≤30 cm，结果少，寿命短，一般 3～5 年后衰老。

结果枝组的配置原则是：保证通风透光，生长均衡，主从分明，排列紧凑。枝组在主、侧枝上的布局是前面以中、小型枝组为主，中间和后面以大、中型枝组为主；背上以中、小型枝组为主，背后及两侧以大、中型枝组为主。同方向的大型枝组之间基部距离要保持 50～60 cm，中枝组保持 30～40 cm，在大、中枝组之间插空安排小型枝组。

结果枝组的更新大、中型枝组过高、过强时，可疏去上部旺枝，回缩到中庸枝代头。枝组衰弱下垂时，及时回缩到抬头枝处，恢复枝组的生长势。枝组过密，疏小留大，疏弱留壮。

（5）其他枝的修剪。徒长枝一般疏去，也可短截留 5～7 节培养枝组。疏除病虫枝、干枯枝、细弱枝。

2. 主干形整形修剪技术

控制上强问题，疏除上部比较直立、过密的结果枝（枝组）。合理选留结果枝（枝组），对粗度超过中干 1/4 的，及时疏除。长梢修剪，对结过果的结果枝组要回缩。控制好结果枝的数量，6 000～7 000 条/667 m^2。

2.1.3 栽植（参考 1.1.3）
2.1.4 春季修剪

"课堂计划"表格

日期：		用时：	科目：果树栽培
班级：		地点：	题目：学习主题 2.1.4（建议 4 学时）：春季修剪（应用举例：桃抹芽、疏梢）

课堂特殊要求（家庭作业等）：
提前查阅下列问题：
1. 桃常用树形及树体结构
2. 春季修剪的意义
3. 桃抹芽的时期与方法
4. 桃疏梢的时期与方法
5. 春季修剪的注意事项

目标：专业能力：①熟悉桃树的芽、枝条及其与整形修剪有关的特性；②掌握桃树体结构、主要树形特点、修剪时期、修剪方法等基本知识 方法能力：①结合果树的生长发育进程独立完成桃春季修剪；②具有较强的信息采集和处理的能力；③具有再学习能力；④具有较强的开拓创新能力；⑤自控制与管理能力 社会能力：①自我控制能力；③高度的团队协作、组织协调能力、他人能力；②评价（自我、他人）能力；①具备较强的责任感；①一定的妥协能力、个人能力；①具有吃苦耐劳、热爱劳动、踏实肯干、爱岗敬业、遵纪守时等职业道德；②具有良好的心理素质和身体素质、自信心强；③具有较好的语言表达、人际交往能力

时间	行为阶段	教师活动	参与者活动	方法	媒体
5'	资讯	1. 回顾上个学期做的四种修剪手法的运用，提出桃季修剪的主要任务，准备研讨 2. 学生分组，准备研讨	1. 学生回答 2. 每组6名各学生 共8组，选小组长，小组成员准备研讨	问答、头脑风暴	学生自备资料
30'	计划	安排小组讨论，要求学生提炼总结研讨内容，提出 2 组进行成果展示	讨论、总结理论基础，填写学习情境报告单，成果展示	讨论引导问题，填写报告单	学习情境报告单
35'	决策	指导小组完成实施方案	确定实施方案，填写实施计划	讨论、填写实施计划单	实施计划单
85'	实施	教师示范、巡回指导	组长负责，每组学生要共同完成桃春季修剪任务	实习法	盛果期桃树修枝剪
10'	检查	教师巡回检查，并对各组进行监督和过程评价，及时纠错	1. 在小组完成生产任务的过程中，互相检查实施情况和进行过程评价 2. 填写《果树栽培》职业能力评价表	小组学习法，工作任务评价	《果树栽培》职业能力评价表
10'	评价	1. 教师在学生实施过程中口试学生理论知识掌握情况，并将结果填入《果树栽培》个人的实施结果专业技能评价表 2. 教师对各组对各组的实施结果进行评价并将结果填入《果树栽培》专业技能评价表	1. 学生回答教师提出的问题 2. 对自己及组内成员完成任务情况进行评价，结果记入《果树栽培》职业能力评价表	提问，工作任务评价	《果树栽培》专业技能评价表 《果树栽培》职业能力评价表
5'	反馈	1. 总结任务实施情况 2. 强调抹芽、疏梢应该注意的问题 3. 布置下次学习主题 2.2.1（建议 4 学时）："桃摘心、疏梢"任务	1. 学生思考总结自己小组协作完成情况，总结优缺点 2. 完成工作技能单 3. 记录老师布置的工作任务	提问，总结归纳	工作技能单

准备：
黑板
仪器（投影仪、幻灯片等）
桌椅、座次
绘图纸 8张
白板笔（四种颜色）各8支
小磁钉 若干
修枝剪 48把

☞引导文

教材

蒋锦标,卜庆雁.果树生产技术(北方本).2版.北京:中国农业大学出版社,2014

参考教材及著作

(1)马骏,蒋锦标.果树生产技术(北方本).北京:中国农业出版社,2006

(2)张文,沙海峰,郝姜玲.桃树栽培技术问答.北京:中国农业大学出版社,2008

(3)蒋锦标.桃优质高效生产技术.北京:化学工业出版社,2012

(4)张鹏,魏连贵.桃树整形修剪图解(修订版).北京:金盾出版社,2013

(5)马之胜,贾云云.桃周年管理关键技术.北京:金盾出版社,2012

(6)宫美英,张凤敏,张福兴.桃新优品种与现代栽培.郑州:河南科学技术出版社,2005

网络资源

(1)农业频道:http://www.cctv-7.com.cn/taoshu/桃树修剪技术

(2)水果帮论坛:http://bbs.shuiguobang.com/thread-213679-1-1.html 桃树修剪技术图解

(3)一通苗木网:http://miaomu.yt160.com/miaomujishu/102540.html 桃树修剪技术要点

(4)农资招商网:http://www.haonongzi.com/nzsq/20131218/246343.htm 桃树修剪技术

(5)新农网:http://www.xinnong.com/jishu/zz/shuiguo/1251709670.html 桃树种植技术——桃树修剪技术

附件

(1)学习情境报告单　见《果树栽培学程设计》作业单

(2)实施计划单　　见《果树栽培学程设计》作业单

(3)《果树栽培》专业技能评价表　见附录A附表2-3

(4)《果树栽培》职业能力评价表　见附录B附表1

(5)工作技能单　　见《果树栽培学程设计》作业单

(6)技术资料

学生补充的引导文

技术资料——桃春季修剪

果树修剪根据时期不同可分为休眠期修剪和生长季修剪,休眠期修剪落叶后到发芽前完成,最适宜的时期是立春后进行,发芽前结束。生长期修剪,是在果树生长期进行的修剪。桃树有早熟芽,易发生副梢,如不及时修剪,导致树冠内枝量过大,郁闭,不通风透光。因此,在除了进行冬季修剪外,应强调在生长期进行多次修剪,及时剪除过密、旺长枝条。

桃树春季修剪的目的是缓和树势,改善光照、节约养分。其主要修剪手法有以下几种:

一、除萌、抹芽

除萌是桃树在芽萌发后,及时抹去主枝、侧枝背上多余的徒长枝、主干上及大剪口附近发出的强旺枝、延长枝剪口芽的竞争芽、丛生芽、主干基部抽生的萌蘖等。对于幼树延长枝要去弱留强,背上枝要去强留弱。

在叶簇期(3～5 cm)对背上部,竞争芽全部抹除,见图2-2。去双芽留单芽,即根据需要选位置、角度、长势合适的枝留下,不合适的枝抹掉。通过除萌抹芽,可以减少无用的新梢,集中养分,使留下的枝条发育充实,花芽和叶芽饱满。抹芽、除萌可以改善树冠光照条件,大大减少夏剪工作量和因夏剪树枝造成的伤口。

图2-2　抹芽

二、疏梢

在叶簇期进行。除去过密的、无用的、内膛徒长的、剪口下竞争的新梢,选留、调整骨干枝延长梢;对冬剪时长留的结果枝,前部未结果的回缩到有果部位;未坐果的果枝疏除。疏去干橛、病虫枝等。

2.2　夏季管理

2.2.1　夏季修剪

"课堂计划"表格

日期:	用时: 3(h)	科目: 果树栽培
班级:	地点:	题目: 学习主题2.2.1(建议4学时): 夏季修剪 (应用举例:桃摘心、扭梢、拉枝)

课堂特殊要求(家庭作业等等):
提前查阅下列问题:
1. 桃常用树形及树体结构
2. 摘心、扭梢的意义
3. 桃摘心、扭梢的时期与方法
4. 拉枝的时期与方法

目标:
专业能力:①熟悉桃树的枝条生长与整形修剪有关的特性;掌握桃树主要树形及夏季修剪特点、摘心、扭梢、拉枝时期等基本知识;②能独立完成桃夏季修剪任务
方法能力:①具有较强的信息采集与处理的能力;②具有较强的开拓创新能策和计划的能力;③具有再学习能力;④自我控制与管理能力;他人能力
社会能力:①具备管理能力;②具备较强的团队协作、组织协调能力及良好的妥协能力
个人能力:①良好的责任感;②高度的责任意识;③遵守法律意识;④具有良好的心理素质和身体素质,业、遵纪守时等职业道德;热爱劳动,踏实肯干,爱岗敬自信心强;③具有较好的语言表达及人际交往能力

准备:
黑板
仪器:投影仪、幻灯片等
果椅、座次　48把
修枝剪　若干
麻绳　若干

时间	行为阶段	教师活动	参与者活动	方法	媒体
5′	资讯	1. 回顾前面做的桃春季修剪,联系其后的树上管理措施 2. 提出夏季修剪的主要任务——摘心、疏梢	1. 学生回答 2. 每组6名学生,共8组,选小组长,小组成员准备研讨	问答	学生自备资料
30′	计划	安排学生分组,要求学生提炼总结研讨内容	讨论、总结理论基础,填写学习情境观报告单	讨论引导问题,填写报告单	学习情境观报告单
10′	决策	指导小组完成实施方案	确定实施方案,填写实施计划	讨论、填写实施计划单	实施计划单
90′	实施	教师示范,巡回指导	组长负责,每组学生共同完成桃夏季修剪任务	实习法	盛果期桃树 修枝剪、麻绳等
20′	检查	教师巡回检查,并对各组进行监督和过程评价,及时纠错	1. 在小组完成生产任务的过程中,互相检查实施情况和进行过程评价 2. 填写《果树栽培》职业能力评价表	小组学习法 工作任务评价	《果树栽培》职业能力评价表
20′	评价	1. 教师在学生实施过程中口试学生理论知识掌握情况,并将结果填入《果树栽培》专业技能评价表 2. 教师对各组(个人)的实施结果进行评价并将结果填入《果树栽培》专业技能评价表	1. 学生回答教师提出的问题 2. 对自己及组内成员完成任务情况进行评价,结果记入《果树栽培》职业能力评价表	提问 工作任务评价	《果树栽培》评价表 《果树栽培》评价表
5′	反馈	1. 总结任务实施情况 2. 强调应该注意事项 3. 布置下次学习主题2.2.2(建议2学时):"桃疏果"任务	1. 学生思考自己小组协作完成情况,总结优缺点 2. 完成自己工作技能 3. 记录老师布置的工作任务	提问 总结归纳	工作技能单

☞引导文

教材

蒋锦标,卜庆雁.果树生产技术(北方本).2 版.北京:中国农业大学出版社,2014

参考教材及著作

(1)张文,沙海峰,郝美玲.桃树栽培技术问答.北京:中国农业大学出版社,2008

(2)蒋锦标.桃优质高效生产技术.北京:化学工业出版社,2012

(3)张鹏,魏连贵.桃树整形修剪图解(修订版).北京:金盾出版社,2013

(4)马之胜,贾云云.桃周年管理关键技术.北京:金盾出版社,2012

(5)宫美英,张凤敏,张福兴.桃新优品种与现代栽培.郑州:河南科学技术出版社,2005

网络资源

(1)农业频道:http://www.cctv-7.com.cn/taoshu/桃树修剪技术图解

(2)水果帮论坛:http://bbs.shuiguobang.com/thread-213679-1-1.html 桃树修剪技术

(3)一通苗木网:http://miaomu.yt160.com/miaomujishu/102540.html 桃树修剪技术要点

(4)农资招商网:http://www.haonongzi.com/nzsq/20131218/246343.htm 桃树修剪技术

(5)新农网:http://www.xinnong.com/jishu/zz/shuiguo/1251709670.html 桃树修剪技术

附件

(1)学习情境报告单　见《果树栽培学程设计》作业单

(2)实施计划单　见《果树栽培学程设计》作业单

(3)《果树栽培》专业技能评价表　见附录 A 附表 2-4

(4)《果树栽培》职业能力评价表　见附录 B 附表 1

(5)工作技能单　见《果树栽培学程设计》作业单

(6)技术资料

学生补充的引导文

技术资料——桃夏季修剪

桃夏季修剪的意义是控制枝条加长生长,促使枝条下部形成充实饱满的花芽,延缓结果部位上移。主要修剪手法有:

一、摘心

摘心可以控制结果部位上移,提高花芽的饱满度,小树利用摘心可以提早成形。一般进行三次,即在5月中旬至6月上旬(新梢迅速生长期)进行,对主侧枝进行摘心或剪梢,留副梢,缓和生长势,开张或抬高枝头角度。对营养枝进行不同程度的摘心,可产生不同的成花效果。为使结果枝组紧凑,对未坐果的空果枝进行回缩,对有果枝可疏去上部空枝、密枝、不定芽枝、顶部直立旺梢强梢、副梢基部双梢等。对处于有空间位置的强壮新梢可摘心处理,促发分枝培养结果枝组。其他枝条凡长到30～40 cm的都要摘心,使营养集中到果实的生长发育上去,防止6月落果,见图2-3。在6月下旬至7月上旬对未停长的旺梢继续摘心,可节省营养,促进成花;8月下旬至9月上旬剪去主、梢顶端的嫩尖,使枝条发育充实,提高其成熟度。

图2-3 摘心

二、扭梢

桃树扭梢多用于改造徒长枝为结果枝,同时能改善树体的光照条件。时期以新梢长到30 cm左右尚未木质化时为宜,扭梢部位以距枝梢基部5～10 cm处为宜。凡在主枝延长枝上的过旺新梢和树冠上部抽出的旺梢以及冬季短截后剪口旁抽生的强梢等,都要进行扭梢;扭梢是把直立的徒长枝扭转180°,使向上生长扭转为向下。

三、拉枝

拉枝是缓和树势、提早结果、防止枝干下部光秃的关键措施。拉枝时间一般在5～6月份进行,这时枝干较软,容易拉开定形。桃树拉枝方法可因地制宜,采用撑、拉、吊、别等方法都可。拉枝的角度,一般掌握在80°左右为宜,但不宜拉至水平或下垂,见图2-4。

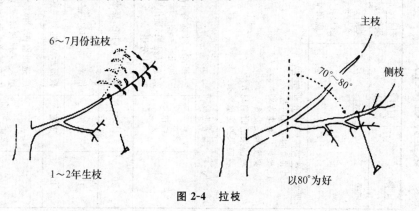

图2-4 拉枝

2.2.2 疏果

"课堂计划"表格

日期:	用时: 1.5(h)	科目: 果树栽培
班级:	地点:	题目: 学习主题 2.2.2(建议 2 学时): 疏果技术(应用举例:桃疏果)

课堂特殊要求(家庭作业等等):提前查阅下列问题
1. 坐果与落花落果
2. 果实生长发育
3. 桃疏果的时期与方法
4. 桃疏果的注意事项

目标:
专业能力:①熟悉坐果与落花落果、桃果实生长发育和疏果的理论知识;②会正确进行桃疏果,完成生产任务
方法能力:①具有较强的信息采集与处理的能力;②具有较强的开拓创新能力和计划的能力;③具有再学习能力;④评价(自我、他人)能力;⑤自我控制与管理能力;⑥具备较强的团队协作、组织协调能力;⑦具备较强的团队协作能力
社会能力:③一定的安全能力
个人能力:①具有吃苦耐劳、热爱劳动、踏实肯干、爱岗敬业、遵纪守时等职业道德;②具有良好的心理素质和身体素质、自信心强;③具有较好的语言表达、人际交往能力

准备:
黑板
仪器(投影仪、幻灯片等)
桌椅、座次
练习本
绘图纸　8张
白板笔(红、蓝、黑、绿)　各 8 支
胶带 1 捆
小磁钉　8 个

时间	行为阶段	教师活动	参与者活动	方法	媒体
5′	资讯	1. 提问:两栋各占地 667 m² 的桃温室,一栋产桃 5 000 kg,一栋产桃 2 000 kg,两者果实有何不同 2. 总结结果,提出"疏果"任务 3. 学生分组	1. 4名学生回答问题 2. 每组 6 名学生,共 8 组,选小组长,小组成员准备研讨	联想、比较、提问	学生自备资料
20′	计划	安排小组讨论,要求学生提炼总结研讨内容	讨论、总结理论基础,填写学习情境报告单	讨论引导问题,填写报告单	学习情境报告单
10′	决策	指导小组完成实施方案	确定实施方案,填写实施计划	讨论总结,填写实施计划单	实施计划单
40′	实施	教师示范,巡回观察指导	组长负责,每组学生共同完成疏果任务	实习法	盛果期桃树
10′	检查、评价	1. 巡回检查并对各组进行监控和过程评价并将结果填入《果树栽培》专业技能评价表 2. 口试学生理论知识掌握情况,并将结果填入《果树栽培》专业技能评价表 3. 回答学生提出的问题	1. 在小组完成生产任务的过程中,互相检查实施情况和进行过程评价 2. 对自己及组内成员完成任务情况进行评价,结果填入《果树栽培》职业能力评价表 3. 回答教师提出的问题	小组工作法,工作任务评价	《果树栽培》专业技能评价表、《果树栽培》职业能力评价表
5′	反馈	1. 总结任务实施情况 2. 强调桃疏果知识的注意事项 3. 布置下次课学习主题 2.2.3(4学时):"桃套袋"任务	1. 学生思考自己小组协作完成情况,总结优缺点 2. 完成工作技能单的编写 3. 记录老师布置的工作任务	提问,总结归纳	工作技能单

👉引导文

教材

蒋锦标,卜庆雁.果树生产技术(北方本).2版.北京:中国农业大学出版社,2014

参考教材及著作

(1)马骏,蒋锦标.果树生产技术(北方本).北京:中国农业出版社,2006

(2)张文,沙海峰,郝姜玲.桃树栽培技术问答.北京:中国农业大学出版社,2008

(3)蒋锦标.桃优质高效生产技术.北京:化学工业出版社,2012

(4)张鹏,魏连贵.桃树整形修剪图解(修订版).北京:金盾出版社,2013

(5)马之胜,贾云云.桃周年管理关键技术.北京:金盾出版社,2012

(6)宫美英,张凤敏,张福兴.桃新优品种与现代栽培.郑州:河南科学技术出版社,2005

网络资源

(1)安徽农业信息网:http://www.ahny.gov.cn/html/20130606/5493145420130606136O353.html 桃树疏果技术

(2)农广在线:http://www.ngonline.cn/nysp/gszpnysp/201307/t20130722120490.html 桃树疏果技术

(3)青青花木网:http://www.312green.com/information/detail.php? topicid＝87823 桃树疏花疏果技术

(4)农林网:http://www.nlwang.com/syjs/sg/2330.html 桃树的栽培技术

(5)中国广播网:http://zgxczs.cnr.cn/nbszx/201307/t20130718513089916.shtml 桃栽培技术

附件

(1)学习情境报告单　见《果树栽培学程设计》作业单

(2)实施计划单　见《果树栽培学程设计》作业单

(3)《果树栽培》专业技能评价表　见附录A附表2-5

(4)《果树栽培》职业能力评价表　见附录B附表1

(5)工作技能单　见《果树栽培学程设计》作业单

(6)技术资料

学生补充的引导文

技术资料——桃疏果

一、留果量确定

1. 依产定果法

根据经验，一般早熟品种每 667 m² 产 1 500 kg，中熟品种每 667 m² 产 2 000 kg，晚熟品种每 667 m² 产 2 500 kg，可以达到优质的目标。总产量平均到每棵树，再平均到每个主枝，根据单果重确定每枝的留果数量。

2. 果枝定果法

根据果枝的类别确定留果数量，见表 2-1。

表 2-1　不同类型结果枝留果参考标准　　　　　　　　　　　　　　　　　　　　　个

果枝类型	大型果	中型果	小型果
长果枝	2～3	3～4	5～6
中果枝	1～2	2～3	3～4
短果枝	1～2 个枝留 1 果	1	2～3
花束状果枝	不留	2～3 个枝留 1 果	1～2 个枝留 1 果

注：大型果，6～8 个/kg；中型果，8～10 个/kg；小型果，10～12 个/kg。

3. 间距定果法

在正常修剪、树势中庸健壮的前提下，立体空间内，树冠内膛每 20 cm 留 1 个果，树冠外围每 15 cm 留 1 个果。大型果略远，小型果略近。

4. 叶果比法

桃的叶果比为（20～40）：1，具体根据树势、果实大小确定。早熟品种一般 20：1，中熟品种一般 30：1，晚熟品种一般 40：1。

二、疏果

疏果分两次进行。第一次疏果在花后 2 周左右进行，疏除基部的小果、畸形果、双果，是最后定果的 2～3 倍。对已经疏花的可以不进行此次疏果。第二次疏果（定果）在落花后 4～6 周（硬核期前）结束。疏果前先根据树龄、树势、气候条件、品种特点及栽培水平确定疏果时间。对坐果率高、大小果表现早的品种可早些。

疏果时，疏除弱小果、病虫果、畸形果、过密果、朝天果、无叶果枝果、果柄短的果。留个大、果形端正的长形果、上部外围留侧向下生长果、下部内膛留侧向上生长的果实。一般树冠外围及上部多留果，内膛及下部少留果。树势强的多留果，树势弱的少留果；壮枝多留果，弱枝少留果。长果枝留中、上部果，中、短果枝以先端坐果较为可靠。

注意事项

①应按顺序进行，由上而下，由内而外。
②不同部位留果量不同，上多，背下、内膛少些。
③果枝基部全部疏除。
④同一个枝条上去背上、背下，留中侧边果，无合适的选背下果。
⑤将果轻轻拧向一边疏果，不能硬拉，以免伤皮。

2.2.3 套袋

💡 "课堂计划"表格

日期：		用时：	
班级：		地点：	

科目：果树栽培

题目：学习主题2.2.3（建议4学时）：套袋（应用举例：桃套袋）

课前特殊要求（家庭作业等）：
提前查阅下列问题：
1. 套袋的意义
2. 果袋的选择
3. 套袋前的准备
4. 桃套袋的时期和方法
5. 注意事项

目标：
专业能力：①熟悉套袋的意义；②果袋的选择（种类、规格）套袋；③套袋前的准备；④掌握套袋时期与方法；⑤会正确给桃套袋

方法能力：①具有较强的信息采集与处理的能力；②具有决策和计划的能力；③具有再学习的能力；④具有较强的开拓创新能力；⑤自我控制与管理能力；⑥评价（自我、他人）能力

社会能力：①一定的妥协能力；②组织协调能力；③高度的责任感；④具有吃苦耐劳、踏实肯干、热爱劳动、爱岗敬业、遵纪守时等职业道德；⑤具有良好的心理素质和身体素质，自信心强；⑥具有较好的语言表达、人际交往能力

准备：
黑板（多媒体、投影、幻灯片等）
仪器（多媒体、投影、幻灯片等）
桌椅、座次
绘图纸　8张
白板笔（四种颜色）　各8支
胶带　1捆
小磁钉　8个
桃纸袋　4 800个

时间	行为阶段	教师活动	参与者活动	方法	媒体
5′	资讯	1. 准备幻灯片，不同品种的桃套袋果、未套袋果图片 2. 由果实表现的外在表现引出问题——套袋技术 3. 学生分组	1. 3～5名学生回答问题 2. 每组6名学生，共8组，选小组长，小组成员准备研讨	观察、比较、提问	PPT、学生自备资料
30′	计划	安排小组讨论，要求学生提炼总结研讨内容，选2组汇报展示	讨论、总结理论基础，填写学习情境报告单，汇报展示	讨论引导问题，填写报告单	学习情境报告单
10′	决策	指导小组完成实施方案	确定实施方案，填写实施计划	讨论总结，填写实施计划单	实施计划单
90′	实施	教师示范，巡回观察指导	组长负责，每组学生共同完成桃套袋任务	实习法	盛果期桃树果袋
30′	检查	教师巡回检查，并对各组进行监控和过程评价，及时纠错	1. 在小组完成生产任务的过程中，互相检查实施情况和进行过程评价 2. 填写《果树栽培》职业能力评价表	小组学习法 工作任务评价	《果树栽培》专业职能能力评价表
10′	评价	1. 教师在学生实施过程中口试学生理论知识《专业技能》人《果树栽培》 2. 教师对各组对果实（个人）的实施结果并将结果填入《果树栽培》职业能力评价表	1. 学生回答教师提出的问题 2. 对自己及组内成员完成任务情况进行评价，结果记入《果树栽培》职业能力评价表	提问 工作任务评价	《果树栽培》专业职能能力评价表
5′	反馈	1. 总结任务实施情况 2. 强调桃套袋的注意事项 3. 布置下次学习主题2.3.1（建议4学时）任务	1. 学生思考自己小组协作完成情况，总结优缺点 2. 完成工作技能单的编写 3. 记录老师布置的工作任务	提问 归纳总结	工作技能单

👉 引导文

教材

蒋锦标,卜庆雁.果树生产技术(北方本).2 版.北京:中国农业大学出版社,2014

参考教材及著作

(1)马骏,蒋锦标.果树生产技术(北方本).北京:中国农业出版社,2006
(2)张文,沙海峰,郝美玲.桃树栽培技术问答.北京:中国农业大学出版社,2008
(3)蒋锦标.桃优质高效生产技术.北京:化学工业出版社,2012
(4)马之胜,贾云云.桃周年管理关键技术.北京:金盾出版社,2012
(5)宫美英,张凤敏,张福兴.桃新优品种与现代栽培.郑州:河南科学技术出版社,2005

网络资源

(1)新农网:http://www.xinnong.com/tao/jishu/411839.html 桃树果实套袋技术要点
(2)泰安市高新区盛世园艺场:http://www.taishanmm.com/newsinfo914.html 桃树套袋技术
(3)云南网:http://ynkjb.yunnan.cn/40/2054.htm 桃树果实套袋技术
(4)西北苗木网:http://www.xbmiaomu.com/zaipeizhishi39632/丽江雪桃套袋技术
(5)农博数据网:http://shuju.aweb.com.cn/technology/news/2002/6/14/8573837.htm 桃树怎么套袋

附件

(1)学习情境报告单　见《果树栽培学程设计》作业单
(2)实施计划单　见《果树栽培学程设计》作业单
(3)《果树栽培》专业技能评价表　见附录 A 表 2-6
(4)《果树栽培》职业能力评价表　见附录 B 表 1
(5)工作技能单　见《果树栽培学程设计》作业单
(6)技术资料

学生补充的引导文

技术资料——桃果实套袋

桃果套袋可以防止病菌感染、侵害果实；防止昆虫、鸟类、果蝇等危害果实；防止空气中有害物质及酸雨污染果实；防止强光照紫外线烧伤果实表皮；减少果实与其他物体相互摩擦损伤果面；减少喷洒农药次数，避免药物与果实接触，降低农药残留，生产无公害果品；为生育期的果实营造优良环境、改善着色、提高果面的光洁度；增加水果产量，并改善果实的品质，从而提高经济效益，增加果农收入。

一、果袋选择

果袋选择果袋类型主要有塑料袋和纸袋，纸袋又分单层和双层，颜色有浅色和深色两种。桃果套袋应选用避光、疏水、上口有绑丝、下有透气孔的 180 cm×155 cm、双层、透气性好的专用纸袋。

在多雨地区，采前不去袋时，可选择浅色袋，果实在袋中着色；北方降雨少，去袋后果实上色鲜艳稚嫩，可以选用内黑外浅的双层袋；红色品种可以选用浅颜色的单层袋，如黄色、白色袋；对着色很深的品种，如春雪、双喜红等，可以用深色的双层袋，成熟前 4～5 d 去掉，外观十分鲜艳。

二、套袋时期及套袋前的准备

桃盛花后 30 d 内要进行疏果，在第 2 次生理落果（硬核期）即谢花后 50～55 d 进行套袋。套袋时间以晴天上午 9:00～11:00 时和下午 3:00～6:00 时为宜。套袋前 2～3 d 全园要喷施 1 次杀虫菌剂，杀死果实上的虫卵和病菌。常用农药是 50% 混灭乳剂 800 倍液或 10% 吡虫啉 5 000 倍液或 20% 灭扫利 2 500 倍液，也可用 50% 杀螟松乳剂 1 000 倍液＋70% 代森锰锌可湿性粉剂 600～800 倍液。

三、套袋方法

套袋前将袋口朝下竖放在潮湿的地面上或在袋口处喷些水，使之柔韧以便使用。套袋时，先撑开纸袋并使其膨起，果袋两底角的通气放水孔张开。果实套入后，果柄或母枝对准袋口中央缝，从中间向两侧依次按"折扇"方式折叠袋口，然后用铁丝扎紧袋口于果枝上，见图 2-5。套袋顺序应先上后下，先里后外。

图 2-5 套袋

四、除袋

果实在采收前 12～15 d 除去外层袋,采前 7～10 d 全部去袋,当果袋内果实开始由绿转白时,就是摘袋最佳时期,摘袋过早或过晚都达不到预期效果。过早去袋的果实与不套袋的无差别;摘袋过晚,果面着色浅,贮藏易褪色,影响销售。紫红色品种可在采前 4～5 d 去袋。摘除果袋时先摘上部外围果,后摘下部内膛果。上午 10:00～12:00 时去树冠北侧的袋,下午 5:00 时去树冠南侧的袋。

注意事项

①套袋时不可把叶片套入袋内。

②桃套袋后果实的可溶性固形物固形物一般会降低,应注意多施农家肥,控制浇水,适时采收。采收前注意喷药安全间隔期。

2.3 秋季管理

2.3.1 果实增色（参考1.3.1）

2.3.2 采收及采后处理

"课堂计划"表格

日期：	用时：	地点：
班级：		
科目：果树栽培		
题目：学习主题2.3.2（建议2学时）：采收及采后处理（应用举例：桃采收及采后处理）		

课堂特殊要求（家庭作业等等）：
提前查阅下列问题：
1. 桃果实成熟的标准；
2. 桃采收的时期及方法；
3. 桃果实分级标准；
4. 桃果实包装
5. 采收及采后处理注意事项

时间	行为阶段	教师活动	参与者活动	方法	媒体
5′	资讯	1. 准备两类桃（成熟和未成熟的），切开让学生品尝、观察，用仪器测量硬度、可溶性固形物含量。播放PPT（包装果实及售价）。提出果实采收及采后处理技术	1. 3~5名学生回答问题 2. 每组6名学生共8组，选小组长，小组成员准备研讨	观察、比较、提问	PPT，学生自备资料，手持测糖仪、硬度计
20′	计划、决策	安排小组讨论，要求学生提炼总结研讨内容；指导完成实施计划	讨论、总结理论基础，填写学习情境报告单，实施处理任务	讨论引导问题，填写工单	学习情境报告单，实施计划单
45′	实施	教师示范、巡回观察指导	组长负责，每组学生共同完成桃采收及采后处理任务	实习法	采果剪，盛果期桃树，采箱等
10′	检查	教师巡回检查，并对将果结果对各组进行监控和过程评价，及时纠错	1. 在小组完成生产任务的过程中，互相检查采收及采后处理情况和进行过程评价 2. 填写《果树栽培》职业能力评价表	小组学习法，工作任务评价	《果树栽培》职业能力评价表
5′	评价	教师在实施过程中口试学生理论知识和专业技能评价表，并将结果对组《果树栽培》的实施结果进行评价并将结果填入《果树栽培》专业技能评价表	1. 学生回答教师提出的问题 2. 对自己及组内成员完成任务情况进行评价，结果记入《果树栽培》职业能力评价表	提问，工作任务评价	《果树栽培》专业技能评价表，《果树栽培》职业能力评价表
5′	反馈	1. 总结本实施情况 2. 强调桃套袋完成情况注意事项 3. 布置下次学习主题2.3.3（建议4学时）："桃秋季修剪"任务	1. 学生思考自己小组协作完成情况，总结优缺点 2. 完成工作技能单的编写 3. 记录老师布置的工作任务	提问，归纳总结	工作技能单

准备：
黑板
仪器（投影仪、幻灯片等）
某椅、座次
练习本
绘图纸 8张
白板笔（红、蓝、黑、绿）各8支
胶带 1捆
小磁钉 8个
果套 4个
果凳 8个
手持测糖仪 1个
硬度计 1个
采果剪 48把
采果篮 8个
包装箱 8个

目标：
专业能力：①熟悉桃果实成熟的标准；做好果实采收前的准备，掌握果实采收时期、方法及采后处理的相关知识；②会正确进行桃果实采收、分级、包装符合行业规范
方法能力：①具有较强的信息采集与处理能力；②具有决策计划的能力；③具有再学习能力；④评价（自我、他人）能力；⑤自我控制与管理能力
社会能力：①具备较强的团队协作、组织协调能力；②高度的责任感
个人能力：①具有吃苦耐劳、热爱劳动、踏实肯干、爱岗敬业、遵纪守时等职业道德；②具有良好的心理素质和身体素质、自信心强；③一定的安全意识；③具有较好的语言表达、人际交往能力

☞ 引导文

教材

蒋锦标,卜庆雁.果树生产技术(北方本).2 版.北京:中国农业大学出版社,2014

参考教材及著作

(1)马骏,蒋锦标.果树生产技术(北方本).北京:中国农业出版社,2006

(2)张文,沙海峰,郝美玲.桃树栽培技术问答.北京:中国农业大学出版社,2008

(3)蒋锦标.桃优质高效生产技术.北京:化学工业出版社,2012

(4)张鹏,魏连贵.桃树整形修剪图解(修订版).北京:金盾出版社,2013

(5)马之胜,贾云云.桃周年管理关键技术.北京:金盾出版社,2012

(6)宫美英,张凤敏,张福兴.桃新优品种与现代栽培.郑州:河南科学技术出版社,2005.

网络资源

(1)新农村商网:http://nc.mofcom.gov.cn/news/P1P6206I8209305.html 桃树果实的采收技术

(2)农民网:http://zhifu.nongmintv.com/show.php? itemid=1758 桃树采收前管理要点

(3)如雪生活网:http://www.rxyj.org/html/2010/0706/2310085.php 桃树的栽培与管理技术要点

(4)西北苗木网:http://www.xbmiaomu.com/zaipeizhishi39632/丽江雪桃管理技术要点

(5)高效益农业:http://www.gxyny.com/List.asp? C-1-3661.html 桃树花果管理中问题与对策

附件

(1)学习情境报告单　见《果树栽培学程设计》作业单

(2)实施计划单　见《果树栽培学程设计》作业单

(3)《果树栽培》专业技能评价表　见附录 A 附表 2-7

(4)《果树栽培》职业能力评价表　见附录 B 附表 2

(5)工作技能单　见《果树栽培学程设计》作业单

(6)技术资料

学生补充的引导文

技术资料——桃果实采收及采后处理

桃果实的风味、品质和色泽主要是果实在树上经过生长发育而形成的,采收后的果实几乎不会因后熟而增加。果实采摘过早时品质差、产量低;采收晚时机械损伤重、落果多、糖分低、风味差且不耐贮运。因此,桃果的采收要科学合理适时。

一、品种特性及用途

根据桃树品种的特性、用途不同(生食或加工)、距离市场远近(销售)等情况及时地采摘果实。若是在当地市场鲜果销售,应在果实八至九分成熟期采收;在异地鲜果销售(远途运输)应在果实七至八分成熟时采收;若是加工用桃应在果实绿色退尽八至九分成熟时采收,此期采收加工的成品风味好。但是若用溶质品种,宜在七至八分成熟时采收(可减少加工或处理的损耗)。

二、成熟期

果实成熟期分七分熟、八分熟、九分熟、十分熟 4 个时期。当果实底色发绿、果实充分发育,果面基本平展无坑洼,中晚熟品种在缝合线附近有少量坑洼痕迹,果面毛茸较厚时,果实此时呈七分熟期;当果实底色由绿色开始减退,成淡绿色,果农俗称"发白"。果面丰满,毛茸减少,果肉稍硬,有色品种阳面有少量着色,此时的果实呈八分熟期;当果实绿色开始减退(不同品种呈现底色不同,如呈白色、乳白色、橙黄色),阴面或局部仍有淡绿色,毛茸少,果肉稍有弹性,芳香,有色品种大部分着色,且表现出该品种风味特性,此时果实呈九分熟期;当果实毛茸易脱落,无残留绿色。溶质品种桃柔软多汁,皮易剥离;软溶质桃稍压即流汁破裂;硬溶质桃不易破裂,但亦易压伤。硬肉桃开始变绵软,此时的果实呈十分熟期。

三、采收方法

桃果柔软多汁,采收必须极其仔细。采收时要分品种根据不同的成熟度要求,分批采收。采果时由树下而树上,由外而里逐枝进行,防止漏采。采果人员修短手指甲,轻拿轻放。

四、分级

鲜桃果实质量标准主要以果实大小、着色度为主要指标进行分级,基本要求是不允许有碰、压伤、磨伤、日灼、果锈和裂果。根据果实大小分级,可参考表 2-2。

表 2-2　鲜桃果实质量标准中依据果实大小分级标准(河北省)　　　　　　　　　g

品种类型	果实类型	特等	一级	二级
普通桃	大果型	≥300	≥250	≥200
	中果型	≥250	≥200	≥150
	小果型	≥150	≥120	≥120
油桃和蟠桃	大果型	≥200	≥150	≥120
	中果型	≥150	≥120	≥100
	小果型	≥120	≥100	≥90

五、包装

就地近销包装多用塑料周转筐,盛果筐要用有弹性的麻布或蒲包衬垫,防止刺伤果实。容器不宜过大,每筐以装 30 kg 为宜,码放果实要紧凑,不留空间,以防在运输中摇晃滚动。同时,采下的果实不能曝晒在阳光下,应放在阴凉处待运销售或贮放。出口包装要用纸箱或木箱,上下用瓦楞纸等衬垫。

2.3.3　秋季修剪

"课堂计划"表格

日期：	用时：	科目：
班级：	地点：	果树栽培

题目：学习主题2.3.3（建议4学时）：秋季修剪（应用举例：桃季修剪—剪精、疏枝、回缩）

课前特殊要求（家庭作业等）：
提前查阅下列问题：
1. 桃秋季修剪的意义
2. 桃秋季修剪的原则
3. 桃秋季修剪的主要方法
4. 桃秋季修剪的往意事项

目标：
专业能力：①熟悉桃树的枝芽特性，掌握桃树形主要形式及丰产树形的特点。秋季修剪方法等基本知识；②独立完成桃秋季修剪任务
方法能力：①具有较强的信息采集与处理能力；②具有再学习能力；③具有较强的开拓创新能力；④具有制定与管理能力；⑤自我控制与管理能力；⑥评价（自我、他人）能力
社会能力：①具备的团队协作，组织协调能力；②良好的责任感；③高度的责任感；④一定的妥协能力
个人能力：①具有吃苦耐劳，热爱劳动，踏实肯干、爱岗敬业，遵纪守时等职业道德；②具有良好的心理素质和身体素质，自信心强；③具有良好的语言表达人际交往能力

准备：
黑板
仪器（投影仪，幻灯片等）
桌椅，座图纸
绘图纸
白板笔（红、蓝、黑、绿）
小磁钉
手锯　4把
修枝剪　48把

时间	行为阶段	教师活动	参与者活动	方法	媒体
5′	资讯	1. 桃树新梢生长量大，花芽分化，如不当解决易造成内膛郁闭，影响修剪？提出"盛果期桃秋季修剪"任务 2. 学生分组	1. 学生回答 2. 每组6名学生，共8组，选小组长、小组成员准备研讨	问答，头脑风暴	学生自备资料
20′	计划	安排小组讨论，要求学生提炼总结研讨内容	讨论，总结理论基础，填写学习情境报告单	讨论引导问题，填写报告单	学习情境报告单
20′	决策	指导小组完成实施方案，提出2组进行成果展示	确定实施方案。每组2人填写实施计划单。成果展示	讨论填写实施计划单	实施计划单
100′	实施	教师讲解示范、回缩示范，监督学生巡回观察指导	组长负责，每组学生主要共同完成桃秋季修剪任务	实习法	修枝剪、手锯、盛果期桃树
20′	检查	教师巡回检查，并对各组进行评价，及时纠错	1. 在小组完成生产任务的过程中，互相检查实施情况和进行过程评价 2. 填写《果树栽培》职业能力评价表	小组学习法，工作任务评价	《果树栽培》职业能力评价表
10′	评价	教师在学生实施中口试学生理论知识掌握情况，并将结果填入《果树栽培》（个人）的实施结果评价	1. 学生回答教师提出的问题 2. 对自己及组内成员完成任务情况进行评价并将结果填入《果树栽培》专业技能评价表	提问，工作任务评价	《果树栽培》专业能力评价表、《果树栽培》职业能力评价表
5′	反馈	1. 总结任务实施情况 2. 强调桃秋季修剪应该注意该情况 3. 布置下次学习主题2.3.4（建议4学时）："桃树绑草把"任务的问题	1. 学生思考总结自己小组协作完成情况，总结优缺点 2. 完成工作技能单 3. 记录老师布置的工作任务	提问，小组工作法	工作技能单

👉 引导文

教材

蒋锦标,卜庆雁.果树生产技术(北方本).2 版.北京:中国农业大学出版社,2014

参考教材及著作

(1)张文,沙海峰,郝姜玲.桃树栽培技术问答.北京:中国农业大学出版社,2008

(2)蒋锦标.桃优质高效生产技术.北京:化学工业出版社,2012

(3)张鹏,魏连贵.桃树整形修剪图解(修订版).北京:金盾出版社,2013

(4)马之胜,贾云云.桃周年管理关键技术.北京:金盾出版社,2012

(5)宫美英,张凤敏,张福兴.桃新优品种与现代栽培.郑州:河南科学技术出版社,2005

网络资源

(1)百度知道:http://zhidao.baidu.com/question/576272238 秋季桃树修剪技术

(2)新浪博客:http://blog.sina.com.cn/s/blog471586410101edsg.html 桃树秋冬季修剪

(3)果农乐视频网:http://www.guonongle.com/Item/Show.asp? m＝1&d＝1864 桃树秋季怎么修剪

(4)新农网:http://www.xinnong.com/tao/jishu/881315.html 桃树秋季管理六要点

(5)中国种植技术网:http://zz.ag365.com/zhongzhi/guoshu/zaipeijishu/2007/2007103167012.html 桃树秋季管理的十字方针

附件

(1)学习情境报告单　见《果树栽培学程设计》作业单

(2)实施计划单　见《果树栽培学程设计》作业单

(3)《果树栽培》专业技能评价表　见附录 A 附表 2-8

(4)《果树栽培》职业能力评价表　见附录 B 附表 2

(5)工作技能单　见《果树栽培学程设计》作业单

(6)技术资料

学生补充的引导文

技术资料——桃秋季修剪

一、修剪的意义

1. 控制树形、缓和树势，促进花芽形成。
2. 减少无效生长，改善通风透光条件。
3. 有利于营养积累和贮藏，提高树体抗寒性。

二、修剪时期

8月中下旬至9月

三、修剪手法

1. 剪梢

此次为生长后期修剪，新梢大多数已停止生长，对于未停止生长新梢采用短截的手法，剪除未成熟部分，以利于枝芽的充实，提高花芽分化质量和越冬抗寒能力。对于下部、内膛出现的下垂枝可适当短截，以利于枝芽充实。

2. 疏枝

对没有控制住的旺枝可从基部疏除。新长出的二、三次枝可从基部疏除。疏除过密枝、细弱枝、下垂枝、回头枝、病虫为害枝及树冠上部的无利用价值的直立枝、竞争枝，对于部分趋向衰弱的老枝组，适当疏除纤细枝，减少消耗营养，改善树冠光照和通风状况。

3. 回缩

对多年生过长的结果枝组可适当回缩，部分延长头竞争枝及比较直立的大枝组也可回缩。

注意事项

①剪口平滑，伤面小，疏枝不留橛。
②疏枝时间尽量早，有利于花芽分化。
③修剪完毕，清理（地面）田园。
④忌过重修剪，削弱树势。掌握适度、适时的原则，以减少养分消耗，改善通风条件，提高光合效率。

2.3.4 树体保护

"课堂计划"表格

日期:	用时:	科目: 果树栽培
班级:	地点:	题目: 学习主题2.1.1(建议4学时): 树体保护 (应用举例:桃解除防寒草把)

课堂特殊要求(家庭作业等等):
提前查阅下列问题:
1. 桃生物学特性、当地的气候条件
2. 桃树绑草把的时期
3. 桃树绑草把的材料与方法
4. 绑草把的注意事项

目标:
专业能力:①熟悉桃生物学特性、当地的气候条件、绑草把的材料与方法等相关知识;②会正确进行桃树防寒处理
方法能力:①具有较强的信息采集与处理的能力;②具有决策计划的能力;③具有再学习能力;④评价的开拓创新能力;⑤自我控制与管理能力;⑥具备较强的团队协作、组织协调能力;⑦一定能力
社会能力:①具备较强的责任感;②高度的安防能力
个人能力:①热爱劳动、踏实肯干、爱岗敬业、遵纪守时等职业道德;②具有良好的心理素质和身体素质、自信心强;③具有较好的语言表达、人际交往能力

准备:
黑板
仪器(多媒体、投影仪、幻灯片等)
桌椅(座次)
草帘(干稻草)
玻璃丝绳 若干
修枝剪 48把

时间	行为阶段	教师活动	参与者活动	方法	媒体
5′	资讯	1. 准备一些树干绑草把的图片制成PPT播放,让学生观察、提出共性的东西 2. 引出问题:为什么绑草把 3. 学生分组	1. 看后学生回答问题 2. 每组6名学生,共8组,选小组长,小组成员准备研讨	归纳、问题	PPT、学生自备资料
30′	计划	安排小组讨论,要求学生提炼总结研讨内容	阅读资料、讨论、总结理论基础,填写学习情境报告单	讨论引导问题学习情境报告单	学习情境报告单
10′	决策	指导小组完成实施方案	确定实施方案,填写实施计划单	讨论引导报告单填写实施计划单	实施计划单
100′	实施	教师绑草把示范,巡回观察指导	组长负责,每组学生共同完成桃树绑草把任务	实习法、小组工作法	采收后桃树、草把、玻璃丝绳
20′	检查	教师巡回检查,并对各组进行过程评价,及时纠错	1. 在小组内完成生产任务的过程中,互相检查实施情况和进行过程评价 2. 填写《果树栽培》职业能力评价表	小组学习法工作任务评价	《果树栽培》职业能力评价表
10′	评价	1. 教师在学生实施过程中口试学生生理论知识掌握情况,并将结果填入《果树栽培》职业能力评价表 2. 教师对各组的实施结果进行评价并将结果填入《果树栽培》职业能力评价表	1. 学生回答教师提出的问题 2. 对自己及组内成员完成任务情况进行评价,结果记入《果树栽培》职业能力评价表	提问工作任务评价	《果树栽培》职业能力评价表
5′	反馈	1. 总结任务实施情况 2. 强调绑草把应该注意的问题 3. 布置下次学习主题2.3.5(建议4学时):"修剪工作法"的运用"任务	1. 学生思考自己小组协作完成情况,总结优缺点 2. 完成工作技能单的编写 3. 记录老师布置的工作任务	归纳总结	工作技能单

👉 引导文

教材

蒋锦标,卜庆雁.果树生产技术(北方本).2版.北京:中国农业大学出版社,2014

参考教材及著作

(1)马骏,蒋锦标.果树生产技术(北方本).北京:中国农业出版社,2006

(2)张文,沙海峰,郝姜玲.桃树栽培技术问答.北京:中国农业大学出版社,2008

(3)蒋锦标.桃优质高效生产技术.北京:化学工业出版社,2012

(4)张鹏,魏连贵.桃树整形修剪图解(修订版).北京:金盾出版社,2013

(5)马之胜,贾云云.桃周年管理关键技术.北京:金盾出版社,2012

(6)宫美英,张凤敏,张福兴.桃新优品种与现代栽培.郑州:河南科学技术出版社,2005

网络资源

(1)水果帮论坛:http://bbs.shuiguobang.com/thread-44168-1-1.html 桃树周年管理历

(2)渝北科技网:http://www.cqybkj.gov.cn/html/kpzs/lykpzs/04/06/14/151.html 一年生桃树冬季管理要点

(3)食品伙伴网:http://www.foodmate.net/tech/zhongzhi/1/168676.html 桃树越冬冬季休眠巧管理

(4)贵州希望网:http://www.gzxw.gov.cn/Njtd/Syjs/Gm/201311/200584.shtm 冬季休眠期莫忘树干涂白

(5)豆丁网:http://www.docin.com/p-707460854.html 果树冻害与预防

附件

(1)学习情境报告单　见《果树栽培学程设计》作业单

(2)实施计划单　见《果树栽培学程设计》作业单

(3)《果树栽培》专业技能评价表　见附录A附表2-9

(4)《果树栽培》职业能力评价表　见附录B附表2

(5)工作技能单　见《果树栽培学程设计》作业单

(6)技术资料

学生补充的引导文

技术资料——桃绑草把

桃树较耐寒，但休眠期气温达－25～－23℃时就会发生冻害，在－18℃左右持续一段时间花芽开始表现受害，低于－27℃时整株冻死。土温降至－11～－10℃时，根系就会遭受冻害。当树体满足需冷量结束自然休眠后，给以合适的温度、湿度，即开始活动，之后其耐寒力显著下降，若气温再度降低时即使未达到受冻临界温度，也极易造成伤害。因此我国东北地区在冬季来临之际，要对桃树进行树体保护。即对果树根、树冠、树干、枝条和叶进行防护。

一、时期

桃树树体防寒一般在果树落叶后，土壤封冻前进行。

二、操作要点

1. 防寒材料

可用稻草、草帘、废农膜、草绳、报纸等。

2. 方法

用防寒物把树干、大枝丫杈处包严，重点是树干的南面和大枝丫杈处，用撕裂膜等捆扎后在主干基部培一个小土堆，40～50 cm高，以保护根颈，加固防寒物（图2-6）。

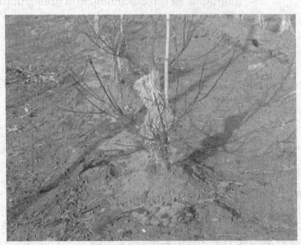

图2-6 绑草把

2.3.5 修剪手法的运用

"课堂计划"表格

日期:	用时:	科目: 果树栽培
班级:	地点:	题目: 学习主题2.3.5（建议4学时）: 休眠期修剪（应用举例：修剪手法的运用）

课前特殊要求(家庭作业等等):
提前查阅下列问题:
1. 李树常用树形及树体结构
2. 短截的概念、作用及处理对象
3. 疏枝的概念、作用及处理对象
4. 回缩的概念、作用及处理对象
5. 缓放的概念、作用及处理对象

目标:
专业能力:①熟悉李树的枝芽特性,李主要树形、修剪手法等基本知识;②独立完成休眠期修剪手法的运用的能力
方法能力:①具有较强的信息采集与处理能力;②具有决策和计划运用的能力;③具有有学习能力的开拓创新能力;④自我控制与管理能力;⑤评价(自我、他人)能力
社会能力:①具备较强的团队协作、组织协调能力;②良好的责任感;③高度的责任感;④一定的妥协能力
个人能力:①具有吃苦耐劳、热爱劳动、踏实肯干、爱岗敬业、遵纪守时等职业道德;②具有良好的心理素质和身体素质、自信心强;③具有较好的语言表达、人际交往能力

准备:
黑板
仪器(投影仪、幻灯片等)
桌椅、座次
绘图纸
白磁笔(红、蓝、黑、绿)
小磁钉
手锯 4把
树子 4把
修枝剪 48把

时间	行为阶段	教师活动	参与者活动	方法	媒体
5'	资讯	1. 回顾树体结构,调查时桃、苹果(梨)、葡萄的树形,提出"修剪手法运用"任务 2. 学生分组	1. 学生轮流回答 2. 每组6名学生,共8组,选小组长,小组成员准备研讨	问答	学生自备资料
30'	计划	安排小组讨论,要求学生提炼总结研讨内容,提出2组进行成果展示	讨论、总结理论基础,填写学习情境报告单,成果展示	讨论引导问题,填写报告单	学习情境报告单
20'	决策	指导小组完成实施方案	确定实施方案,填写实施计划	讨论、填写实施计划单	实施计划单
90'	实施	选取相应树种和教师示范主要修剪手法的应用,巡回观察指导	每组学生共同完成不同修剪手法运用任务	实习法	修枝剪、手锯、李树
20'	检查	教师巡回检查,并对各组进行监控和过程评价,及时纠错	1. 在小组完成生产工作任务的过程中,互相检查实施情况和进行过程评价 2. 填写《果树栽培》职业能力评价表	小组学习法 工作任务评价	《果树栽培》职业能力评价表
10'	评价	1. 学生在考核过程中口试学生理论知识《专业技能评价表》 2. 并对各组填入《果树栽培》的实施过程并将结果填入《果树栽培》专业技能评价表	1. 学生回答教师提出的问题 2. 对自己及组内成员完成任务情况进行评价,结果记入《果树栽培》职业能力评价表	提问 工作任务评价	《果树栽培》专业技能评价表 《果树栽培》职业能力评价表
5'	反馈	1. 总结任务实施情况 2. 强调应该注意的问题	1. 学生思考总结自己小组协作完成情况,总结优缺点 2. 总结完成工作技能单	提问 小组工作法	工作技能单

☞ 引导文

教材

蒋锦标,卜庆雁.果树生产技术(北方本).2版.北京:中国农业大学出版社,2014

参考教材及著作

(1)马骏,蒋锦标.果树生产技术(北方本).北京:中国农业出版社,2006

(2)张文,沙海峰,郝姜玲.桃树栽培技术问答.北京:中国农业大学出版社,2008

(3)蒋锦标.桃优质高效生产技术.北京:化学工业出版社,2012

(4)张鹏,魏连贵.桃树整形修剪图解(修订版).北京:金盾出版社,2013

(5)马之胜,贾云云.桃周年管理关键技术.北京:金盾出版社,2012

(6)宫美英,张凤敏,张福兴.桃新优品种与现代栽培.郑州:河南科学技术出版社,2005

网络资源

(1)中国农业推广网:http://www.farmers.org.cn/Article/ShowArticle.asp? ArticleID=39614 云南省昭通市:果树修剪的基本手法及作用

(2)春天苗木网:http://www.yuanlinxx.com/f/show.php/itemid-103/苹果树与桃树修剪方法

(3)新农网:http://www.xinnong.com/lizi/jishu/892104.html 李子树修剪方法

(4)时代沃林:http://www.timewollin.com/techsrv/plumprun01.html 李子常用修剪方法

(5)360doc个人图书馆:http://www.360doc.com/content/09/1028/17/3631817990572.shtml 李子树不同时期的修剪手法

附件

(1)学习情境报告单　见《果树栽培学程设计》作业单

(2)实施计划单　见《果树栽培学程设计》作业单

(3)《果树栽培》专业技能评价表　见附录A附表2-10

(4)《果树栽培》职业能力评价表　见附录B附表2

(5)工作技能单　见《果树栽培学程设计》作业单

(6)技术资料

学生补充的引导文

技术资料——修剪手法的运用

一、四种修剪手法

1. 短截

将一年生枝条剪去一部分称为短截,见图 2-7。短截的作用是减少被短截枝条上的叶芽数量和花芽数量、加强被短截枝条抽生新梢的生长势,降低发枝部位、增加分枝能力。短截对刺激局部生长的作用较大,但短截过多或过重时抑制树冠的扩大,减少同化物的合成量,抑制花芽的形成,同时也削弱根系的生长。对发枝力强的品种应减少短截数量;对发枝力弱的品种应适当多截;旺树旺枝短截,不利于成花;弱树弱枝短截,可增强树势,促其成花。短截枝条的剪口下必须留有叶芽。

根据短截程度,可分为轻、中、重、极重四种短截方法:

剪去枝条顶端不足 1/3 者为轻短截,可以形成较多的中、短枝,使单枝自身充实中庸,枝势缓和,有利于形成花芽,修剪量小,树体损伤小,对生长和分枝的刺激作用也小。

图 2-7 短截

剪去枝条 1/3~1/2 为中短截,截后分生中、长枝较多,成枝力强,长势强,可促进生长,一般用于延长枝、培养健壮的大枝组或衰弱枝的更新。

剪去枝条 1/2 以上的为重短截。一般能在剪口下抽生 1~2 个旺枝或中、长枝,即发枝虽少但较强旺,多用于培养枝组或发枝更新。

极重短截多在枝条基部留 1~2 个瘪芽剪截,剪后可在剪口下抽生 1~2 个细弱枝,有降低枝位、削弱枝势的作用。极重短截在生长中庸的树上反应较好,在强旺树上仍有可能抽生强枝。极重短截一般用于徒长枝,直立枝或竞争枝的处理,以及强旺枝的调节或培养紧凑型枝组。

不同树种、品种,对短截的反应差异较大,实际应用中应考虑树种、品种特性和具体的修剪反应,掌握规律、灵活运用。

2. 疏枝

把枝条从基部疏掉称为疏枝,也称为疏剪或疏间,见图 2-8。疏枝可降低树冠内的枝条密度,改善树冠的通风透光条件,使树体内的贮藏营养得到相对的集中、促进新梢的生长;另外疏枝会在枝干上产生伤口,由于伤口的作用,对伤口以上部分起到抑制作用,伤口以下起到促进作用,即"抑前促后"。一般用于疏除病虫枝、干枯枝、无用的徒长枝、过密的交叉枝和重叠枝,以及外围搭接的发育枝和过密的辅养枝等。疏枝时由于疏掉的枝条类型不同,所起到的作用也不同。如疏除细弱、病虫、徒长、重叠、竞争和交叉的无用枝,可对留下的枝条起到促势作用,反之会起到削弱作用。去强留弱,疏枝量较多,则削弱作用大,可用于对辅养枝的更新;若疏枝较少,去弱留强,则养分

图 2-8 疏枝

集中,树(枝)还能转强,可用于大枝更新。疏除的枝越大,削弱作用也越大,因此,大枝要分期疏除,一次或一年,不可疏除过多。

3. 回缩

把多年生枝短截到分枝处称为回缩或缩剪,见图 2-9。回缩能减少枝干总生长量,使养分和水分集

中供应保留下来的枝条,促进下部枝条的生长,对复壮树势较为有利。回缩多用于培养改造结果枝组、控制树冠高度和树体的大小、平衡从属关系等。其作用在于改善树冠内光照条件,降低结果部位,改变延长枝的延伸方向和角度,控制树冠,延长结果年限。但回缩不要过急,应逐年进行,并忌造成大伤口,以免影响愈合,削弱树势。

回缩复壮技术的运用应视品种、树龄与树势、枝龄与枝势等灵活掌握。一般树龄或枝龄过大、树势或枝势过弱的,复壮作用较差。

4. 缓放

对一年生枝不剪,任其自然生长称为缓放、长放或甩放。缓放保留的侧芽多,将来发枝也多;但多为中短枝,抽生强旺枝比较少。缓放有利于缓和枝的长势、积累营养,有利于花芽形成和提早结果。对斜生枝、水平枝、下垂枝长放可形成短枝;对骨干枝背上的强旺直立枝长放会形成树上树;对生长弱的树长放会越缓越弱,影响结实。生产上采用缓放措施的主要目的,是促进成花结果;但是不同树种、不同品种、不同条件下从缓放到开花结果

图 2-9　回缩

的年限是不同的,应灵活掌握。另外,缓放结果后应区别不同情况,及时采取回缩更新措施,只放不缩不利于成花坐果,也不利于通风透光。

四种基本修剪方法:疏、截、缓、缩。具体采用哪种方法,应根据树种、成枝力、树势灵活掌握,做到疏、截、缓、缩相结合,达到重点里外都见光,果实满树上的目的。

二、李树常见树形

1. 自然开心形

树高 2.5～3 m,主干高 40～50 cm,错落着生 3～4 个主枝,主枝基角 35°～45°。每个主枝上有 2～3 个平斜侧枝,在主枝和侧枝上着生结果枝组和结果枝,无中心干。在株间相接的栽植密度条件下,不宜强调自然开心形主枝间平面夹角的 120°分布,以每一行树的群体结构呈开心形为好。

2. 小冠疏层形

主干高 40～50 cm,第一层有 3 个主枝,每个主枝上有 2 个侧枝;第二层距第一层 80～100 cm,有 1～2 个主枝;第三层距第二层 50～60 cm,留有 1 个主枝,也可不留第三层。整形完成后,落头开心。

3. 细长纺锤形

树高 2.5～3 m,冠径 2.5～3.0 m。无侧枝。干高 50 cm,中心干上着生 8～12 个单轴延伸的小主枝,主枝角 70°～90°,下部主枝长 100 cm 以上,中部 60～70 cm,上部 50 cm 左右,整个树形呈细纺锤形。

4. 多主枝杯状形

树高 2.5～3.0 m。主干高 40～50 cm,在主干上着生 4～5 个单轴延伸主枝,主枝基角 30°～40°,无中心干,结果枝组直接生长在主枝上。

学习情境3

浆果类果树栽培

- 春季管理

- 夏季管理

- 秋季管理

3.1 春季管理

3.1.1 解除防寒物

◎ "课堂计划"表格

日期:			用时:		

班级:		科目:果树栽培	用时:		地点:

学习主题 3.1.1（建议 8 学时）：
解除防寒物
（应用举例：葡萄出土上架）

课堂特殊要求（家庭作业等等）：

1. 葡萄出土的时间
2. 葡萄出土上架前的准备工作
3. 葡萄出土上架的方法
4. 葡萄出土上架的注意事项

目标：

专业能力：①知道果树解除防寒物的依据（果树生物学特性、当地的气候条件）,解除防寒物的时期及方法；②会正确解除葡萄的防寒物；③能够与他人合作正确进行葡萄上架操作

方法能力：①具有较强的信息采集与处理的能力；②具有决策和计划制定的能力；③具有再学习能力；④具有自我、他人创新能力；⑤自我控制与管理能力；⑥评价（自我、他人）能力

社会能力：①具有较强的团队协作、组织协调能力；②高度的责任感；③一定的妥协能力

业、遵纪守时等职业道德；②具有良好的心理素质、吃苦耐劳、热爱劳动、踏实肯干、爱岗敬自信心强；③具有较好的语言表达、人际交往责任能力

准备：

仪器（投影仪、幻灯片、示频展台）
绘图纸　　　8 张
白板笔（红、蓝、黑、绿）　各 8 支
小磁钉　　8 个
修枝剪　　8 把
锹　　48 把
耙子　　16 把
农膜、耙、稻草等绑缚材料　若干

时间	行为阶段	教师活动	参与者活动	方法	媒体
15'	资讯	1. 通过 PPT 展示葡萄出土上架的一组照片，让学生对其排序，从而提出"葡萄出土上架"任务 2. 引导学生分组	1. 学生对葡萄出土上架的照片进行排序 2. 每组 6 名学生，共 8 组，选小组长,小组成员准备研讨	问答	PPT、学生自备资料
25'	计划	安排小组讨论，要求学生提炼总结研讨内容	讨论、总结理论基础，填写学习情境报告单	小组学习法	学习情境报告单
20'	决策	指导各小组完成实施方案，提出各 4 组进行成果展示，点评	确定实施计划方案，填写实施计划单，展示成果，完善实施计划、准备材料与用具	小组学习法	实施计划单
280'	实施	教师示范，明确技能要求与注意事项，实施过程答疑	组长负责，每组学生要共同完成葡萄出土上架任务	实习法	锹、耙、农膜
20'	检查	教师巡回检查指导，对各组实施情况进行监控和过程评价，及时纠错	1. 在小组完成生产任务的过程中，互相检查实施情况和进行过程评价 2. 填写《果树栽培》职业能力评价表	小组学习法 工作任务评价	《果树栽培》职业能力评价表
10'	评价	1. 教师在学生实施过程中口试学生理论知识掌握情况，并将结果填入《果树栽培》(个人)专业技能评价表 2. 教师对各组《果树栽培》(个人)的实施结果进行评价	1. 学生回答教师提出的问题 2. 对自己及组内成员完成任务情况进行评价、结果记入《果树栽培》职业能力评价表	提问 工作任务评价	《果树栽培》专业技能评价表 《果树栽培》职业能力评价表
5'	反馈	1. 总结任务实施情况 2. 强调此项操作应该注意的问题 3. 布置下次学习主题 3.1.2(2 学时)："葡萄栽植"任务	1. 学生思考总结自己小组协作完成情况、总结优缺点 2. 完成工作技能单 3. 记录老师布置的葡萄栽植工作任务	提问 小组学习法	工作技能单

☞引导文

教材

蒋锦标,卜庆雁.果树生产技术(北方本).2 版.北京:中国农业大学出版社,2014

参考教材及著作

(1)马骏,蒋锦标.果树生产技术(北方本).北京:中国农业出版社,2006

(2)石雪晖.葡萄优质丰产周年管理技术.北京:中国农业出版社,2001

(3)修德仁.鲜食葡萄栽培与保鲜技术大全.北京:中国农业出版社,2004

(4)董靖华,朱德兴等.葡萄栽培技术问答.北京:中国农业大学出版社,2008

(5)赵胜建.葡萄精细管理十二个月.北京:中国农业出版社,2009

(6)王江柱,赵胜建,解金斗.葡萄高效栽培与病虫害看图防治.北京:化学工业出版社,2012

网络资源

(1)博州林业局:http://linyeju.xjboz.gov.cn/content.aspx? id=128000000676 葡萄出土管理要点

(2)新农村商网:http://nc.mofcom.gov.cn/news/P1P340123I2020579.html 春季如何进行葡萄出土上架

(3)天天苗木网:http://www.hm160.cn/i20123/6350.htm 葡萄出土上架要讲究

(4)中国农业推广网:http://www.farmers.org.cn/Article/ShowArticle.asp? ArticleID=89086 山东省蓬莱市葡萄春季出土、上架综合管理技术

(5)中国民勤网:http://www.minqin.gansu.gov.cn/Item/32565.aspx 葡萄出土及管理技术

(6)晋商农网:http://www.jsnw.gov.cn/Item/1143.aspx 葡萄春季出土上架萌芽期需注意的问题

(7)第一食品网:http://www.foods1.com/content/1575064/红提葡萄春季出土管理技术

附件

(1)学习情境报告单　见《果树栽培学程设计》作业单

(2)实施计划单　见《果树栽培学程设计》作业单

(3)《果树栽培》专业技能评价表　见附录 A 附表 3-1

(4)《果树栽培》职业能力评价表　见附录 B 附表 1

(5)工作技能单　见《果树栽培学程设计》作业单

(6)技术资料

学生补充的引导文

技术资料——葡萄出土上架

一、出土上架前的准备工作

1. 维修农具、准备物资

葡萄出土前,及时维修各种农机具,购置农药、化肥、农膜、工具、绑缚材料和日常用品,熬制石硫合剂。

2. 整理架面

为防止葡萄生长期因负载量增加或刮风而引起架面坍塌,北方地区在葡萄出土上架前要对架面进行修整。主要任务有:扶正和埋实倾斜、松动的立柱,补换缺损的立柱;紧固松了的铁丝,更换锈断的铁丝;彻底清除前一年的绑缚材料等。

二、出土上架

1. 出土上架时期

葡萄埋土防寒地区,春季当气温达 10℃,葡萄根系层土温稳定在 8℃时,葡萄应及时出土。北方地区早春气温升降变化大,加上干旱多风,出土时期不宜过早,否则根系还没有开始活动,树体容易遭受晚霜危害,枝芽容易被抽干;出土也不宜过晚,否则土温已经上升,芽在土壤中萌发,出土上架时容易碰伤、碰断,或因芽已发黄,出土上架后易受风吹日灼之害,造成"瞎眼"及树体损伤,影响产量。出土最适宜的时间,一般以当地的山桃开花或杏等栽培品种的花蕾显著膨大时为宜。

2. 出土上架的方法

(1)撤土。先用铁锹撤去覆盖的表土,并把土向两侧沟内均匀回填,然后再把畦子内、主蔓基部的松土清理干净,最后对行间进行平整。用草苫覆盖的地区,应先把草苫上的土清理干净,把草苫晾干后,堆放整齐。葡萄出土最好一次完成,但在有晚霜危害的地区应分两次撤除防寒物。

(2)上架。上架时将葡萄枝蔓按上一年的方向和倾斜度引缚上架,并使枝蔓在架面上均匀分布。篱架枝蔓较短,上架较容易。棚架由于枝蔓较长,上架时 2～3 人一组,逐蔓放到架面上。上架时注意要轻拿轻放,以免损伤芽眼,并且不要弄断多年生老蔓,否则不仅影响产量,更新也困难。

(3)绑缚。绑缚时应按树形要求进行,注意将各主蔓尽量按原来生长方向拉直,相互不要交错纠缠,并在关键部位绑缚于架面上。扇形的主、侧蔓均倾斜绑缚呈扇形为主;龙干形的各龙干间距 50～70 cm,尽量使其平行向前延伸;对采用中、长梢修剪的结果母蔓可适当绑缚,一般可采用倾斜引缚、水平引缚或弧形引缚,以缓和枝条的生长极性,平衡各新梢的生长,促进基部芽眼萌发。通常采用"8"字形或马蹄形引缚,使枝条不直接紧靠铁丝,又防止新梢与铁丝接触。绑缚材料有塑料绳、马蔺、稻草、麻绳或地膜等。

辽宁省部分葡萄产区采用细草绳进行引绊,既能使主蔓在架面铁丝上固定,风吹不打滑,还可以避免摩擦损伤树皮,效果较好。方法是:在主要横线上拉细草绳作垫,引缚时绳索先固定在铁丝上,然后用环扣引缚枝蔓,环扣不能绑紧,要留有空隙,以利于枝蔓加粗生长时不至于绞缢。

注意事项

①出土时要尽量少伤枝蔓,否则会流出伤流液,影响树体生长发育。

②为避免幼树上架过早,造成中下部光秃,出土后可将枝蔓在地上先放几天,等芽眼开始萌动时再上架。

③上架时注意要轻拿轻放,不要损伤芽眼。

④绑缚时要注意牢固而不伤枝蔓。绑缚材料要求柔软,经风、雨侵蚀在 1 年内不断为好。

参考1.1.3进行，但栽植时应注意葡萄植株的倾斜方向。

3.1.2　栽植

3.1.3　春季修剪

"课堂计划"表格

日期：	用时：	科目：果树栽培
班级：	地点：	题目：学习主题3.1.3：春季修剪 （应用举例：葡萄抹芽、定枝）

课堂特殊要求（家庭作业等等）：
1. 葡萄常用树形及树体结构
2. 春季修剪的意义
3. 葡萄抹芽的时期与方法
4. 葡萄定枝的时期与方法
5. 春季修剪的注意事项

目标：
专业能力：①熟悉葡萄的芽、枝条及其与整形修剪有关的特性；知道并完成葡萄春季修剪任务，能够独立完成葡萄春季修剪任务。
方法能力：①具有较强的信息采集与处理的能力；②具有决策和计划的能力；③自我控制与管理能力；④评价（自我、他人）能力。
社会能力：①具备较强的团队协作，组织协调能力；②高度的责任感；③一定的妥协能力。
个人能力：①具有吃苦耐劳、热爱劳动、踏实肯干、爱岗敬业、遵纪守时等职业道德；②具有良好的心理素质和身体素质，自信心强；③具有较好的语言表达，人际交往能力；④具有安全意识。

准备：
仪器（投影仪、幻灯片等）
桌椅、座凳
绘图纸　8张
白板笔（红、蓝、黑、绿）各8支
小磁钉　8个
修枝剪　48把

时间	行为阶段	教师活动	参与者活动	方法	媒体
10′	资讯	1. 播放有关葡萄枝芽特性的PPT，提出"葡萄春季修剪"任务 2. 学生分组，准备研讨	1. 学生沟通回答 2. 每组6名学生，共8组，选小组长，小组成员准备研讨	问答、头脑风暴法	PPT、学生自备资料
30′	计划	安排小组讨论，要求学生总结研讨内容	讨论、总结实施方案，填写学习情境报告单	小组学习法	学习情境报告单
35′	决策	指导各小组完成实施方案，提出2组进行成果展示，点评	确定实施方案，填写实施计划单，准备材料与用具	小组学习法	实施计划单
80′	实施	教师示范，明确操作技能要求与注意事项，实施过程答疑	组长负责，每组学生主要共同完成葡萄春季修剪任务	实习法	葡萄树、修枝剪
10′	检查	教师巡回检查指导，对各组实施情况进行监控和过程评价，及时纠错	1. 在小组完成生产任务的过程中，和进行检查、互相检查实施情况 2. 填写《果树栽培》职业能力评价表	小组学习法 工作任务评价	《果树栽培》职业能力评价表
10′	评价	1. 教师在学生实施过程中口试学生生理知识掌握情况，并将结果填入《果树栽培》专业技能评价表 2. 教师对各组（个人）的实施情况进行评价并将结果填入《果树栽培》专业技能评价表	1. 学生回答教师提出的问题 2. 对自己及组内成员完成葡萄春季修剪工作情况进行评价，结果记入《果树栽培》职业能力评价表	提问 工作任务评价	《果树栽培》专业技能评价表 《果树栽培》职业能力评价表
5′	反馈	1. 总结本任务实施情况 2. 强调此项操作应注意的问题 3. 布置下次学习主题3.2.1（建议8学时）："葡萄夏季修剪，去副梢、疏花序、掐穗尖、去副穗、掐穗心、副梢处理"任务	1. 学生思考总结自己小组协作完成情况，总结优缺点 2. 完成工作技能单 3. 记录老师布置的葡萄夏季修剪工作任务	提问 小组学习法	工作技能单

☞ 引导文

教材

蒋锦标,卜庆雁.果树生产技术(北方本).2版.北京:中国农业大学出版社,2014

参考教材及著作

(1)马骏,蒋锦标.果树生产技术(北方本).北京:中国农业出版社,2006

(2)石雪晖.葡萄优质丰产周年管理技术.北京:中国农业出版社,2001

(3)修德仁.鲜食葡萄栽培与保鲜技术大全.北京:中国农业出版社,2004

(4)徐海英,闫爱玲,张国军.葡萄标准化栽培.北京:中国农业出版社,2007

(5)刘志民,马焕普.优质葡萄无公害生产关键技术问答.北京:中国林业出版社,2008

(6)赵胜建.葡萄精细管理十二个月.北京:中国农业出版社,2009

(7)卜庆雁,周晏起.葡萄优质高效生产技术.北京:化学工业出版社,2012

网络资源

(1)广西农业信息网:http://www.gxny.gov.cn/web/2007-05/170309.htm 葡萄夏季修剪技术要点

(2)青青花木网:http://www.312green.com/information/detail.php？topicid=109416 葡萄春季修剪技术

(3)河南科技网:http://hnkjb.kj110.cn/shtml/hnkjb/20100226/97541.shtml 葡萄:抹芽定枝 进行"瘦身"

(4)土豆网:http://www.tudou.com/programs/view/su1wbyH5bUc/葡萄抹芽

(5)新农村商网:http://nc.mofcom.gov.cn/news/P1P4313I12430072.html 夏季葡萄抹芽技术

(6)宁夏农村综合信息网:http://www.12346.gov.cn/website/showContent.jsp？bid=14&cid=03&nid=434&sid=44 葡萄的夏季修剪技术

(7)河南农业职业技术学院:http://hnnyzyjy.xiaobao.haedu.cn/2011-04-26/show15751.htm 葡萄的抹芽定枝

附件

(1)学习情境报告单　见《果树栽培学程设计》作业单

(2)实施计划单　见《果树栽培学程设计》作业单

(3)《果树栽培》专业技能评价表　见附录 A 附表 3-2

(4)《果树栽培》职业能力评价表　见附录 B 附表 1

(5)工作技能单　见《果树栽培学程设计》作业单

(6)技术资料

学生补充的引导文

技术资料——葡萄春季修剪

一、葡萄常见树形

1. 龙干形

我国北方葡萄栽培中常用的一种整形方式。包括独龙干、双龙干和多龙干,各龙干之间的距离为50～70 cm。其结构是从地面直接选留主蔓,引缚上架,在主蔓的背上或两侧每隔25～30 cm着生一个枝组,每个枝组着生1～3个短结果母枝,呈龙爪状。枝组中的结果母枝均进行短梢修剪或极短梢修剪,龙干先端的延长枝进行中长梢或长梢修剪,见图3-1。

2. 无主干多主蔓自然扇形

没有明显的主干,每株一般有3～5个(单篱架)或7～8个(双篱架)主蔓,随着株距的减小,主蔓数减少。主蔓上不规则地配置1～3个侧蔓,每个侧蔓上配置2～3个结果母枝,主侧蔓之间保持一定的从属关系。在主、侧蔓的中下部留少量预备枝。各种枝蔓呈扇形均匀分布于架面上,见图3-2。

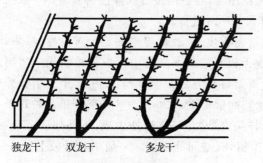

图3-1 龙干形

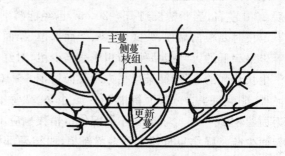

图3-2 无主干多主蔓自然扇形

3. 无主干多主蔓规则扇形

是在自然扇形的基础上加以改良形成的。每株一般有3～5个主蔓,不留侧蔓;在每个主蔓上直接配置1～3个由长、短梢组成的结果枝组;结果枝组按一定距离规则地排列在主蔓上。主蔓呈扇形排列在架面上。每个枝组中选留1～2个结果母枝和一个预备枝,见图3-3。

4. 水平形

可分为单臂、双臂、单层、双层、多层等多种形式,见图3-4。冬季防寒地区则必须使用无干水平整枝,不防寒地区采用有干水平整枝。单臂单层水平整形是水平整枝的基本形式。该树形的基本结构由一个主

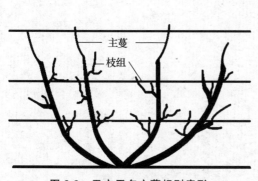

图3-3 无主干多主蔓规则扇形

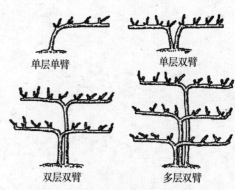

图3-4 水平形

干和一个水平蔓及若干结果枝组构成。此外生产中应用较广泛的还有双臂单层水平整形。植株具有 0.6～1.5 m 高的主干,在主干顶部分生 2 个主蔓,呈双臂朝相反方向沿铁丝水平延伸。主蔓上直接着生结果枝组,结果枝组上着生结果母枝,母枝上分生新梢。

二、春季修剪

1. 抹芽

是在芽已经萌动但尚未展叶时,对葡萄芽的优劣进行选择,留下健壮、位置好的芽,去掉多余的或劣质芽。

抹芽一般分两次进行。第一次抹芽在萌芽初期进行,主要将主干、主蔓基部的潜伏芽和着生方向、部位不当的芽,三生芽、双生芽中的副芽,以及过弱、过密的芽抹去,注意留健壮饱满芽,并且遵循稀处多留、密处少留、弱芽不留的原则。如棚架整形抹除距地面 50 cm 以下的芽,篱架整形抹除距地面 30 cm 以下的芽,使每个节位只保留 1 个健壮主芽。第二次抹芽在第一次抹芽 10 d 以后进行。主要根据空间的大小和需枝的情况对萌芽较晚的弱芽、无生长空间的夹枝芽、靠近母枝基部的瘦弱芽、部位不当的不定芽等进行抹除。

2. 定枝

定枝是当新梢长到 15～20 cm 时,已经能辨别出有无花序时,对新梢进行选择性的去留。一般在展叶后 20 d 左右,当新梢长到 15～20 cm,已经能辨别出有无花序时进行。

定枝时要根据品种、架式、树势、架面部位、架面新梢稀密程度、负载量等来确定。对巨峰、峰后、藤稔等坐果率低的大叶型品种,新梢应适当少留,对红提、晚无核等坐果率高的小叶型品种新梢应适当多留。生长势强的品种,棚架每平方米架面留梢 8～10 个,篱架每平方米架面留梢 10～13 个。生长势中庸品种,棚架每平方米架面留梢 12～15 个,篱架每平方米架面留梢 15～20 个。生长势弱的品种每平方米架面留梢 20～25 个。架面不同部位留梢数也应不同,枝条密处要多疏,稀处少疏,下部架面多疏,上部架面少疏。强结果母枝上可多留新梢,弱结果母枝则少留,有空间处多留。一般中长母枝上留 2～3 个新梢,中短母枝上留 1～2 个新梢。

3.2　夏季管理

3.2.1　夏季修剪

⊕ "课堂计划"表格

日期:	用时:
班级:	地点:

科目：果树栽培

题目：学习主题3.2.1（建议8学时）：夏季修剪
（应用举例：葡萄摘心、副梢精处理、疏花序、去副穗、掐穗尖）

目标：
专业能力：①能说出葡萄的芽、枝条及其与整形修剪有关的方法等基本知识；②结合葡萄树体结构、主要树形及结构特点、修剪时期、修剪成葡萄树体的生长发育有进程能够独立完成葡萄夏季修剪任务
方法能力：①具有较强的信息采集与处理的能力；②具有决策和计划的能力；③具有再学习能力的开拓创新能力；④自我控制与管理能力；⑤评价（自我、他人）能力；⑥具有较强的团队协作能力；⑦组织协调能力；⑧高度的安协能力
社会能力：③一定的安协能力
个人能力：①具有职业道德；②具有良好的心理素质、自信心强；③具有较好的语言交达能力；④具有安全意识
的责任：遵纪守时等职业素养，热爱劳动、热爱岗位、敬业

准备：桌椅、座次
绘图纸　8张
白板笔（红、蓝、黑、绿）各8支
小磁钉　8个
手锯　4把
修枝剪　48把

课堂特殊要求（家庭作业等）：
1. 葡萄常用树形及树体结构
2. 夏季修剪的意义
3. 葡萄摘心、副梢精处理的时期与方法
4. 葡萄疏花序、去副穗、掐穗尖的时期与方法
5. 葡萄夏季修剪注意事项

时间	行为阶段	教师活动	参与者活动	方法	媒体
5'	资讯	1.回顾前面面操作的葡萄抹芽、定枝任务，提出葡萄夏季修剪心、副梢精处理、疏花序、去副穗、掐穗尖 2.学生分组，准备研讨	1.学生回答 2.每组6名学生，共8组，选小组长，小组成员准备研讨	问答、头脑风暴	学生自备资料
30'	计划	安排小组讨论，要求学生提炼总结研讨内容	讨论、总结理论基础，填写学习情境报告单	小组学习法	学习情境报告单
10'	决策	指导各小组完成实施方案，提出4组进行成果展示，点评	确定实施方案，填写实施计划单，完善实施成果，准备材料与用具	讨论、填写实施计划单	实施计划单
180'+90'	实施	教师示范，明确修剪技能要求与注意事项，实施过程答疑	组长负责，每组学生要共同完成葡萄夏季修剪任务	实习法	盛果期葡萄树、修枝剪
20'	检查	教师巡回检查实施过程，对各组实施情况进行监控和过程评价，及时纠错	1.在小组完成生产任务的过程中，互相检查实施情况和过程评价 2.填写《果树栽培》职业能力评价表	小组学习法、工作任务评价	《果树栽培》职业能力评价表
20'	评价	1.教师在学生实施过程中口试学生理论知识与专业技能评价，并将结果填入《果树栽培》专业技能评价表 2.教师对各组（个人）的实施结果进行评价并将结果填入《果树栽培》专业技能评价表	1.学生回答教师提出的问题 2.对自己及组内成员完成任务情况进行评价，将结果记入《果树栽培》职业能力评价表	提问、工作任务评价	《果树栽培》专业技能评价表、《果树栽培》职业能力评价表
5'	反馈	1.总结任务实施情况 2.强调应该注意的问题 3.布置下次学习主题3.2.2（建议4学时）："葡萄疏穗与疏粒"任务	1.学生思考总结自己协作完成情况，总结优缺点 2.完成该技能单 3.记录老师布置的葡萄疏穗与疏粒工作任务	提问、小组工作法	工作技能单

☞ 引导文

教材

蒋锦标,卜庆雁.果树生产技术(北方本).2 版.北京:中国农业大学出版社,2014

参考教材及著作

(1)修德仁.鲜食葡萄栽培与保鲜技术大全.北京:中国农业出版社,2004

(2)徐海英,闫爱玲,张国军.葡萄标准化栽培.北京:中国农业出版社,2007

(3)刘志民,马焕普.优质葡萄无公害生产关键技术问答.北京:中国林业出版社,2008

(4)董靖华,朱德兴等.葡萄栽培技术问答.北京:中国农业大学出版社,2008

(5)赵胜建.葡萄精细管理十二个月.北京:中国农业出版社,2009

(6)王江柱,赵胜建,解金斗.葡萄高效栽培与病虫害看图防治.北京:化学工业出版社,2012

网络资源

(1)安徽农网:http://www.ahnw.gov.cn/2006nykj/html/201207/％7B1A2C7F6E-43F5-494C-A932-531379B6C42C％7D.shtml 葡萄夏季修剪

(2)新农村商网:http://nc.mofcom.gov.cn/news/P1P371322I2430651.html 葡萄夏季修剪技术要点介绍

(3)中国农业推广网:http://www.farmers.org.cn/Article/ShowArticle.asp? ArticleID＝64126 葡萄夏季修剪技术

(4)新农网:http://www.xinnong.com/putao/jishu/595529.html 葡萄夏季修剪技术

(5)中华园林网:http://www.yuanlin365.com/yuanyi/80652.shtml 巨峰葡萄夏季修剪技术方法

(6)中国食品科技网:http://www.tech-food.com/kndata/1049/0099934.htm 葡萄夏季修剪注意事项

行业标准

NY/T 5088—2002　无公害食品　鲜食葡萄生产技术规程

附件

(1)学习情境报告单　见《果树栽培学程设计》作业单

(2)实施计划单　见《果树栽培学程设计》作业单

(3)《果树栽培》专业技能评价表　见附录 A 附表 3-3

(4)《果树栽培》职业能力评价表　见附录 B 附表 1

(5)工作技能单　见《果树栽培学程设计》作业单

(6)技术资料

学生补充的引导文

技术资料——葡萄夏季修剪

一、夏季修剪意义

夏季修剪可以改善架面的风光条件,减少养分消耗,增加积累,使葡萄生长结果关系均衡,对提高坐果率和增加浆果产量、改善品质、促进花芽分化均有明显效果。

二、夏季修剪方法

1. 摘心

又称打头、掐尖、打尖等,是把生长的新梢嫩尖连同数片幼叶一起摘除的一项作业。目的是暂时终止枝条的延长生长,减少新梢幼叶对养分水分的消耗;促进留下的叶片迅速增大并加强同化作用。

(1)结果枝摘心。对于落花落果严重、坐果率低的品种如玫瑰香、巨峰系品种等,一般在开花前4～7 d开始至初花期,在花序以上保留4～5片叶摘心。对于坐果率高的品种如无核白鸡心、红地球、藤稔等品种,一般在开花后即落果期,在花序以上保留5～7片叶摘心。

(2)营养枝摘心。营养枝长到10～12片叶时摘去嫩尖。生长期长(大于180 d)的地区营养枝需多次摘心控制,生长很强的新梢,长到8～10片叶提前摘心,培养副梢作为结果母枝。

(3)延长梢摘心。为促进延长梢在进入休眠之前能够充分成熟,应时进行摘心。生长期较短的北方地区在8月上旬以前摘心,生长期较长的南方地区可以在9月上中旬摘心。

2. 副梢处理

(1)结果枝上副梢处理。幼龄结果树上的结果枝,花序以下的副梢全部抹去;花序以上顶端的1～2个副梢留3～4片叶反复摘心,其余副梢只保留1片叶进行"绝后摘心"(即用大拇指指甲紧贴副梢基部一叶,连其二次夏芽与一次副梢嫩尖同时捏去)。成龄结果树上的结果枝,除顶端1～2个副梢留2～4片叶摘心,其余副梢从基部抹除,顶端产生的二次、三次副梢,始终只保留最前端1个副梢留1～2片叶反复摘心,其他二次、三次副梢从基部抹除。

(2)营养枝上副梢处理。除顶端的副梢留3～4片叶反复摘心,其余副梢从基部全部抹去。

3. 疏花序

一般品种在新梢达20 cm以上时,花序露出后开始疏花序,到始花期完成。对于大穗大粒型的品种,原则上壮枝留1～2个花序,中庸枝留1个花序,延长枝及细弱枝不留花序,见图3-5;对中小穗品种每结果枝可留2穗左右。疏除小而松散、发育不良、穗梗纤细的劣质花序,保留的花序要大而充实。

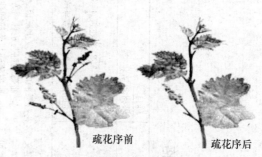

疏花序前　　　　疏花序后

图3-5　疏花序

4. 去副穗、掐穗尖

在花前5～7 d与疏花序同时进行。对果穗较大、副穗明显的品种,应将过大的副穗剪去。对大中型花序且坐果率高的品种,如无核白鸡心、红地球、森田尼无核等,掐去花序全长的1/5～1/4,过长的分枝也要将尖端掐去一部分,同时将花序基部的1～3个小穗轴剪去,使果穗自上至下呈圆锥形或圆柱形,穗轴长度保持在15～20 cm,均匀分布10～15个小穗轴。

3.2.2 疏果

"课堂计划"表格

日期：		用时：	科目：果树栽培
班级：		地点：	题目：学习主题 3.2.2（建议4学时）疏果（应用举例：葡萄疏穗与疏粒）

课堂特练要求（家庭作业等等）：
1. 坐果与落花落果的定义、落花落果的规律
2. 果实生长发育的规律
3. 葡萄疏穗与疏粒的时期

目标：
专业能力：①知道坐果与落花落果、果实生长发育和疏果的相关理论知识；②会正确进行葡萄的疏穗与疏粒；③能够正确使用工具完成葡萄疏穗与疏粒任务
方法能力：①具有较强的信息采集与处理的能力；②具有决策和计划的能力；③具有学习能力；④具有较强的开拓创新能力；⑤自我控制与管理能力；⑥评价（自我、他人）能力
社会能力：①具备组织的团队协作、组织协调能力；②一定的妥协能力
个人能力：①具有吃苦耐劳、热爱劳动、爱岗敬业、遵纪守时等职业道德；②具有良好的心理素质、身体素质、自信心强；③具有较好的语言交往表达能力；④具有安全意识

准备：
桌椅、座次
练习本
绘图纸　8张
白板笔（红、蓝、黑、绿）各8支
胶带　1捆
疏果剪　48把

时间	行为阶段	教师活动	参与者活动	方法	媒体
5'	资讯	1. 提问：在管理水平一致的情况下，每667 m²产量为1 500 kg和2 500 kg的葡萄园，葡萄果实质量有何不同 2. 总结学生回答结果。提出"疏果"任务 3. 学生分组	1. 4名学生回答问题 2. 每组6名学生，共8组，随机选小组长、小组成员准备研讨	比较、提问	学生自备资料
30'	计划	安排小组讨论。要求学生提炼总结研讨内容	讨论、总结理论基础，填写学习情境报告单	小组学习法	学习情境报告单
10'	决策	指导学生小组完成实施方案。提出2组进行成果展示、点评	确定实施方案，填写实施计划，准备展示成果，完善实施计划	讨论、填写实施计划单	实施计划单
100'	实施	教师示范，明确技能要求与注意事项、实施过程答疑	组长负责，每组学生要共同完成葡萄疏穗与疏粒任务	实习法	盛果期葡萄树、疏果剪
20'	检查	教师巡回检查指导，对各组实施情况进行监督和过程评价，及时纠错	1. 在小组完成生产任务的过程中，互相检查任务实施情况进行评价 2. 填写《果树栽培》职业能力评价表	小组学习法、工作任务评价	《果树栽培》职业能力评价表
10'	评价	1. 教师在实施过程中口试学生理论知识掌握情况，并将结果填入《果树栽培》专业技能评价表 2. 教师对各组（个人）的实施结果进行评价并将结果填入《果树栽培》专业技能评价表	1. 学生回答教师提出的问题 2. 对自己及组内成员完成职业能力评价表	提问、工作任务评价	《果树栽培》评价表、《果树栽培》职业能力评价表
5'	反馈	1. 总结本次实务注意事项 2. 强调应该注意的问题 3. 布置下次学习主题3.2.3（4学时）"葡萄套袋"任务	1. 学生思考总结自己小组协作完成情况、总结优缺点 2. 完成工作技能单 3. 记录老师布置的葡萄套袋工作任务	提问、小组工作法	工作技能单

☞ 引导文

教材

蒋锦标，卜庆雁.果树生产技术(北方本).2 版.北京:中国农业大学出版社,2014

参考教材及著作

(1)马骏,蒋锦标.果树生产技术(北方本).北京:中国农业出版社,2006

(2)赵常青,吕义,刘景奇.无公害鲜食葡萄规范化栽培.北京:中国农业出版社,2007

(3)徐海英,闫爱玲,张国军.葡萄标准化栽培.北京:中国农业出版社,2007

(4)刘志民,马焕普.优质葡萄无公害生产关键技术问答.北京:中国林业出版社,2008

(5)姬延伟,焦汇民,申建勋.葡萄无公害标准化栽培技术.北京:化学工业出版社,2009

(6)赵胜建.葡萄精细管理十二个月.北京:中国农业出版社,2009

网络资源

(1)中国百科网:http://www.chinabaike.com/z/nong/zhongzhi/2011/0106/105195.html 葡萄落花落果防治技术

(2)新农网:http://www.xinnong.com/putao/jishu/555888.html 葡萄的疏穗疏果技术

(3)宿州农网:http://sz.ahnw.gov.cn/kj/gshh/124157.SHTML 葡萄疏花疏果可提高产量和品质

(4)新农村商网:http://nc.mofcom.gov.cn/news/P1P11I9116613.html 葡萄的花果管理:疏花疏果

(5)云南红提网:http://www.ynshangji.com/html/corpnews3572.html 葡萄疏果要注意的问题及技术要点

行业标准

NY/T 5088—2002　无公害食品　鲜食葡萄生产技术规程

附件

(1)学习情境报告单　见《果树栽培学程设计》作业单

(2)实施计划单　见《果树栽培学程设计》作业单

(3)《果树栽培》专业技能评价表　见附录 A 附表 3-4

(4)《果树栽培》职业能力评价表　见附录 B 附表 1

(5)工作技能单　见《果树栽培学程设计》作业单

(6)技术资料

学生补充的引导文

技术资料—葡萄疏穗与疏粒

在疏花序的基础上进行定果穗和疏果粒,既可以减少营养消耗、控制产量、增强抗病力、促进枝条发育充实,又可以使果穗外形整齐一致、松紧适度,果实着色、成熟一致,提高果实品质。

一、时期

为减少养分的无效消耗,疏穗和疏粒时间以尽可能早为好。一般在坐果前进行过疏花序的植株,可以在坐稳果后(盛花后 20 d)能清楚看出各结果枝的坐果情况时进行。疏粒一般进行两次。第一次是在果实绿豆粒大小时进行,坐住果(果粒达黄豆粒大小时)后,进行第二次疏粒(定量)。但对于一些易形成无核小果的品种应在能分辨小果、无核果时进行。

二、疏穗

疏果穗应根据品种特性、目标产量、负载能力、栽培管理技术等来决定。

首先,确定单位面积留果穗的数量。考虑到各种损失,葡萄单位面积的果穗数=单位面积的产量÷平均穗重×1.2。一般品种产量指标控制在每 667 m² 1 500～2 000 kg。

其次,确定每株留穗量。每株留穗量=单位面积的果穗数÷单位面积株数。

最后,疏除多余果穗。在保证预定留穗数的前提下,疏除坐果过稀和过密的果穗,结果枝上有双穗和多穗的留下坐果较好的大果穗,把其他穗疏除。

三、疏粒

生产上应根据品种特性、品种成熟时的标准穗重、穗形等进行疏粒。一般小穗重 500 g 左右,保留 40～50 粒,中穗重 750 g 左右,保留 50～80 粒,大穗重 1 000 g 左右,保留 80～100 粒。为了防止意外风险,如病虫果、裂果、缩果等损失,还需增加 20%～30% 的果粒作后备。

疏粒时,首先疏除受精不良果、畸形果、病虫果、日灼果、有伤果。其次,疏去外部离轴过远向外突出的果。然后,疏除过小、过大、过密、相互挤压及无种子的果。留下果粒发育正常、果梗粗长、大小均匀一致、色泽鲜绿的果粒;最后,将果穗摆顺。疏果粒时要细心,避免剪刀损伤留下的果粒或果穗。

3.2.3　葡萄套袋

可参考 1、2、3，但注意在纸袋类型、规格上及套袋方法上的差异。

3.3　秋季管理

3.3.1　果实增色

☞"课堂计划"表格

日期：		用时：	
班级：		地点：	

科目：果树栽培
题目：学习主题 3.3.1（建议 4 学时）：果实增色（应用举例：葡萄果实增色）
3. 果实着色时期、增色方法　　4. 葡萄增色的注意事项

课堂特殊要求（家庭作业等）：
1. 葡萄果实成熟的特点
2. 葡萄果实着色机理

目标：
专业能力：①知道果实着色机理，能说出果实增色时期与果实增色；②会正确对葡萄进行增色处理
方法能力：①具有较强的信息采集与处理能力；②具有决策制订计划的能力；③自我控制与管理能力（自我评价（自我,他人）能力
社会责任感：③一定的妥协能力；
的责任感：③一定的妥协能力
个人能力：①具有吃苦耐劳、热爱劳动、踏实肯干、爱岗敬业、遵纪守时等职业道德；②具有良好的心理素质和身体素质，自信心强；③具有较好的语言表达能力及人际交往能力

时间	行为阶段	教师活动	参与者活动	方法	媒体
10′	资讯	1. 回顾苹果（梨）增色技术，引出问题—葡萄如何增色 2. 引导学生分组	1. 3~5 名学生回答问题 2. 每组 6 名学生，共 8 组，随机选为 8 组，小组长、小组成员准备研讨	比较、提问	学生自备资料
40′	计划、决策	安排小组讨论，要求学生提炼总结研讨内容，指导小组完成实施方案，并形成成果展示材料	讨论、总结理论基础，确定实施方案，准备材料与用具	小组学习法	实施计划单、绘图纸、白板笔、磁钉
105′	实施	教师示范，明确技能要求与注意事项，实施过程答疑	组长负责，每组学生要共同完成葡萄增色任务	实习法	盛果剪葡萄树、疏果剪、注射器、增红剂、喷雾器等
10′	检查	教师巡回检查，并对各组进行评价，及时纠错	1. 在小组完成任务过程中，互相检查实施情况和进行过程评价 2. 填写《果树栽培》职业能力评价表	小组学习法、工作任务评价	《果树栽培》评价表
10′	评价	1. 教师在实施过程中口试学生理论知识掌握情况，并将结果填入《果树栽培》（个人）的实施评价表 2. 教师对各组果进行评价并将结果填入《果树栽培》专业技能评价表	1. 学生回答教师提出的问题 2. 对自己及组内成员完成任务情况进行评价，结果记入《果树栽培》职业能力评价表	提问、工作任务评价	《果树栽培》评价表
5′	反馈	1. 总结任务实施情况 2. 强调应该学习主题 3.3.2（建议 4 学时）："葡萄采收及采后处理"任务 3. 布置下次学习主题 3.3.2	1. 学生思考总结自己小组完成情况，总结优缺点 2. 完成工作技能单 3. 记录老师布置的葡萄采收及采后处理工作任务	提问、小组工作法	工作技能单

准备：
练习本　绘图纸　8 张
绘图笔（四种颜色）　各 8 支
胶带　1 捆
小磁钉　8 个
医用注射器　16 个　疏果剪　48 把
增红剂　1 袋　小水桶　1 个
1 000 mL 量筒　1 个
喷雾器　8 个

☞ 引导文

教材

蒋锦标,卜庆雁.果树生产技术(北方本).2 版.北京:中国农业大学出版社,2014

参考教材及著作

(1)马骏,蒋锦标.果树生产技术(北方本).北京:中国农业出版社,2006

(2)徐海英,闫爱玲,张国军.葡萄标准化栽培.北京:中国农业出版社,2007

网络资源

(1)中国食品科技网:http://www.tech-food.com/kndata/1029/0058810.htm 葡萄增色方法

(2)郑州葡萄种苗:http://blog.sina.com.cn/s/blog79802b5d0100q6u4.html 红富士夏黑葡萄增色增糖的关键技术

(3)中国食品科技网:http://www.tech-food.com/kndata/1056/0113202.htm 葡萄成熟期

(4)第一食品网:http://www.foods1.com/content/264428/促进葡萄着色的方法

(5)江西农业信息网:http://www.jxagri.gov.cn/News.shtml? p5=155037 横峰县:促进葡萄上色关键技术

(6)中国农业推广网:http://www.farmers.org.cn/Article/ShowArticle.asp? ArticleID=49291 山东莱州:怎样促进葡萄果实正常着色

附件

(1)学习情境报告单　见《果树栽培学程设计》作业单

(2)实施计划单　见《果树栽培学程设计》作业单

(3)《果树栽培》专业技能评价表　见附录 A 附表 3-5

(4)《果树栽培》职业能力评价表　见附录 B 附表 2

(5)工作技能单　见《果树栽培学程设计》作业单

(6)技术资料

学生补充的引导文

技术资料——葡萄果实增色

一、除袋增色

对于套袋葡萄，为增加果实受光，促进果实上色成熟，一般在采收前 10～15 d 除袋。除袋时，不要将果袋一次性摘除，应先把袋底打开，使果袋撑起呈伞状，过几天后再全部摘去，以防日灼。摘袋时间宜在上午 10:00 时以前和下午 4:00 时以后，阴天可以全天进行。

二、摘叶

摘叶时期一般在采前 15～20 d 进行。摘叶过早，影响果实增糖；摘叶过晚，则增色效果不明显。摘叶时少摘功能叶，主要摘除枝蔓下部的黄化衰老叶片。摘叶量不能过大，以架下有直射光为宜。遮光量大时，可剪除或回缩副梢，以减少副梢叶片遮光。在遮光严重时，可回缩过长的枝条，减少架面枝叶量，有利于架内通风透光。

三、转穗

果实采收前 15～20 d，在果实阳面已充分上色后，用手拖住果穗，自然地将果实朝一个方向转动 180°，使原来的阴面转向阳面，以使果穗前后、内外着光，上色均匀一致。若转果后，易于回转而不能固定时，则用透明胶带拉住，固定在附近枝条上。套袋果在去袋后 7～10 d 进行转果效果最好。

四、铺反光膜

葡萄果实采收前 15～20 d，在葡萄架下铺反光膜，可明显改善架下的散射光量并增加架下温度，促进果实的增糖和着色。

铺膜前，先将架下整平，捡出石块、树枝等易刺破反光膜的物品。在架下将反光膜铺平，并用砖或木棍将四周压好，以防风吹起。不可用泥土压膜，以防下雨形成泥点，影响反光效果。采果前，将反光膜收起。

五、喷施磷钾肥

在果实着色期内，每隔 10～15 d，树体喷施一次 0.2%～0.3% 的磷酸二氢钾或 3%～5% 的草木灰浸出液，可促进果实上色。一般连续喷布 4～5 次效果较好。

3.3.2 果实采收及采后处理

"课堂计划"表格

日期：	科目：果树栽培
班级：	用时：　　地点：

题目：学习主题3.3.2（建议4学时）果实采收及采后处理（应用举例：葡萄采收及采后处理）

目标：
专业能力：①能说出葡萄果实成熟的标准，做好果实采收前的准备，知道果实采收时期、方法及采收后处理的相关知识；②会正确进行葡萄果实采收及采后的分级、包装符合行业规范；③果实的采收、分级、包装

方法能力：①具有较强的信息采集与处理的能力；②具有开拓新能力的能力；③具有再学习能力；④评价（自我、他人）能力；⑤自我控制与管理能力

社会能力：①具有较强的团队协作、组织协调能力；②高度的责任感；③一定的安全协调能力

个人能力：①具有职业道德；②具有良好的心理素质、爱岗敬业、踏实肯干；③具有较好的语言表达、人际交往能力；④具有安全意识

课堂特殊要求（家庭作业等）：
1. 葡萄果实采收及采后的准备工作
2. 葡萄果实采收的标准及时期、方法
3. 葡萄果实分级标准

准备：练习本　绘图纸 8张　白板笔（红、蓝、黑、绿）各 8 支　胶带 1捆　小磁钉 48个　疏果剪 48把　采果篓 8个　包装箱 16个　手持测糖仪 8个

时间	行为阶段	教师活动	参与者活动	方法	媒体
5′	资讯	1. 准备两类葡萄果（成熟、未成熟），让学生通过观察，用仪器测量可溶性固形物含量，然后回答二者之间的差异，最后引导提出"葡萄采收及采后处理"任务 2. 引导学生分组	1. 3～5名学生进行品尝，测定可溶性固形物含量，然后回答问题 2. 每组6名学生，共8组，随机选小组长，小组成员准备研讨	观察、比较、提问	葡萄果实、手持测糖仪、学生自备资料
60′	计划、决策	安排小组讨论。填写学习情境报告单，要求学生提炼总结研讨内容，形成成果。指导小组完成实施计划方案。提出2组进行成果展示、点评	学生小组为单位分别扮演消费者、生产者、技术员、专家，进行讨论，总结理论基础，完成学习情境报告单和实施计划任务，展示成果，准备材料与用具	小组学习法	学习情境报告单、实施计划方案、磁钉
90′	实施	教师示范，明确技能要求与注意事项，实施过程答疑	组长负责，每组学生共同完成葡萄采收及采后处理任务	实习法	盛果期葡萄树、疏果剪、采果篓、包装箱
15′	检查	教师巡回检查指导，并对各组实施情况进行监控和过程评价，及时纠偏	1. 在小组完成生产任务的过程中，互相检查实施情况 2. 填写《果树栽培》职业能力评价表	小组学习法、工作任务评价	《果树栽培》职业能力评价表
5′	评价	1. 教师在学生实施过程中口试学生理论知识技能评价表 2. 教师对各组《个人》的实施结果进行评价并将结果填入《果树栽培》专业技能评价表	1. 学生回答教师提出的问题 2. 对自己及小组内成员完成任务情况进行评价，结果记入《果树栽培》职业能力评价表	提问、工作任务评价	《果树栽培》评价表、《果树栽培》评价表
5′	反馈	1. 总结应该注意的问题 2. 强调下次学习主题3.3.3（建议8学时）"果实下架"任务 3. 布置下次作业及下架期修剪及葡萄休眠	1. 学生思考总结自己小组协作完成情况，总结优缺点 2. 完成该技能单 3. 记录老师布置的葡萄休眠期修剪及下架工作任务	提问、小组工作法	工作技能单

☞引导文

教材

蒋锦标，卜庆雁.果树生产技术(北方本).2版.北京:中国农业大学出版,2014

参考教材及著作

(1)修德仁.鲜食葡萄栽培与保鲜技术大全.北京中国农业出版社,2004
(2)昌云军,管雪强.葡萄.北京:中国农业大学出版社,2005
(3)修德仁,杨卫东.葡萄无公害贮运保鲜与加工.北京:中国农业出版社,2007
(4)徐海英,闫爱玲,张国军.葡萄标准化栽培.北京:中国农业出版社,2007
(5)刘志民,马焕普.优质葡萄无公害生产关键技术问答.北京:中国林业出版社,2008
(6)王江柱,赵胜建,解金斗.葡萄高效栽培与病虫害看图防治.北京:化学工业出版社,2012

网络资源

(1)食品伙伴网:http://www.foodmate.net/tech/baozhuang/3/48834.html 葡萄采收与包装技术
(2)新疆农信网:http://www.xjnx.cn/astis/web/Wenzhang.po? id=58397 葡萄的采收
(3)第一食品网:http://www.foods1.com/content/234809/葡萄的采收技术
(4)浙江农业信息网:http://www.zjagri.gov.cn/html/jjzw/fruitInfoView/44296.html 葡萄果实采收、分级、包装与运输
(5)宁夏农村综合信息网:http://www.12346.gov.cn/website/showContent.jsp? bid=14&cid=03&nid=460&sid=44 葡萄标准化采收、处理与贮运
(6)中国葡萄品种资源网:http://www.zgputao.com/jiaoliu/view.asp? id=18343 葡萄采收期的确定

行业标准

(1)NT/T 470—2001 鲜食葡萄
(2)NY/T 5086—2002 无公害食品 鲜食葡萄

附件

(1)学习情境报告单 见《果树栽培学程设计》作业单
(2)实施计划单 见果树栽培学程设计》作业单
(3)《果树栽培》专业技能评价表 见附录A附表3-6
(4)《果树栽培》职业能力评价表 见附录B附表2
(5)工作技能单 见《果树栽培学程设计》作业单
(6)技术资料

学生补充的引导文

技术资料——葡萄采收及采后处理

一、采收时期

采收是葡萄生产中一个重要环节,采收时期是决定果品质量好坏的关键,它对浆果产量、品质、用途和贮运性有很大的影响。采收过早,浆果尚未充分发育,产量减少,糖分积累少,着色差,鲜食乏味,贮藏易失水、多发病。采收过晚,果皮失去光泽,甚至皱缩,果肉变软。

(一)根据果实用途适时采收

1. 鲜食品种采收

根据市场需求决定采收时期。一般市场供应鲜果,要求果实色泽鲜艳,糖酸比适宜,口感好。判断晚红葡萄成熟度的标准:果皮由浅红变深红色;果肉由坚硬变为硬脆,而且富有弹性;糖度达16%以上,酸度在0.5%以下;种子变黄褐色。

2. 加工品种采收

酿酒用的品种,由于酿造不同酒种,对原料的糖、酸、pH等要求不同,其采收期也不同。酿制白兰地酒,要求含糖16%～20%,含酸8～10 g/L;香槟酒,要求含糖18%～20%,含酸9～11 g/L;甜葡萄酒,要求含糖不低于20%～22%,含酸5～6 g/L;制汁,要求含糖达20%以上,含酸较少,应在充分成熟后采收。

(二)根据果实成熟度采收

浆果成熟的标志:糖分大量增加,总酸度相应减少,果皮的芳香物质形成,糖度高、酸度低、芳香味浓和色泽鲜艳,白色品种果皮透明,有弹性。当然,果实成熟品质与外界环境条件有关,如成熟时天气晴朗,昼夜温差大,有色品种色泽更加艳丽,有香味品种香味更浓,含糖量较高酸味减少。相反,采收时阴雨天多,气温较低,果实成熟期延迟,着色不佳,香味不浓,则品质降低。

二、采收与包装

(一)采收工具及物质准备

采收前要做好采收和销售计划:包括产量估算、劳力安排、采收工具和包装器材、运输工具、作业工棚、预贮场地等的准备,以及市场调研、广告宣传、销售、贮藏保鲜等的准备。

(1)产量估算。葡萄产量测算是通过现场抽样调查来获得。每个品种分不同地段、不同密度、不同架式、不同树龄,选代表性葡萄5～10株,调查全株特大、大、中、小、特小五级果穗数和每级果穗平均穗重,按下式计算单株平均产量:

$$单株产量 = (n_1 \times m_1) + (n_2 \times m_2) + \cdots + (n_5 \times m_5)/1\,000$$
$$每666.7\ m^2\ 产量 = 单株产量 \times 每666.7\ m^2\ 株数$$

其中n_1、n_2、n_3、n_4、n_5分别代表特大、大、中、小、特小级果穗平均果穗数量,m_1、m_2、m_3、m_4、m_5分别代表特大、大、中、小、特小五果穗平均穗重。

(2)采收包装工具。包括疏果剪、采果篮或果箱等。葡萄怕挤压,要求两次包装。首先,每1 kg或2 kg装入一个硬质小盒,然后将20～40个小盒装入大的硬质运输周转箱。小盒要贴有葡萄品种、重量和产地的标志。

（3）经销调研。包括市场调查、广告宣传和销售联络工作。按园内葡萄产量，做好人工、采收工具、包装材料及运输工具的计划。要通知合同单位，说明采收和运送时间，以便按计划顺利进行。

（二）采收

1. 采收时间

葡萄采收应在晴天进行；雨天、有露水或烈日暴晒的中午不宜采收，以免浆果发病腐烂，影响果穗质量。为了尽量消除葡萄果实的田间热，以早晨和下午3:00以后采收为宜。

2. 采收方法

采收人员一手将穗梗捏住，一手持疏果剪于贴近果枝处剪断穗梗，轻放在采果箱中，不要擦去果粉，尽量使果穗完整无损。采收时鲜食品种的果穗梗一般剪留3～4 cm，以便于提取和放置。但果穗梗不宜留得过长，防止刺伤别的果穗。采果箱中以盛放3～4层果穗为宜，及时转放到果箱中。整个采收工作要突出"快、准、轻、稳"4个字。

（三）分级

1. 果穗修整

剪除每一果穗中的青粒、小粒、病果、虫果、破损果、畸形果等影响果品质量和贮藏条件的果粒；对超长穗、特大穗、主轴中间脱粒过多或分轴脱粒过多的稀疏穗等，要进行适当分解修饰，美化穗形。

2. 分级

通常按果穗和果粒大小、整齐度、松紧度、着色度等指标进行分级，一般可将葡萄分为三级：

一级品：果穗较大而完整无损，果粒大小一致，疏密均匀，呈现品种固有的纯正色泽，着色均匀。

二级品：对果穗和果粒大小要求并不严格，基本趋于均匀，着色稍差，但无破损果粒。

等外品：余下的果穗为不合格果，可降价销售。

整个过程要轻拿轻放，避免碰伤，并很好保护果粉。供贮藏的葡萄要尽量选择生长在葡萄架中、上部和朝阳方向、穗重适中、疏密适中、果穗均匀、成熟一致的果穗。

（四）包装

装箱要注意食品卫生，保证浆果无污染，不压碎，不失水。将穗大、粒大而整齐，着色好的浆果一层层地装入一等果箱，在箱角上放1～2片防腐保鲜药片，运往市场供鲜食销售或贮藏；穗小，果粒大小不整齐，色泽还好的，装二等果箱，也可运往市场供鲜食销售或为酿制高级甜葡萄酒的原料。其余的清除病果和泥土，均可为酿造一般葡萄酒的原料。

果箱要有通气孔，木箱底下及四壁都要衬瓦楞纸板，将果穗一层层、一穗穗挨紧摆实，以不窜动为度，上盖一层油光薄纸，纸上覆盖少量净纸条，盖紧封严，以保证远途运输安全。

3.3.3 修剪及下架

"课堂计划"表格

日期:	用时:	科目: 果树栽培
班级:	地点:	题目: 学习主题 3.3.3（建议 8 学时）：修剪及下架（应用举例：葡萄休眠期修剪及下架）

课堂特殊作业要求（家庭作业等等）：
1. 葡萄常用树形、树体结构的意义
2. 葡萄休眠期修剪的意义
3. 葡萄休眠期修剪的时期及手法
4. 葡萄休眠期修剪如何操作？有哪些注意事项
5. 葡萄下架的方法及注意事项

目标:
专业能力：①熟悉葡萄的芽、枝条及其与整形修剪有关的特性、主要树形与树体结构，葡萄休眠期修剪、下架等方法；②知道葡萄休眠期修剪的时期和方法，小组结合任务、完成下架任务；③能够独立完成葡萄休眠期修剪、下架任务
方法能力：①具有较强的信息采集与管理能力；②具有决策和计划的能力；③自我控制与评价（自我、他人）能力
社会能力：①具备较强的团队协作、组织协调能力；②高度的责任感；③一定的妥协能力
个人能力：①具有吃苦耐劳、热爱劳动、踏实肯干、爱岗敬业、遵纪守时等职业道德；②具有良好的心理素质和身体素质、自信心强；③具有较好的语言表达、人际交往能力；④具有安全意识

准备:
绘图纸 8 张
白板笔（红、蓝、黑、绿）各 8 支
小盛钉 8 个
手锯 4 把
修枝剪 48 把
绑绳 若干

时间	行为阶段	教师活动	参与者活动	方法	媒体
5'	资讯	1. 回顾前面果树修剪内容，提出"葡萄休眠期修剪及下架"任务 2. 学生分组	1. 学生沟通回答 2. 每组 6 名学生，共 8 组，随机选小组长，小组成员准备研讨	问答头脑风暴	学生自备资料
40'	计划	安排小组讨论，填写学习情境报告单，要求学生提炼总结研讨内容	讨论、总结理论基础，填写学习情境报告单	小组学习法	学习情境报告单
45'	决策	指导各小组完成实施方案。提出 2 组进行成果展示、点评	确定实施方案，填写实施计划、准备材料与用具	小组学习法	实施计划单
245'	实施	教师示范，明确技能要求与注意事项。实施过程答疑	组长负责，每组学生共同完成葡萄休眠期修剪及下架任务	实习法	盛果期葡萄树、修枝剪、手锯
10'	检查	教师巡回检查，并对各组进行监控和过程评价，及时纠错	在小组完成生产任务的过程中，互相检查实施情况和进行过程评价，填写《果树栽培》职业能力评价表	小组学习法 工作任务评价	《果树栽培》职业能力评价表
10'	评价	1. 教师在实施过程中口试学生理论知识掌握情况，并将结果填入《果树栽培》（个人）的专业技能评价表 2. 教师对各组实施结果进行评价并将结果填入专业技能评价表	1. 学生回答教师提出的问题 2. 对自己及组内成员完成任务情况进行评价，结果填入《果树栽培》职业能力评价表	提问 工作任务评价	《果树栽培》专业能力评价表 《果树栽培》职业能力评价表
5'	反馈	1. 总结任务实施情况 2. 强调应该注意的问题 3. 布置下次学习主题 3.3.4（4 学时）："葡萄埋土防寒"任务	1. 学生思考总结自己小组协同完成情况、总结优缺点 2. 完成工作技能单 3. 记录葡萄埋土防寒工作任务	提问 小组工作法	工作技能单

☞ 引导文

教材

蒋锦标,卜庆雁.果树生产技术(北方本).2版.北京:中国农业大学出版社,2014

参考教材及著作

(1)马骏,蒋锦标.果树生产技术(北方本).北京:中国农业出版社,2006

(2)石雪晖.葡萄优质丰产周年管理技术.北京:中国农业出版社,2001

(3)修德仁.鲜食葡萄栽培与保鲜技术大全.北京:中国农业出版社,2004

(4)严大义.葡萄生产技术大全.第三版.北京:中国农业出版社,2005

(5)刘志民,马焕普.优质葡萄无公害生产关键技术问答.北京:中国林业出版社,2008

(6)卜庆雁,周晏起.葡萄优质高效生产技术.北京:化学工业出版社,2012

网络资源

(1)广西农业信息网:http://www.gxny.gov.cn/web/2009-05/241389.htm 葡萄冬季修剪要适时

(2)新农村经济信息网:http://www.xjbzny.gov.cn/html/syjs/2008-10/22/112651364.html 红提葡萄冬季修剪技术

(3)园景网:http://www.yuajn.com/html/91/n-9591.html 葡萄的冬季修剪及其注意事项

(4)青青花木网:http://www.312green.com/information/detail.php? topicid=98250 葡萄树冬季修剪方法

(5)中国农业推广网:http://www.farmers.org.cn/Article/ShowArticle.asp? ArticleID=216181 葡萄冬季修剪技术

(6)新农村商网:http://nc.mofcom.gov.cn/news/P1P14I8172024.html 葡萄的冬季修剪技术

(7)土豆网:http://www.tudou.com/programs/view/5Qxrq7NLjyI/葡萄冬季修剪技术

附件

(1)学习情境报告单　　见《果树栽培学程设计》作业单

(2)实施计划单　　见《果树栽培学程设计》作业单

(3)《果树栽培》专业技能评价表　　见附录A附表3-7

(4)《果树栽培》职业能力评价表　　见附录B附表2

(5)工作技能单　　见《果树栽培学程设计》作业单

(6)技术资料

学生补充的引导文

技术资料——葡萄休眠期修剪及下架

一、修剪意义

调整树体结构,形成稳固的树形;调节生长与结果的平衡,使树体达到高产、稳产、优质的目的。

二、修剪时期

埋土防寒地区是在葡萄落叶2~3周至土壤结冻前进行。冬季葡萄不下架防寒地区,可在葡萄休眠期萌芽前1个月进行。

三、修剪依据

据品种、树形、树龄、树势、架式、株行距和立地条件及树体栽培基础等。

四、修剪方法

葡萄休眠期修剪手法主要包括:极短梢修剪(留1芽)、短梢修剪(留2~3芽)、中梢修剪(留4~6芽)、长梢修剪(留7~12芽)和超长梢修剪(保留12芽以上)。

1. 不同品种修剪方法不同

如巨峰和夕阳红葡萄采取短梢修剪,即结果母枝保留2个芽,且单枝更新法;晚红采取中梢修剪,结果母枝保留4~6个芽,采取双枝更新法,即处于下位的枝行2芽短截,作预备枝,处于上位的枝进行中梢修剪。第二年冬剪时,上位结完果的中梢母枝疏除,下位枝发生的2个新梢,再按上年修剪方法,上位枝中梢修剪,下位枝留短梢修剪,使修剪后留下的结果母枝,始终往主蔓靠拢。

巨峰葡萄具体修剪方法:

(1)结果母枝短梢修剪(留2芽),剪口至其下第一芽的距离为1.5 cm左右。

(2)去掉病虫枝、枯枝、枯叶、枯桩、卷须及绑缚材料。

(3)延长头处理 对于生长势弱及已经枯死的延长头可换头,用下部相邻较强旺的枝条来代替;对于不需换头的延长头可在饱满芽带短截。对于未布满架面的延长头保留50~60 cm剪截。

2. 结果母枝留量

$$每667\ m^2\ 留母枝数 = 额定产量(kg)/[结果母枝上平均结果枝个数×每结果枝上平均果穗数×每穗平均重量(kg)]$$

例如:巨峰667 m² 额定产量1 500 kg,结果母枝上平均1个结果枝,每结果枝上平均1穗果,每穗果平均重量0.5 kg,则667 m² 留母枝数=1 500/(1×1×0.5)=3 000(个),若按株距0.5 m,行距4 m,则3 000/[667/(0.5×4)]≈9 个,再留10%~20%的安全系数,每株留10~11 个。生产经验:正常情况下,主蔓上每20~25 cm留一个结果母枝。在缺枝情况下可适当调整。

3. 修剪顺序

从植株基部开始逐渐向上进行。

五、清园下架

将剪下的枝条、枯叶、枯桩、绑缚材料清出园外。然后将葡萄植株按其倾斜方向下架,使其高度尽量控制在20 cm以下,宽度在1.5 m以内,以利于防寒。

3.3.4 树体保护

"课堂计划"表格

日期：	用时：
班级：	地点：

科目：果树栽培

题目：学习主题3.3.4（建议4学时）：树体保护（应用举例：葡萄埋土防寒）

课堂特殊要求/家庭作业等：
1. 葡萄常有的生物学特性、当地的气候条件
2. 埋土防寒的目的及时期
3. 埋土防寒的材料与方法
4. 埋土防寒的注意事项

准备：
仪器（视频展台等）：
练习本
绘图纸
白板笔（红、蓝、黑、绿）
胶带
小磁钉
锹
车
草舌
无纺布或塑料布

目标：
专业能力：①知道葡萄的生物学特性、当地的气候条件，理解土防寒的时期、埋土防寒的相关知识；②会正确进行葡萄埋土防寒
方法能力：①具有较强的信息采集与处理能力；②具有决策和计划制订的能力；③具有再学习的能力；④具有较强的开拓创新能力；⑤自我控制与管理能力；⑥评价（自我、他人）能力
社会能力：①具有较强的团队协助、组织协调能力；②高度的责任感；③一定的安协能力
个人能力：①勤于吃苦耐劳、热爱劳动、踏实肯干、爱岗敬业、遵纪守时等职业道德；②具有良好的心理素质和身体素质、自信心强；③具有较好的语言表达、人际交往能力；④具有安全生产意识

时间	行为阶段	教师活动	参与者活动	方法	媒体
5'	资讯	1. 准备两张有关葡萄树的照片，一张是正常葡萄植株，一张是冬季出现冻害的现象，提出问题为什么会有冻害的现象，如何避免 2. 学生分组	1. 学生看图回答问题 2. 每组6名学生，共8组，选小组长，小组成员准备研讨	引导启发	两张照片、学生自备资料
30'	计划	安排小组讨论、填写学习情境报告单，要求学生提炼总结研讨内容	讨论、总结理论基础、填写学习情境报告	小组学习法	学习情境报告单
10'	决策	指导各小组完成实施方案	确定实施方案、填写实施计划单、准备材料与用具	小组学习法	实施计划单
100'	实施	教师示范、明确操作要求与注意事项，实施过程答疑	组长负责，每组学生共同完成葡萄埋土防寒任务	实习法	锹、草舌、无纺布
20'	检查	教师巡回检查指导，对各组实施情况进行监控和过程答疑，及时纠错	1. 在小组完成生产任务的过程中，互相检查实施情况和进行评价 2. 填写《果树栽培》职业能力评价表	小组学习法、工作任务评价	《果树栽培》职业能力评价表
10'	评价	1. 教师在学生实施过程中口试学生理论知识掌握情况，并将结果填入《果树栽培》专业技能评价表 2. 教师对各组实施情况进行评价并将结果填入《个人》实施评价表	1. 学生回答教师提出的问题 2. 对自己及组内成员完成职业能力评价表，结果记入《果树栽培》职业能力评价表	提问、工作任务评价	《果树栽培》专业能力评价表、《果树栽培》职业能力评价表
5'	反馈	1. 总结任务实施情况 2. 强调埋土防寒操作注意事项 3. 强调埋土实施时间的问题	1. 学生思考总结自己小组合作完成情况、优缺点 2. 总结完成工作技能单 3. 记录老师布置的结课工作任务	提问、小组工作法	工作技能单

☞引导文

教材

蒋锦标,卜庆雁.果树生产技术(北方本).2 版.北京:中国农业大学出版社,2014

参考教材及著作

(1)马骏,蒋锦标.果树生产技术(北方本).北京:中国农业出版社,2006

(2)石雪晖.葡萄优质丰产周年管理技术.北京:中国农业出版社,2002

(3)严大义.葡萄生产技术大全.3 版.北京:中国农业出版社,2005

(4)赵常青,吕义,刘景奇.无公害鲜食葡萄规范化栽培.北京:中国农业出版社,2007

(5)董清华,朱德兴,等.葡萄栽培技术问答.北京:中国农业大学出版社,2008

(6)姬延伟,焦汇民,申建勋.葡萄无公害标准化栽培技术.北京:化学工业出版社,2009

(6)卜庆雁,周晏起.葡萄优质高效生产技术.北京:化学工业出版社,2012

网络资源

(1)广西农业信息网:http:∥www.gxny.gov.cn/web/2006-01/93601.htm 葡萄越冬防寒的方法

(2)大众新闻网:http:∥www.dzwww.com/nongcundazhong/nongcunsiban/200311130610.htm 葡萄防寒要适时

(3)新农村商网:http:∥nc.mofcom.gov.cn/news/2874168.html 怎样确保葡萄树越冬

(4)中国种植技术网:http:∥zz.ag365.com/zhongzhi/guoshu/guoshuzhongzhi/2010/20101208100983.html 葡萄埋土防寒注意三点

(5)安徽晶鑫葡萄网:http:∥www.ahjxpt.com/display.asp? id＝512 葡萄越冬防寒技术

(6)渭南农业网:http:∥www.wnnyw.gov.cn/nr.aspx? id＝8802 红提葡萄埋土防寒技术要点

(7)北大荒网:http:∥www.chinabdh.com/HtmlFiles/2011/201109/20110919143346375.html 怎样做好北方葡萄的防寒越冬工作

附件

(1)学习情境报告单　见《果树栽培学程设计》作业单

(2)实施计划单　见《果树栽培学程设计》作业单

(3)《果树栽培》专业技能评价表　见附录 A 附表 3-8

(4)《果树栽培》职业能力评价表　见附录 B 附表 2

(5)工作技能单　见《果树栽培学程设计》作业单

(6)技术资料

学生补充的引导文

技术资料——葡萄埋土防寒

葡萄的抗寒能力是有一定限度的。一般葡萄栽培品种休眠期充分成熟的枝芽能抗$-21\sim-18℃$的低温,根系不进入休眠只能抗$-5.5\sim-5℃$的低温。为了防止冬季葡萄植株发生冻害,在冬季绝对低温低于$-15℃$的地区即需要采取越冬防寒措施,特别注意埋土保护根系,才能安全越冬。低于$-21℃$的地区应加覆盖物后再埋土或加大埋土的厚度。

一、时期

埋土防寒地区葡萄下架后,土壤结冻前,要适时晚埋,以气温降至近$0℃$为最佳。即在土壤近封冻时为宜。过早,植株得不到充分的抗寒锻炼,另地温尚高,湿度大,芽眼易腐烂;过晚,易使枝蔓遭受冻害,轻则推迟发芽,重则枝蔓死亡,而且取土费工,土壤结冻后,埋藏也不严实,影响防寒效果。

二、防寒土堆的规格

土堆厚度依当地历年地温稳定在$-5℃$的土层深度,宽度为1 m加上2倍的厚度。例如,沈阳厚度50 cm,宽度$100+50\times2=200(cm)$;鞍山厚度40 cm,宽度$100+40\times2=180(cm)$;熊岳厚度30 cm,宽度$100+30\times2=160(cm)$。沙地果园由于沙土的导热性强,且易透风,防寒需加20%的量。如果葡萄枝蔓上加盖草苫等覆盖物可酌情降低埋土厚度。

三、方法(辽宁营口地区埋土防寒为例)

1. 覆盖无纺布、草苫

在已经下架的葡萄枝蔓上先盖两层草苫,然后盖上无纺布,注意使葡萄植株位于草苫的中央。

2. 覆土

先将枝蔓两侧用土挤紧,防止覆盖物滑动。然后在上方覆土,为防止漏风,注意不能有大块坷垃。覆土厚度要求在$10\sim15$ cm,土堆宽度$1.4\sim1.5$ m,做成梯形。取土部位,要远离根系,一般距离畦埂50 cm,不要裸露根系,致使根系受冻。

学习情境4

坚果类果树栽培

● 核桃栽培

● 板栗栽培

4.1　核桃栽培

4.1.1　高接换优

日期：	用时：
班级：	地点：

科目：果树栽培
题目：学习主题4.1.1（建议4学时）：高接换优（应用举例：核桃高接换优）

目标：
专业能力：①熟悉核桃的芽、枝条及与高接换头有关的特性；②掌握高接换头的方法及嫁接后管理等相关知识；③结合核桃树春季修剪，独立完成核桃树的高接换头任务
方法能力：①具有较强收集信息采集处理的能力；②具有较强处理的新能力策和计划执行能力；③具有较强学习管理的能力；④评价（自我、他人）的能力；⑤自我控制与管理的能力
社会能力：①具备较强的团队协作、组织协调能力；②良好的法律意识；③高度的责任感；④一定的妥协能力
个人能力：①具有职业道德；②热爱劳动、踏实苦干、爱岗敬业、遵纪守时等等；③具有较好的心理素质和身体素质、自信心强；③具有较好的语言表达、人际交往能力

准备：
仪器（投影仪、幻灯片等）
高枝剪　4把
手锯　4把
梯子　4个
修枝剪　48把
支棍　24个
绑扎绳　1捆
报纸　32张
塑料袋　32个
塑料条（2 cm宽）若干
接穗　若干

课堂特殊要求（家庭作业等）：
1. 核桃高接换优的意义
2. 高接换优的时期与方法
3. 高接换优的后期管理
4. 高接换优的注意事项

"课堂计划"表格

时间	行为阶段	教师活动	参与者活动	方法	媒体
5′	资讯	1. 老果园中大部分核桃树产量低，生产中常怎样处理，才能提高果实品质？提出"春季核桃高接换优"任务 2. 学生分组	1. 学生回答 2. 每组6名学生，共8组，选小组长，小组成员准备研讨	问答、头脑风暴	学生自备资料
30′	计划	安排小组讨论，要求学生提炼总结研讨内容，提出2组进行成果展示	讨论，总结理论基础，填写学习情境报告单，成果展示	讨论引导等问题，填写报告单	学习情境报告单
35′	决策	指导小组完成实施方案	确定实施方案，填写实施计划单	讨论，填写实施计划单	实施计划单
85′	实施	教师示范、巡回指导	组长负责，每组学生共同完成核桃高接换头任务	实习法	核桃结果树、修枝剪、手锯，高枝剪、接穗等
10′	检查	教师巡回检查，并对各组进行监控和过程纠错	1. 在小组完成生产"任务"的过程中，互相检查实施情况和进行过程评价 2. 填写《果树栽培》职业能力评价表	小组学习法，工作任务评价	《果树栽培》职业能力评价表
10′	评价	1. 教师在学生实施过程中口试学生理论知识掌握情况，并将结果填入《果树栽培》专业技能评价表 2. 教师对各组（个人）的实施结果进行评价并将结果填入《果树栽培》职业能力评价表	1. 学生回答教师提出的问题 2. 对自己及组内成员完成任务情况进行评价	提问，工作任务评价	《果树栽培》专业技能评价表、《果树栽培》职业能力评价表
5′	反馈	1. 总结任务实施情况 2. 强调应该注意的问题 3. 布置下次学习主题4.1.2（建议4学时）："核桃去雄"任务	1. 学生思考总结自己小组协作完成情况，总结优缺点 2. 完成工作技能单 3. 记录老师布置的工作任务	提问，小组工作法	工作技能单

☞ 引导文

教材

蒋锦标，卜庆雁.果树生产技术(北方本).2 版.北京:中国农业大学出版社,2014

参考教材及著作

(1)马骏,蒋锦标.果树生产技术(北方本).北京:中国农业出版社,2006
(2)王立新.经济林栽培.北京:中国林业出版社,2003
(3)郝艳宾,王贵.核桃精细管理十二个月.北京:中国农业出版社,2012
(4)吴国良,段良骅,刘群龙,张鹏飞.图解核桃整形修剪技术.北京:中国农业出版社,2013
(5)李道德.果树栽培(北方本).北京:中国农业出版社,2001

网络资源

(1)新农网:http:∥www.xinnong.com/tao/jishu/381166.html 核桃高接换优的枝接技术
(2)洛南林业网:http:∥www.lnlyj.gov.cn/html/lycy/linyekeji/2013/0509/431.html 核桃高接换优技术
(3)中国农业技术推广网:http:∥www.agricoop.net/cpview.asp? id＝201 核桃低产园高接换优芽接技术
(4)中国林业网:http:∥www.forestry.gov.cn/portal/jjlxx/s/2022/content-163290.html 核桃低产园高接换优技术
(5)中国农业网:http:∥www.agronet.com.cn/News/773932.html 核桃高接换优技术

附件

(1)学习情境报告单　见《果树栽培学程设计》作业单
(2)实施计划单　见《果树栽培学程设计》作业单
(3)《果树栽培》专业技能评价表　见附录 A 附表 4-1
(4)《果树栽培》职业能力评价表　见附录 B 附表 1
(5)工作技能单　见《果树栽培学程设计》作业单
(6)技术资料

学生补充的引导文

技术资料——核桃高接换优

目前,我国结果期的核桃园中大部分核桃树结果少、品质差,可采用高接换优技术迅速改劣质品种为优良品种,从而增产增值并提高果实品质。

一、砧木选择

砧木应该选择树龄为5~15年,立地条件较好,树势旺盛并无病虫害的健壮树。对于立地条件较差,树势较弱的低产树,应先扩穴改土、加厚土层,树势由弱转强后再进行改接。高接部位因树制宜,可在主干上单头高接,也可在主、侧枝上多头高接,并根据接口直径大小插入1~3个接穗。

二、接穗的采集和保存

接穗一般以秋末冬初或春季核桃萌芽前20 d左右采集。在品质好、抗性强、优质丰产的良种核桃树上,选发育充实、无病虫害、长度为40~60 cm的当年生发育枝作接穗,采后立即蜡封,分品种捆扎好,随即埋到阴凉地窖的湿土(沙)中保存。嫁接前2~3 d,放在常温下催醒待用。

三、插皮舌接法

1. 嫁接时间

嫁接最适宜的时间是春季萌芽后至末花期(北方约为4月上中旬至5月初)。不同地区可根据当地的物候期等情况确定适宜高接时期。

2. 伤流控制

嫁接前在主干或主枝基部10~20 cm处,螺旋状交错斜锯2~3个锯口,深度为干(枝)直径的1/5~1/4,促进伤流液流出,以免伤流液聚集在伤口造成缺氧,不利于伤口愈合。

3. 插皮舌接步骤

(1)削接穗。在下部第一个芽的背面,用锋利嫁接刀将接穗下部削成6~8 cm长的大斜面,削面要尽量保证平滑且薄,保留2~3个饱满芽。

(2)砧木处理。将高接枝干的光滑部位用手锯截去上部,削平锯口。在砧木锯口下选择光滑侧面,由下至上削去约1 cm宽、5~7 cm长的老皮,露出嫩皮。最后在砧木削面的上端,再横削一月牙形斜面。

(3)插入接穗。用手指捏开削面背后的皮层,使之与木质部分离,将接穗的木质部插入砧木削面的木质部与皮层之间,使接穗的皮层盖在砧木皮层的削面上。

(4)绑缚。插好接穗后,用塑料条或果树伤口专用胶带将接口绑紧包严。

(5)保湿。用塑料绳将接穗和嫁接部位固定牢固,然后用地膜从砧木削口处自下而上连同接穗包裹扎严,芽子处只能用一层地膜包扎。再将报纸卷成一纸筒,把接穗和砧木伤口处全部包严,下端用绳子扎紧,报纸上部留8 cm左右空间,最后在报纸上套上塑料袋用绳子绑好。

四、接后管理

(1)放风。嫁接20 d后,接穗开始萌芽,当新梢长到袋顶部时,可将袋顶部撕一小口(直径1 cm),让嫩梢顶端自然升出,随着新梢继续生长,逐渐将口撕大放梢。

(2)绑支柱、松绑。当新梢长到30 cm左右时,应在接口处绑1.5 m长的支棍固定新梢,并及时摘心,以防风折和下垂。接后2个月,当接口愈伤组织生长良好后及时除去绑缚物,以免阻碍接穗的加粗生长。

（3）摘心。嫁接成活后，根据接穗成活后新梢长势选留枝条，疏去多余枝，留下的枝一部分可提早摘心促分二次枝，为第二年整形修剪打基础。8月底对全部枝条进行摘心，摘心长度为3～5 cm。

注意事项

高接必须有较好的土肥水管理条件，否则会造成树体早衰或死亡。立地条件好、集约管理时可选早实品种，干旱丘陵区、管理粗放时宜选用晚实品种。

4.1.2　去雄

"课堂计划"表格

日期：	用时：
班级：	地点：

科目：果树栽培

题目：学习主题4.1.2（建议4学时）：去雄（应用举例：核桃化学去雄法）

课堂特殊要求（家庭作业等等）：
1. 核桃去雄的意义
2. 核桃去雄的时期与方法
3. 核桃去雄的注意事项
4. 核桃落花落果原因

目标：专业能力：①熟悉核桃去雄花的意义，掌握去雄的时期；②会正确去雄花；③正确使用工具完成核桃去雄任务方法能力：①具有较强的信息采集与处理的能力；②具有决策和计划的能力；③具有再学习能力；④具有较强的开拓创新能力；⑤自我控制与管理能力；⑥评价（自我、他人）能力。
社会能力：①具备较强的团队协作、组织协调能力；②良好的法律意识：③高度的责任感：④一定的妥协能力。
个人能力：①吃苦耐劳、热爱劳动，踏实肯干、爱岗敬业、遵纪守时等职业道德；②具有良好的心理素质和身体素质，自我调适；③具有较好的语言表达、人际交往能力。

准备：
仪器（投影仪、幻灯片等）：
核桃雄花芽　3个
喷雾器　4个
甲哌嗡　1瓶
乙烯利　2瓶
量筒　2个
修枝剪　48把
高枝剪　8把
耙子　8把

时间	行为阶段	教师活动	参与者活动	方法	媒体
5'	资讯	1. 取核桃雄花序三个，让学生观察雄花形态，解释核桃雄花特性，提出"核桃去雄"任务 2. 学生分组	1. 学生回答 2. 每组6名学生，共8组，选小组长，小组成员准备研讨	问答、头脑风暴	3个核桃雄花芽 学生自备资料
30'	计划	安排小组讨论，要求学生提炼总结讨论内容，提出2组成果展示	讨论、总结理论基础，填写学习情境报告单，成果展示	讨论、填写报告单	学习情境报告单
10'	决策	指导小组完成实施方案	确定实施方案，填写实施计划	讨论、填写实施计划单	实施计划单
100'	实施	教师示范，巡回指导	组长负责，每组学生共同完成核桃去雄任务	实习法	核桃结果树、喷雾器、药剂、量筒
20'	检查	教师巡回检查，并对各组进行监控和过程评价，及时纠错	1. 在小组完成生产任务的过程中，互相检查实施和进行过程评价 2. 填写《果树栽培》职业能力评价表	小组学习法 工作任务评价	《果树栽培》职业能力评价表
10'	评价	1. 教师在学生实施过程中口试学生理论知识掌握况，并将结果填入《专业能力》专业技能评价表 2. 教师对各组的实施结果进行评价并将结果填入《果树栽培》职业能力评价表	1. 学生回答教师提出的问题 2. 对自己及组内成员完成任务情况进行评价，结果记入《果树栽培》职业能力评价表	提问 工作任务评价	《果树栽培》专业技能评价表 《果树栽培》职业能力评价表
5'	反馈	1. 总结任务实施情况 2. 强调应该注意的问题 3. 布置下次学习主题4.1.3（建议4学时）："核桃采收及采后处理"任务	1. 学生思考总结自己小组协作完成情况，总结优缺点 2. 完成工作技能单 3. 记录老师布置的工作任务	提问 小组工作法	工作技能单

☞引导文

教材

蒋锦标,卜庆雁.果树生产技术(北方本).2版.北京:中国农业大学出版社,2014

参考教材及著作

(1)马骏,蒋锦标.果树生产技术(北方本).北京:中国农业出版社,2006
(2)王立新.经济林栽培.北京:中国林业出版社,2003
(3)郝艳宾,王贵.核桃精细管理十二个月.北京:中国农业出版社,2012
(4)郗荣庭,丁平海.核桃优质丰产栽培.北京:中国农业大学出版社,2009
(5)李道德.果树栽培(北方本).北京:中国农业出版社,2001

网络资源

(1)河北林业网:http://www.hebly.gov.cn/menu/show.php? pid=185 花期核桃丰产管理措施
(2)秭归科技网:http://www.zigui.gov.cn/2011-03/01/cms437105article.shtml 解决核桃落果和种仁不饱满的措施
(3)中国农业技术推广网:http://www.farmers.org.cn/Article/ShowArticle.asp? ArticleID=202179 核桃树疏花疏果技术
(4)中华园林网:http://www.yuanlin365.com/yuanyi/47640.shtml 核桃去雄修剪丰产技术
(5)农资联盟网:http://www.nzlm.cn/bencandy.php? fid=137&id=255242 核桃的化学去雄法

附件

(1)学习情境报告单　见《果树栽培学程设计》作业单
(2)实施计划单　见《果树栽培学程设计》作业单
(3)《果树栽培》专业技能评价表　见附录A附表4-2
(4)《果树栽培》职业能力评价表　见附录B附表1
(5)工作技能单　见《果树栽培学程设计》作业单
(6)技术资料

学生补充的引导文

技术资料——核桃化学去雄法

疏花疏果季节性强,传统的人工疏花疏果方法费工费时,在短时间内完成需要大量的劳动力,单户经营面积较大果园时,很难做到。在发达国家,化学疏花疏果以其省工省时、节约成本等优点几乎取代了人工疏花疏果。当雄花开放时,养分已被其消耗掉,严重地影响雌花的开放与结果,也不利于当年树体的发育及翌年新梢的生长。核桃去雄在技术上是可行的,河北农业大学对 40～100 年生核桃大树进行人工去雄试验,结果较对照(不疏雄)增产 9.8％～27.1％。

一、化学去雄

具有生长抑制作用的甲哌鎓和促进脱落功能的乙烯利在核桃化学去雄中起主要作用,生产实践中可考虑此两类物质的配合使用。

1. 时间

核桃雄花序萌动至伸长期进行。

2. 方法

用浓度为 1 550～1 570 mg/kg 的甲哌鎓和 121～123 mg/kg 的乙烯利混合液喷核桃雄花序。

此法可以使核桃雄花在 24～100 h 以内大量脱落,累计脱落率达 80％以上,有助于提高核桃产量和品质。郭素萍等研究表明,在花柱伸长期喷 1.5°Be 石硫合剂也能显著提高坐果率。

二、人工去雄

1. 时间

发芽前 15～20 d 内(春分至谷雨间)进行。

2. 方法

人工去除核桃雄花芽 90％～95％,保留顶部边缘的外围枝条上的雄花芽 5％～10％,并结合去雄剪除病虫、枯死枝。

注意事项

疏雄花时期以早为易,一般于休眠或雄芽膨大期,可疏去 90％～95％的雄花芽,对于偏雌性的植株,或刚结果幼树,雄花芽很少,可不疏雄。疏雄时,可用长木钩,把枝条拉低,摘除雄花,或结合修剪剪除雄花。

4.1.3 采收及采后处理

"课堂计划"表格

日期：	用时：	科目：果树栽培
班级：	地点：	题目：学习主题4.1.3(建议4学时) 采收及采后处理(应用举例：核桃采收及采后处理)

课堂特练要求（家庭作业等）：
1. 核桃成熟的标准
2. 核桃采收的时期和写方法
3. 核桃脱青皮的方法
4. 采后分级
5. 核桃采收及采后处理的注意事项

目标：

专业能力：①熟悉核桃成熟标准，做好果实采收前的准备，掌握果实采收方法，采后脱青皮及采后分级包装；②会正确进行核桃采收，采后脱青皮及采后分级；③果实采收、处理、分级、包装符合行业规范。

方法能力：①具有较强的信息采集与处理的能力；②具有再学习能力；③具有较强的团队协作、组织协调能力；④具有较强开拓新能的力；⑤自我控制与管理能力；⑥评价(自我、他人)能力

社会能力：①具备较强的责任感；②良好的的法律意识；③高度的责任心；④一定的妥协与合作能力

个人能力：①具有吃苦耐劳、踏实肯干、爱岗敬业、遵纪守时等职业道德；②具备较强的心理素质和身体素质、自信心强；③具有较好的语言表达、人际交往能力

准备（仪器（投影仪、幻灯片等）：
竹竿　6个
纸箱　8个
麻袋　6个
干草　若干
塑料袋　6个
硬毛刷　6把
乙烯利　1瓶
量筒（10 mL)　1个
　　　（1 000 mL)　1个
水桶　2支

时间	行为阶段	教师活动	参与者活动	方法	媒体
5'	资讯	1. 准备两类核桃（成熟和未成熟的），切开让学生品尝、观察，播放幻灯片（礼品核桃及售价）。提出"核桃果实采收及采后处理"任务。 2. 学生分组	1. 学生回答 2. 每组6名学生，共8组，选小组长，小组成员准备研讨	问答、头脑风暴	幻灯片、学生自备资料
60'	计划、决策	安排小组讨论，要求学生提炼总结研讨内容。教师指导小组完成实施方案	讨论、总结理论基础，填写学习情境报告单、实施计划	讨论引导问题，填写报告单	学习情境报告单、实施计划单
90'	实施	教师示范、巡回指导	组长负责，每组学生共同完成核桃采收及采后处理任务	实习法	竹竿、盛果期核桃树、纸箱等
15'	检查	教师巡回检查，并对各组进行监控和过程评价，及时纠错	1. 在小组完成生产任务的过程中，互相检查实施情况和进行过程评价 2. 填写《果树栽培》职业能力评价表	小组学习法 工作任务评价	《果树栽培》职业能力评价表
5'	评价	1. 教师在学生实施过程中口试学生理论知识掌握情况，并将结果填入《果树栽培》(个人)专业技能评价表 2. 教师对各组的实施结果进行评价并将结果填入《果树栽培》专业技能评价表	1. 学生回答教师提出的问题 2. 对自己及组内成员完成工作任务情况进行评价并将结果记入《果树栽培》职业能力评价表	提问 工作任务评价	《果树栽培》专业技能评价表
5'	反馈	1. 总结任务实施情况 2. 强调应该注意的问题 3. 布置下次学习主题4.1.4(建议4学时)"秋季修剪"任务	1. 学生思考总结自己小组协作完成情况，总结优缺点 2. 完成工作技能单 3. 记录老师布置的工作任务	提问 小组工作法	工作技能单

引导文

教材

蒋锦标,卜庆雁.果树生产技术(北方本).2 版.北京:中国农业大学出版社,2014

参考教材及著作

(1)马骏,蒋锦标.果树生产技术(北方本).北京:中国农业出版社,2006

(2)王立新.经济林栽培.北京:中国林业出版社,2003

(3)郝艳宾,王贵.核桃精细管理十二个月.北京:中国农业出版社,2012

(4)郗荣庭,丁平海.核桃优质丰产栽培.北京:中国农业大学出版社,2009

(5)李道德.果树栽培(北方本).北京:中国农业出版社,2001

网络资源

(1)新农村商网:http://nc.mofcom.gov.cn/news/15556951.html 核桃脱青皮的实用妙招

(2)洛阳核桃网:http://www.luonanht.com/Article/ShowArticle.asp? ArticleID=673 核桃采后处理及贮藏加工

(3)中国农业技术推广网:http://www.farmers.org.cn/Article/ShowArticle.asp? ArticleID=189018 核桃适时采收及采后处理技术

(4)食品伙伴网:http://www.foodmate.net/tech/zhongzhi/4/145458.html 核桃采收与贮藏

(5)陇县果业局:http://www.longxian.gov.cn/info/4648/3900.htm 核桃仁的分级与包装

行业标准

GB/T 20398—2006 中华人民共和国国家质量监督检验检疫总局、中国国家标准化管理委员会发布核桃坚果质量等级标准

附件

(1)学习情境报告单 见《果树栽培学程设计》作业单

(2)实施计划单 见《果树栽培学程设计》作业单

(3)《果树栽培》专业技能评价表 见附录 A 附表 4-3

(4)《果树栽培》职业能力评价表 见附录 B 附表 2

(5)工作技能单 见《果树栽培学程设计》作业单

(6)技术资料

学生补充的引导文

技术资料——核桃采后处理技术

一、果实脱青皮

1. 堆积脱皮

方法一　将采收的核桃运到庇阴处或通风的室内,将果实按 50 cm 的厚度堆成堆,经过 7 d 左右,当青皮发泡或出现裂痕时,用木棍敲击脱青皮。

方法二　将采收的核桃果实堆积在阴凉处或室内,堆积厚度为 50 cm 左右,上面盖湿麻袋或厚 10 cm 左右的干草、树叶,保持堆内温湿度、促进后熟。3~4 d 后,当青皮离壳或开裂达 50% 以上时,摊开用木棍敲打,可脱去青皮。

方法三　利用机器脱青皮,剥离率高,核桃破损率低,提高了核桃品质。

2. 乙烯利处理

此法效率高,减少种仁污染,提高核桃商品价值。将采后的青果在 3 000~5 000 mg/kg 乙烯利溶液中浸蘸约 30 s,然后堆放成 50 cm 左右的厚度,用塑料袋密封,放置在气温 30℃、相对湿度 80%~95% 的阴凉处,3~5 d 后离皮率达 95%。

二、坚果漂洗

脱青皮后果实表面常残存有烂皮等杂物,可用硬毛刷清理沟纹里的杂质,用清水冲洗干净,每次冲洗时间不超过 5 min,清洗 3~5 次。

三、坚果晾晒

漂洗后的坚果严禁在太阳下直晒,要将坚果放在阴凉干燥处摊开阴干,以免湿果暴晒后导致壳皮翘裂,影响果品质量。晾晒时坚果厚度不超过两层,并不断搅拌,使浆果干燥均匀,晾晒 5~7 d 即可。

四、分级

核桃坚果质量等级标准 GB/T 20398—2006 将核桃分为特级、一级、二级、三级 4 个等级,每个等级均要求坚果充分成熟,壳面洁净,缝合线紧密,无露仁、虫蛀、出油、霉变、异味,无杂质,未经有害化学漂白物处理过。

1. 特级核桃

大小均匀,形状一致,外壳自然黄白色,果仁饱满、色黄白、涩味淡;坚果横径不低于 30 mm,平均单果质量不低于 12.0 g,出仁率达到 53.0%,空壳果率不超过 1.0%,破损果率不超过 0.1%,含水率不高于 8.0%,无黑斑果,易取整仁;粗脂肪含量不低于 65.0%,蛋白质量达到 14.0%。

2. 一级核桃

果形基本一致,出仁率达到 48.0%,空壳果率不超过 2.0%,黑斑果率不超过 0.1%,其他指标与特级果指标相同。

3. 二级核桃

果形基本一致,外壳自然黄白色,果仁较饱满、色黄白、涩味淡;坚果横径不低于 28.0 mm,平均单果质量不低于 10.0 g,出仁率达到 43.0%,空壳果率不超过 2.0%,破损果率不超过 0.2%,含水率不高于 8.0%,黑斑果率不超过 0.2%,易取半仁;粗脂肪含量不低于 60.0%,蛋白质含量达到 12.0%。

4. 三级核桃

无果形要求,外壳自然黄白色或黄褐色,果仁较饱满、色黄白色或浅琥珀色、稍涩;坚果横径不低于26.0 mm,平均单果质量不低于8.0 g,出仁率达到38.0%,空壳果率不超过3.0%,破损果率不超过0.3%,含水率不高于8.0%,黑斑果率不超过0.3%,易取1/4仁;粗脂肪含量不低于60.0%,蛋白质含量达到10.0%。

4.1.4 秋季修剪

"课堂计划"表格

日期:	用时:	科目: 果树栽培
班级:	地点:	题目: 学习主题4.1.4（建议4学时）: 秋季修剪（应用举例: 核桃秋季修剪）

课堂特殊要求（家庭作业等）:
1. 核桃常用树形及树体结构
2. 秋季修剪的意义
3. 核桃的枝芽特性
4. 如何做核桃的秋季修剪
5. 秋季修剪的注意事项

目标:
专业能力: ①熟悉核桃的芽、枝条及其与整形修剪有关的特性、树体结构、主要树形特点、修剪时期、修剪方法等基本知识。②掌握核桃秋季修剪的方法。③能独立完成核桃秋季修剪任务

方法能力: ①具有较强的信息采集与处理能力; ②具有较强学习的能力的开拓创新能力; ③具有再学习能力; ④具有自我控制与管理能力; ⑤自我计划与管理能力; ⑥评价（自我、他人）能力

社会能力: ①具备较强的团队协作、组织协调能力; ②高度的责任感; ③一定的妥协能力

个人能力: ①具有吃苦耐劳、热爱劳动、踏实肯干、爱岗敬业、遵纪守时等职业道德; ②具有良好的心理素质和身体素质、自信心强; ③具有较好的语言表达、人际交流等能力

准备:
绘图纸 8张
白板笔（四种颜色） 各8支
小磁钉 8个
手锯 4把
梯子 4个
修枝剪 48把
高枝剪 4把
保护剂（铅油、愈合剂等） 4份

时间	行为阶段	教师活动	参与者活动	方法	媒体
5'	资讯	1. 回顾前面果树修剪内容，提出"盛果期核桃秋季修剪"任务 2. 学生分组	1. 学生沟通问答 2. 每组6名各生，共8组，选小组长、小组成员准备研讨	头脑风暴法	学生自备资料
30'	计划	实施小组讨论，要求学生提炼总结研讨内容，提出2组进行成果展示、点评	讨论、总结理论知识，填写学习情境报告单、成果展示	小组学习法	多媒体、学习情境报告
20'	决策	指导小组完成实施方案	确定实施方案，填写实施计划，完善实施计划与用具	小组学习法	实施计划单
90'	实施	教师示范，学生操作，教师巡回指导	组长负责，每组完成核桃秋季修剪任务	实习法	修枝剪、手锯、盛果期核桃树
20'	检查	教师巡回检查，并对各组进行监督和过程评价，及时纠错	1. 在小组完成生产任务的过程中，互相检查实施情况和进行过程评价 2. 填写《果树栽培》职业能力评价表	小组学习法、工作任务评价	《果树栽培》职业能力评价表
10'	评价	1. 教师在学生实施过程中口试学生理论知识掌握情况，并将结果填入《果树栽培（个人）》专业技能评价表 2. 教师对各组实施结果进行评价并将结果填入《果树栽培》职业技能评价表	1. 学生回答教师提出的问题 2. 对自己及组内成员完成任务情况进行评价，结果记入《果树栽培》职业能力评价表	提问、工作任务评价	《果树栽培》专业技能评价表、《果树栽培》职业能力评价表
5'	反馈	1. 总结任务实施情况 2. 强调应该注意的问题 3. 布置下次学习主题4.1.5（建议4学时）: "树体保护"任务	1. 学生思考总结自己小组协作完成情况，总结优缺点 2. 完成工作技能单 3. 记录老师布置的工作任务	提问、小组学习法	工作技能单

☞ 引导文

教材

蒋锦标,卜庆雁.果树生产技术(北方本).2版.北京:中国农业大学出版社,2014

参考教材及著作

(1)马骏,蒋锦标.果树生产技术(北方本).北京:中国农业出版社,2006

(2)王立新.经济林栽培.北京:中国林业出版社,2003

(3)郝艳宾,王贵.核桃精细管理十二个月.北京:中国农业出版社,2012

(4)吴国良,段良骅,刘群龙,张鹏飞.图解核桃整形修剪技术.北京:中国农业出版社,2013

(5)李道德.果树栽培(北方本).北京:中国农业出版社,2001

网络资源

(1)植物通网:http://www.zhiwutong.com/yanghua/2010-03/37507.htm 核桃整形修剪应注意的问题

(2)中国核桃网:http://www.360doc.com/content/10/0225/21/88141716825808.shtml 浅谈核桃整形修剪技术

(3)农林网:http://www.nlwang.com/jishu/shuiguo/4144.html 核桃树的整形修剪技术

(4)中国农业推广网:http://www.farmers.org.cn/Article/ShowArticle.asp? ArticleID=346916 核桃树修剪掌握时机

(5)新农技术网:http://www.xinnong.com/jishu/zz/ganguo/1193375395.html 秋冬季核桃树如何修剪

附件

(1)学习情境报告单　　见《果树栽培学程设计》作业单

(2)实施计划单　　见《果树栽培学程设计》作业单

(3)《果树栽培》专业技能评价表　　见附录A 附表4-4

(4)《果树栽培》职业能力评价表　　见附录B 附表2

(5)工作技能单　　见《果树栽培学程设计》作业单

(6)技术资料

学生补充的引导文

技术资料——核桃秋季修剪

一、常见树形

1. 主干疏层形

主枝 6～7 个,分 3 层着生在中心干上,第一层 3～4 个主枝,每个主枝配 3～4 个侧枝;第二层 2 个主枝,每个主枝配 2 个侧枝;第三层 1 个主枝配 1 个侧枝。核桃树体高大,层内距和层间距应相对加大,第一层层内距 40～60 cm,1、2 层的层间距早实品种为 1～1.5 m,晚实品种为 1.5～2 m,2、3 层的层间距 1 m 左右。

2. 自然开心形

主枝 3～5 个,每主枝上配置 2～4 个侧枝,主枝数目少的侧枝可多些,主枝数目多的侧枝可少些。3 个主枝上共留 2～3 个向内膛生长的枝条,以充分利用内膛空间。

二、盛果树修剪的技术要点

核桃进入盛果期,营养生长速度变缓,树冠逐渐开张,外围枝条开始下垂,大部分成为结果枝,形成结果部位外移。秋季修剪重点是调节营养生长与生殖生长的关系,改善光照条件,稳定结果枝组的健壮生长,延长盛果期。

1. 骨干枝培养和调整

当骨干枝衰弱下垂时,利用上枝上芽抬高角度。注意利用和控制好背后枝,背后枝旺长影响骨干枝时,及时疏除、回缩加以控制;角度小的主枝可选理想的背后枝换头,原主枝头也可回缩培养成结果枝组。

2. 下垂枝和无效枝处理

核桃容易出现结果部位外移现象,外围枝条密挤,开花结果后下垂,应及时加以处理,否则不仅易衰弱,并且影响内膛光照。修剪中要疏除一部分下垂枝,打开光路。保留的外围枝,已衰弱则回缩更新复壮;中庸枝则抬高角度;强旺者疏除其上分枝,削弱长势。

疏除重叠枝、交叉枝、密挤枝、枯死枝、病虫枝、部分雄花枝和早实核桃品种的过多的二次枝。

3. 结果枝组培养

结果枝组培养要从结果期着手进行,连年培养,结果枝组要分布均匀,距离适中,大小相间。不培养背上枝作结果枝组。盛果期后结果枝组开始衰弱,应及时回缩到有分枝或有分枝能力处,进行更新复壮。特别是早实品种,结果多,结果母枝衰弱死亡也快,幼、旺树在结果母枝死亡后,常从基部萌生徒长枝,但这些徒长枝当年均可形成花芽,翌年开花结果,可对其通过短截培养为结果枝组,用于更新衰弱的结果枝组。

注意事项

核桃早实品种和晚实品种修剪有差异,早实品种要控制和利用好二次枝,主要是采用疏、截和夏季摘心相结合的方法,防治结果部位外移。成枝力弱的晚实品种则要注意对部分发育枝进行短截或夏季摘心,促进增加分枝,培养更多结果枝组。

4.1.5 树体保护

"课堂计划"表格

日期：
班级： 用时：
地点：

科目：果树栽培
题目：学习主题4.1.5（建议4学时）
树体保护
（应用举例：核桃幼树培土防寒）

课堂特殊要求（家庭作业等）：
1.核桃生物学特性、当地的气候条件
2.培土防寒的目的及时期
3.培土防寒的方法
4.培土防寒的注意事项

目标：
专业能力：①熟悉核桃生物学相关知识、当地的气候条件，当正确进行幼树培土防寒保护的时期与方法等知识；②会正确进行幼树培土防寒
方法能力：①具有较强的信息采集与处理的能力；②具有决策和计划应用的能力；③具有有学习能力；④具有较强的开拓创新能力
社会能力：①自我控制与管理能力；②评价（自我、他人）能力；③具有较强的团队协作、组织协调能力；④一定的妥协能力
个人能力：①高度的责任感；②具有吃苦耐劳、踏实肯干、热爱劳动、爱岗敬业、遵纪守时等职业道德；②良好的心理素质和身体素质，自信心强；③具有良好的语言表达、人际交往能力

准备：
仪器（投影仪、幻灯片等）
绘图纸 8张
白板笔（四种颜色） 各8支
小磁钉 8个
编织袋或尼龙袋 24把
铁锹 若干

时间	行为阶段	教师活动	参与者活动	方法	媒体
5′	资讯	1.准备两张有关核桃树的照片，一张是正常的幼树，一张是冬季抽条的幼树。提出问题，幼树为什么抽条，如何保护 2.学生分组	1.学生回答 2.每组6名学生，共8组，选出小组长、小组成员准备研讨	问答；头脑风暴	多媒体、PPT、学生自备资料
30′	计划	安排小组讨论，要求学生提炼总结研讨内容，提出2组进行成果展示、点评	讨论、总结理论基础，填写学习情境报告单，成果展示	讨论引导问题、填写报告单	学习情境报告单
10′	决策	指导小组完成实施方案	确定实施方案，填写实施计划	实习法	实施计划单
100′	实施	教师示范，巡回指导	组长负责，每组学生共同完成核桃树体越冬保护任务	实习法	核桃幼树、铁锹、编织袋或尼龙袋、铁锹
20′	检查	教师巡回检查，并对各组进行监控和过程评价，及时纠错	1.在小组完成生产任务的过程中，互相检查实施情况和进行过程评价 2.填写《果树栽培》职业能力评价表	小组学习法、工作任务评价	《果树栽培》职业能力评价表
10′	评价	1.教师在学生实施过程中口试学生生理论知识掌握情况，并将结果填入《果树栽培》（个人）的实施专业技能评价表 2.教师对各组的实施结果进行评价并将结果填入《果树栽培》专业技能评价表	1.学生回答老师提出的问题 2.对自己及组内成员完成任务情况进行评价，结果记入《果树栽培》职业能力评价表	提问、工作任务评价	《果树栽培》专业技能评价表、《果树栽培》评价表
5′	反馈	1.总结任务实施情况 2.强调应该注意的问题	1.学生思考总结自己小组协作完成情况，总结优缺点 2.完成工作技能单	提问、小组工作法	工作技能单

☞ 引导文

教材

蒋锦标,卜庆雁.果树生产技术(北方本).2版.北京:中国农业大学出版社,2014

参考教材及著作

(1)马骏,蒋锦标.果树生产技术(北方本).北京:中国农业出版社,2006
(2)王立新.经济林栽培.北京:中国林业出版社,2003
(3)郝艳宾,王贵.核桃精细管理十二个月.北京:中国农业出版社,2012
(4)吴国良,段良骅,刘群龙,张鹏飞.图解核桃整形修剪技术.北京:中国农业出版社,2013
(5)郗荣庭,丁平海.核桃优质丰产栽培.北京:中国农业大学出版社,2009

网络资源

(1)新农村商网:http:// nc.mofcom.gov.cn/articlepx/px/njbk/jjzw/jjzwzbjs/201111/181511051.
html 核桃树怎样防寒
(2)中国花卉网:http:// news.china－flower.com/paper/papernewsinfo.asp? nid＝215375 核桃幼树如何防冻害
(3)核桃圈论坛:http:// www.hetaoquan.com/thread－5375－1－1.html 核桃树如何防冻?
(4)河北林业网:http:// www.hebly.gov.cn/showarticle.php? id＝19736 核桃树防寒技术

附件

(1)学习情境报告单　见《果树栽培学程设计》作业单
(2)实施计划单　见《果树栽培学程设计》作业单
(3)《果树栽培》专业技能评价表　见附录 A 附表 4-5
(4)《果树栽培》职业能力评价表　见附录 B 附表 2
(5)工作技能单　见《果树栽培学程设计》作业单
(6)技术资料

学生补充的引导文

技术资料——核桃幼树越冬保护

北方,冬季寒冷地区、早春多风地区,核桃幼树常发生"抽条"现象,防止抽条的主要措施是加强肥水管理和树体管理、防治病虫害,提高树体自身的抗冻性和抗抽条能力。冬季可用动物油脂、涂白剂、聚乙烯醇等涂抹树干,减少枝条水分损失,确保安全越冬。幼树还可以采取埋土防寒、培土防寒、双层缠裹枝条或压倒埋土等方法。

一、埋土法

埋土法可以防止核桃幼苗生理干旱,埋土适宜时间为土壤封冻前,埋土过早核桃幼苗容易腐烂。

一年生嫁接核桃幼树,落叶后枝条比较柔软,可以把幼树轻轻弯倒,使顶部接触地面,然后用土埋好并踏实,使之不透风;埋土的厚度依据当地的气候条件确定,并且越冬期间不会露出枝干为宜,一般为20～40 cm。第二年春土壤解冻后,及时撤去防寒土,把幼树扶正,并进行浇水。

二、培土法

1. 全树培土

对于生长非常健壮、弯倒有困难、无法压倒埋土的幼树,可进行全树培土。用废弃化肥袋、饲料袋等,把袋底打开,从幼树顶部套到幼树基部,袋内部装填半湿润土壤,将整个树体埋住。埋土一定要严密、无缝隙、不钻风,为防止风吹或其他原因脱落,可在袋子外面用绳子捆扎严密。培土后,过几天查漏,如果土壤下沉,则再添加细碎土壤。此法保护效果好,第二年春季发芽前解除防寒土。

2. 树干基部培土

对于粗矮的幼树,弯倒有困难时,也可在树干周围培土,埋的土堆为10～15 cm,最好将当年的枝条培严或用编织袋装土封严。

三、双层缠裹枝条方法

对于不能埋土越冬的核桃树,可用报纸或布条缠裹一年生枝条,然后再用地膜缠裹,采用双层缠裹法可减少幼树抽条。

四、稻草绑缚

大冻到来之前,用稻草绳缠绕主干、主枝,或用稻草捆好树干,可有效地防止寒流侵袭,来年春解草把时集中烧毁,既防冻又可消灭越冬的病虫。

4.2 板栗栽培

4.2.1 休眠期修剪

"课堂计划"表格

日期：	用时：	科目：果树栽培
班级：	地点：	题目：学习主题4.2.1（建议4学时）：休眠期修剪（应用举例：板栗休眠期修剪）

课堂特殊要求（家庭作业等等）：
1. 板栗常用树形及树体结构
2. 休眠期修剪的意义
3. 板栗的枝芽特性
4. 如何做板栗的休眠期修剪
5. 休眠期修剪的注意事项

目标：
专业能力：①熟悉板栗的芽、枝条及其整形与整形修剪有关的特性,树体结构,主要树形特点等基本知识。修剪时期、修剪方法。②掌握板栗休眠期修剪方法。③能独立完成板栗休眠期修剪任务。

方法能力：①具有较强的信息采集与处理能力；②具有决策和计划的能力；③具有再学习能力；④自我控制与管理能力；⑤评价（自我,他人）能力

社会能力：①具备较强的团队协作能力；②高度的责任感；③一定的安全防护能力；④组织协调能力个人责任心强；②具备良好的心理素质和身体素质,自信心强；③具有较好的语言表达,人际交往能力业、遵纪守时等等职业道德；热爱劳动,踏实肯干,爱岗敬

准备：
绘图纸 8张
白板笔（四种颜色）各8支
小磁钉 8个
手锯 4把
梯子 4个
修枝剪 48把
高枝剪 4把
保护剂（铅油、愈合剂等）4份

时间	行为阶段	教师活动	参与者活动	方法	媒体
5'	资讯	1. 回顾前面果树常用树形及树体结构,提出"盛果期板栗休眠期修剪"任务 2. 学生分组	1. 学生沟通回答 2. 每组6名学生,共8组。选小组长,小组成员准备研讨	头脑风暴法	学生自备资料
30'	计划	安排小组讨论,要求学生提炼总结研讨内容,提出2组进行成果展示,点评	讨论、总结理论知识,填写学习情境报告单,成果展示	小组学习法	多媒体、学生学习情境报告
20'	决策	指导小组完成实施方案	确定实施方案,填写实施计划,完善实施计划,准备材料与用具	小组学习法	实施计划单
90'	实施	教师示范,学生操作,教师巡回指导	组长负责,每组学生共同完成板栗休眠期修剪任务	实习法	修枝剪、手锯、盛果期板栗果树
20'	检查	教师巡回检查,并对各组进行评价,及时纠错	1. 在小组完成生产任务的过程中,互相检查实施情况和进行过程评价 2. 填写《果树栽培》职业能力评价表	小组学习法、工作任务评价	《果树栽培》职业能力评价表
10'	评价	1. 总结学生实施过程中口试学生理论知识情况,并将结果填入《果树栽培（个人）》专业技能评价表 2. 教师对各组的实施情况进行评价并将评价结果填入《果树栽培》职业能力评价表	1. 学生回答教师提出的问题 2. 对自己及组内成员完成任务情况进行评价,结果记入《果树栽培》职业能力评价表	提问、工作任务评价	《果树栽培》专业技能评价表、《果树栽培》职业能力评价表
5'	反馈	1. 总结任务实施情况 2. 强调应该注意的问题 3. 布置下次学习主题4.2.2（建议4学时）:"春季覆草"任务	1. 学生思考总结工作技能单 2. 完成自己小组协作完成情况 3. 记录老师布置的工作任务	提问、小组学习法	工作技能单

👉 引导文

教材

蒋锦标,卜庆雁.果树生产技术(北方本).2 版.北京:中国农业大学出版社,2014

参考教材及著作

(1)张毅.提高板栗商品性栽培技术问答.北京:金盾出版社,2012
(2)张铁如.板栗整形修剪图解.北京:金盾出版社,2005
(3)郗荣庭.果树栽培学总论.北京:中国农业出版社,2009
(4)于泽源.果树栽培.北京:高等教育出版社,2011
(5)张宝刚.果树栽培.北京:中国林业出版社,2006

网络资源

(1)中国迁西:http:∥www.qianxi.cn/Content/8457.aspx 板栗整形修剪的技术
(2)河北林业网:http:∥www.hebly.gov.cn/showarticle.php? id=7303 板栗整形修剪技术
(3)新农村商网:http:∥nc.mofcom.gov.cn/news/7442999.html 板栗整形修剪的丰产树形
(4)宫梦细雨新浪博客:http:∥blog.sina.com.cn/s/blog471586410101g7xs.html 板栗树修剪整形
(5)中国农业推广网:http:∥www.farmers.org.cn/Article/ShowArticle.asp? ArticleID=40023 板栗结果树的整形修剪方法

附件

(1)学习情境报告单   见《果树栽培学程设计》作业单
(2)实施计划单   见《果树栽培学程设计》作业单
(3)《果树栽培》专业技能评价表   见附录 A 附表 4-6
(4)《果树栽培》职业能力评价表   见附录 B 附表 1
(5)工作技能单   见《果树栽培学程设计》作业单
(6)技术资料

学生补充的引导文

技术资料——板栗休眠期修剪

一、常见树形

表 4-1 板栗常见树形及各自特点汇总表

树形	树高(m)	冠径(m)	中心干	主枝	侧枝	开张角度(°)	级次
自然开心形	3.0左右	3.5左右	0	3	6～8	50～60	1～2
变则主干形	3.5左右	3.5左右	1	5	8～10	45～50	1～2

二、幼树整形修剪（以自然开心形为例）

1. 定干

定干高度 80 cm 左右,见图 4-1。

2. 栽后第一年修剪

抹除主干上 40 cm 以下萌芽。夏季将确定不作为主枝培养的枝条留 40～50 cm 摘心,直立的扭梢。秋季则将拟作为主枝培养的枝条拉至 60°左右,同时对旺长的主枝摘心。冬季修剪时,选留 2～3 个生长健壮、分布均匀、角度适中的枝条作为主枝培养,主枝延长头留 50～60 cm 短截,短截时注意剪口的方向,见图 4-1。不作为主枝培养的辅养枝疏去。

图 4-1 开心形整形过程

1. 定干   2. 第一年冬剪   3. 第二年冬剪   4. 完成整形任务

3. 栽后第二年修剪

春季抹除主枝延长头周围的竞争萌芽。夏季修剪时处理主枝延长头附近竞争枝,一般作扭梢处理。秋季修剪时对新增分枝拉平(图 4-2)。7～9 月对过旺的幼树喷 2 000 mg/L 多效唑。冬季修剪时短截主枝、侧枝延长头。长度分别为 30～40 cm、40～50 cm,见图 4-1。如树势旺可不短截,仅疏除背上直立枝条、旺长枝条。

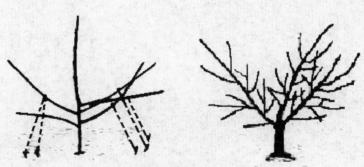

图 4-2 板栗生长季节拉枝成型

4. 栽后第三年修剪

春季修剪时及时抹除主枝延长头周围的竞争萌芽。夏季修剪时对主枝延长头竞争枝、背部直立新梢进行扭梢。秋季修剪时对直立枝条拉平。7~9月对过旺的幼树喷2 000 mg/L多效唑控制生长。冬季修剪时疏除细弱枝。相邻树冠相距50 cm以外主枝延长头短截,如相距50 cm以内就不再短截。此时树冠基本成型,见图4-1。

三、盛果树的整形修剪(以自然开心形为例)

(一)修剪的时期和方法

1. 生长季节

生长旺季,喷2 000 mg/L多效唑控制过旺的营养生长。

2. 落叶后至萌芽前

缓放为主,兼顾回缩,个别短截。

(二)修剪的任务

控制树冠,改善光照条件,稳定树势,精细修剪枝组。

1. 适时控制树冠

高度、宽度,行间控制1 m以上。

2. 调整枝条密度,防止结果部位外移

疏除多余枝,本着去弱留强的原则。枝少的部位要多留枝。

3. 精细修剪枝组

结果枝组以主侧枝和辅养枝的两侧为主,间隔30~40 cm一个,背上不培养枝组。

(三)修剪技术要点

板栗是壮枝结果,所以冬季修剪,一般少用短截,多用疏枝、回缩。修剪前,要"三看一结合"。一看树,就是看树势及树龄;二看地,是看立地条件及肥水供给情况;三看株行距,是看栗园郁闭程度和树冠内通风透光情况。在此基础上进行集中与分散相结合的方法进行修剪。集中修剪(树势弱的)是通过多疏少留,使养分集中供应,促使树体连年丰产;分散修剪法(树势强壮的)则正相反,是多留少疏,以分散养分分配,避免树体生长过旺而影响产量。

1. 结果母枝的修剪

树冠外围生长健壮的1年生枝,大都为优良的结果母枝。对这类结果母枝适当轻剪,即每个2年生枝上可留2~3个结果母枝,余下瘦弱枝适当疏除,树冠外围长20~30 cm的中壮结果母枝通常有3~4个饱满芽,抽生的结果枝当年结果后,长势变弱,不易形成新的结果母枝,对这类结果母枝除适量疏除外,还应短截部分枝条,使之抽生新的结果母枝。长度为5~10 cm的弱结果母枝,营养不足,抽生的结果母枝极为细弱,坐果能力也差,对这类结果母枝应疏除,以促生壮枝。

2. 徒长枝的修剪

成年结果树上的各级骨干枝,都有可能发生徒长枝。要适当选留并加以控制利用。在选留徒长枝时,应注意枝的强弱,着生位置和方向。生长不旺的徒长枝,一般不需短截,而生长旺盛的徒长枝除注意冬季修剪外应在夏季进行摘心,也可通过拉枝,削弱顶端优势促生分枝扩大树冠,第2年从抽生的分枝中去强留弱,剪除顶端1~2个比较直立强旺的分枝,留水平斜生枝。衰弱栗树上主枝基部发生的徒长枝,应保留作更新枝。

3. 枝组的回缩更新

枝组经过多年结果后,生长逐渐衰弱,结果能力下降,应当回缩使其更新复壮。如结果枝组基部无徒长枝,则可留 3～5 cm 长的短桩回缩枝,促使基部的休眠芽萌发为新梢,再培养成新的枝组。

4. 发育枝的修剪

长度在 20～30 cm 的健壮的发育枝不短截;过长或过短的发育枝有空间的留基部 2～3 芽短截,使其重新萌发健壮枝条;没空间的疏除。

5. 其他枝的修剪

盛果期大树枝量和枝类繁多,大枝常出现密挤、竞争等不利情况,修剪时注意疏除或回缩这类大枝,使之都有一定的空间。对于树冠上的纤细枝、交叉枝、重叠枝和病虫枝一般都应疏除。

注意事项

①先处理大枝,后处理小枝;先疏枝,后短截。

②按主枝顺序由下向上修剪。

③剪锯口应立即涂抹伤口愈合剂,促进伤口愈合,避免剪锯口干裂。锯除大枝时留概,等到 6～7 月沿基部锯除。

④病株应最后修剪,并注意工具消毒。

4.2.2　春季覆草

"课堂计划"表格

日期：　　　　用时：　　　　科目：果树栽培

班级：　　　　地点：　　　　题目：学习主题4.2.2(建议4学时)：春季覆草

（应用举例：板栗园春季覆草）

课堂特殊要求（家庭作业等等）：
1. 果园覆盖的意义
2. 覆盖材料的选择
3. 覆盖的时期与方法
4. 果园覆盖的注意事项

目标：
专业能力：①熟悉果园覆盖的好处，掌握板栗园覆盖的时期与方法；②结合核桃树春季管理，独立完成板栗园覆盖的任务

方法能力：①具有较强的信息采集与处理能力；②具有较强的学习能力；③具有再学习能力；④自我控制与管理能力；⑤评价（自我、他人）能力

社会能力：①具备较强的团队协作、组织协调能力；②良好的责任感；③高度的责任意；④一定的妥协能力

个人能力：①热爱劳动、热爱良好的心理素质，踏实肯干、爱岗敬业、遵纪守时等职业道德；②具有良好的身体素质，自信心强；③具有较好的语言表达、人际交往能力

准备：
仪器（投影仪、幻灯片等）
绘图纸　8张
白板笔（四种颜色）各8支
小磁钉　8个
把子　16把
稻草　2 500 kg
镢　16把

时间	行为阶段	教师活动	参与者活动	方法	媒体
5'	资讯	1. 设计问题"你所见过的果园地面都可以覆盖什么"，分析总结提出"春季板栗园覆盖"任务 2. 学生分组	1. 学生回答 2. 每组6名学生，共8组，选小组长，小组成员准备研讨	问答 头脑风暴	教材、网络资源、图片、多媒体、视频展台、技术资料
30'	计划	安排小组讨论 要求学生提练总结研讨内容，提出2组进行成果展示	讨论、总结理论基础、填写学习情境报告单	讨论引导 问题、填写报告单	学习情境报告单
35'	决策	指导小组完成实施方案	确定实施方案、填写实施计划	讨论、填写实施计划单	实施计划单
85'	实施	教师示范、巡回指导	组长负责，每组同学共同完成板栗园春季覆草任务	实习法	板栗结果、耙子、稻草、镢等
10'	检查	教师巡回检查，并对各组进行评价，及时纠错	1. 在小组完成生产任务的过程中，互相检查实施情况和过程评价 2. 填写《果树栽培》职业能力评价表	小组学习法 工作任务评价	《果树栽培》评价表
10'	评价	1. 教师在学生实施过程中口试学生理论知识掌握情况，并用结果填入《果树栽培》专业技能评价表 2. 教师对各组（个人）的实施结果进行评价并将结果填入《果树栽培》专业技能评价表	1. 学生回答教师提出的问题 2. 对自己及组内成员完成任务情况进行评价，结果记入《果树栽培》职业能力评价表	提问 工作任务评价	《果树栽培》评价表
5'	反馈	1. 总结任务实施情况 2. 强调应该注意的问题 3. 布置下次学习主题4.2.3(建议4学时)："板栗去雄"任务	1. 学生思考总结本小组协作完成情况，总结优缺点 2. 完成工作技能单 3. 记录老师布置的工作任务	提问 小组工作法	工作技能单

☞ 引导文

教材

蒋锦标,卜庆雁.果树生产技术(北方本).2版.北京:中国农业大学出版社,2014

参考教材及著作

(1)张玉星.果树栽培学总论.北京:中国农业出版社,2011
(2)郗荣庭.果树栽培学总论.北京:中国农业出版社,2009
(3)于泽源.果树栽培.北京:高等教育出版社,2011
(4)程丽莉,胡广隆,黄武刚.图说板栗优质高产栽培.北京:化学工业出版社,2013

网络资源

(1)豆丁网:http://www.docin.com/p-578673942.html 山地板栗园覆草效应的研究
(2)丰城金桥商贸网:http://www.fcjqsm.gov.cn/fengcheng/viewNews.do? id=9831751 板栗标准化生产树下覆草保水
(3)东港金农网:http://dg.lnjn.gov.cn/tscy/2011/11/348505.shtml 果园覆草技术
(4)山东果树经济林信息网:http://www.sdgsxx.com/html/201305/content265.htm 板栗栽培技术与管理
(5)农博果蔬网:http://guoshu.aweb.com.cn/2010/0513/133012100.shtml 旱地果园土壤覆草覆膜技术

附件

(1)学习情境报告单　见《果树栽培学程设计》作业单
(2)实施计划单　见《果树栽培学程设计》作业单
(3)《果树栽培》专业技能评价表　见附录A附表4-7
(4)《果树栽培》职业能力评价表　见附录B附表1
(5)工作技能单　见《果树栽培学程设计》作业单
(6)技术资料

学生补充的引导文

技术资料——板栗园春季覆草

板栗园覆草是在板栗树冠下或稍远处覆以杂草、作物秸秆的一种栗园土壤管理方法。生产上有全园覆草、树盘覆草两种做法。成龄密植园可全园覆盖,幼树或草源不足时,可行内覆盖,或只覆盖树盘。生产上以全园覆草为主,见图 4-3。

图 4-3　果园覆草

一、覆草时间

对于以前没有采用覆草的栗园,一般在春季开始覆草。也可根据覆草的来源难易程度选择,比如在夏收后麦草多时进行。具体以春季 5～10 cm 土壤温度稳定在 14℃左右为宜。覆草过早影响春季土壤温度的回升,过晚不利于土壤保墒。

二、覆草种类

生产上以作物秸秆为主,也有就地取材采用杂草,总之要来源容易、成本低。比如华北地区每年有海量的麦草都在大田里烧掉了,既污染环境,又浪费资源。这些麦草就是很好的果园覆盖物。

三、覆草前准备

有水浇条件的板栗园,结合施肥进行,先施尿素 0.25 kg/株、过磷酸钙 1 kg/株、氯化钾 0.1 kg/株,灌水后整平树盘。过长的作物秸秆要铡碎备用。

四、覆草

将稻草均匀地撒入树盘,覆草厚度大约 15 cm,少量撒土盖压。对于土壤黏重的板栗园,适于起垄覆草。于秋末至土壤封冻前或春季土壤解冻后至发芽前,从行间向行内起土,在行内形成一个顶部宽为行距的 75%、底部宽为行距的 80%、垄高 20～25 cm,截面近似梯形的垄带。垄的顶面为覆草区,行间形成排灌水沟。覆草时间同树盘覆草。先将垄带面整平,结合撒入适量的氮素化肥,然后在垄带面上覆盖 15～20 cm 的农作物秸秆或杂草,撒土盖压。

注意事项

①喷药时注意对园内的覆草也要喷药。

②覆草后不要盲目灌大水。黏土地覆草,需与起垄排水相结合。

③覆草要离开根颈 20 cm 左右,以防积水。

④覆草后要斑点压土,以防风刮。

⑤干旱季节特别注意防火。

⑥入冬后必须进行深耕,将沤烂稻草翻压于土中,以免成为害虫越冬的场所。

⑦覆草最好连年进行。一般连续覆草 3～4 年后换清耕法 1～2 年,轮换进行。

4.2.3　去雄

📋 "课堂计划"表格

日期：　　　　　　用时：　　　　　　科目：果树栽培
班级：　　　　　　地点：　　　　　　题目：学习主题4.2.3（建议4学时）：去雄（应用举例：板栗去雄）

课堂特殊要求（家庭作业等）：
1. 板栗去雄的意义
2. 板栗去雄的时期与方法
3. 板栗空苞的原因及防治措施
4. 板栗去雄的注意事项

目标：
专业能力：①熟悉板栗雄花的意义，掌握去雄的时期；②会正确去雄板栗；③正确使用工具完成板栗去雄任务
方法能力：④具备较强的信息采集与处理的能力；⑤具有较强处理问题的能力；⑥具有较强的开拓创新能力；⑦自我控制与管理能力；⑧评价（自我、他人）能力
社会能力：⑨具备较强的团队协作、组织协调能力；①一定的妥协能力
个人能力：①高度的责任感；②具有吃苦耐劳、热爱劳动、踏实肯干、爱岗敬业、遵纪守时等职业道德；③具有良好的心理素质和身体素质，自信心强；③具有较好的语言表达、人际交往能力

时间	行为阶段	教师活动	参考者活动	方法	媒体
5′	资讯	1. 取板栗的结果母枝，让学生观察雄花、雌花形态，调查雄花和雌花数量，提出"板栗去雄"任务	1. 学生回答 2. 每组6各学生，共8组，选小组长，小组成员准备研讨	问答、头脑风暴	3个板栗雄花芽 学生自备资料
30′	计划	2. 学生分组 安排小组讨论，要求学生提炼总结研讨内容	讨论、总结理论基础，填写学习情境报告单	讨论引导问题，填写报告单	学习情境报告单
10′	决策	指导小组完成实施方案	确定实施方案，填写实施计划	讨论、填写实施计划单	实施计划单
100′	实施	教师示范，巡回指导	组长负责，每组学生共同完成板栗去雄任务	实习法	板栗结果母树、打药机、疏雄醇、水桶等
20′	检查	教师巡回检查，并对各组进行监控和过程评价，及时纠错	1. 在小组完成任务的过程中，互相检查实施情况和进行过程评价 2. 填写《果树栽培》职业能力评价表	小组学习法 工作任务评价	《果树栽培》职业能力评价表
10′	评价	1. 教师在学生实施过程中口试学生生理论知识掌握情况，并将结果填入《果树栽培》专业技能评价表 2. 教师对各组的实施结果进行评价并将结果记入《果树栽培》职业能力评价表	1. 学生回答教师提出的问题 2. 对自己及组内成员完成任务情况进行评价，结果记入《果树栽培》职业能力评价表	提问 工作任务评价	《果树栽培》职业能力评价表
5′	反馈	1. 总结任务实施情况 2. 强调应该注意事项 3. 布置下次学习主题4.2.4（4学时）："板栗花期管理"任务	1. 学生思考总结自己小组协作完成情况，总结优缺点 2. 完成工作技能单 3. 记录老师布置的工作任务	提问 小组工作法	工作技能单

准备：
仪器（投影仪、幻灯片等）
绘图纸　8张
白板笔（四种颜色）　各8支
小磁钉　8个
胶带　1捆
打钉枪　2支
喷枪　2个
水桶（50 L）　2个
疏雄醇　10支
打药带（100 m长）　2根

☞ 引导文

教材

蒋锦标,卜庆雁.果树生产技术(北方本).2 版.北京:中国农业大学出版社,2014

参考教材及著作

(1)于泽源.果树栽培.北京:高等教育出版社,2011

(2)程丽莉,胡广隆,黄武刚.图说板栗优质高产栽培.北京:化学工业出版社,2013

(3)郑诚乐.锥栗板栗无公害栽培.福建:福建科技出版社,2008

(4)范伟国,李玲,刘树增.板栗标准化安全生产.北京:中国农业出版社,2007

网络资源

(1)新农网:http://www.xinnong.com/banli/jishu/556390.html 板栗幼树早期丰产技术

(2)豆丁网:http://www.docin.com/p-692771153.html 山区板栗高产优质栽培技术总结

(3)北京农业信息网:http://www.agri.ac.cn/news/2012315/73082.html 中国板栗生殖生物研究进展

(4)一亩田:http://www.ymt360.com/channel/banli/685139 板栗增产要把好疏雄关

(5)食品科技网:http://www.tech-food.com/kndata/1064/0128599.htm 板栗春季管理五点关键工序

行业标准

DB33/T 371—2011 浙江省林业标准化技术委员会发布无公害板栗栽培技术规程

附件

(1)学习情境报告单 见《果树栽培学程设计》作业单

(2)实施计划单 见《果树栽培学程设计》作业单

(3)《果树栽培》专业技能评价表 见附录 A 附表 4-8

(4)《果树栽培》职业能力评价表 见附录 B 附表 1

(5)工作技能单 见《果树栽培学程设计》作业单

(6)技术资料

学生补充的引导文

技术资料——板栗去雄

板栗是典型的雌雄同株异花树种，花单性，雄花序为穗状花序，较雌花序为多，见图4-4。雄花数为雌花的1 000倍左右。在保证授粉的前提下，适时疏除大量雄花，以减少雄花消耗的养分，可提高开花质量与坐果率。但是由于板栗树体较大，人工疏雄费时费工，很难在生产上推广，因此现在生产上多采用化学疏雄的方法。

一、时期

5月上中旬，当板栗混合花序大约长2 cm、基部1～4个叶片已经长到成龄叶时。

二、去雄方法

树冠喷施1 000倍的板栗疏雄醇稀释液（1支10 mL疏雄醇对水10 kg）。喷洒时，要喷洒均匀周到，一扫而过，不要达到叶面滴水。喷洒后，若8 h内遇雨需补喷。

雌花簇　雄花序　　雄花枝　　结果枝　　结果母枝

图4-4　板栗的枝和花

三、去雄标准

要去掉树上2/3的雄花。喷药后3 d开始叶片出现翻卷，5 d开始落雄，7～8 d达到落雄高峰，药效维持10 d左右。15 d停止脱落，雄花脱落可以达2/3。

注意事项

①喷施时间宜在阴天或晴天上午10:00前或下午4:00后，雨天不喷。

②肥料和药液混合时应先做小规模试验，以避免发生药害造成损失。

③药剂现用现对，当天用完。

④对具体果园和具体品种，要想找到最适宜的浓度，应设计几个对照浓度（如分别为：600倍、800倍、1 000倍、1 100倍、1 200倍）喷后观察，找出最佳浓度，以利于下一次使用。

⑤疏雄醇应用受温度、风力等天气因素影响较大，需仔细掌握。

4.2.4 板栗花期施硼

"课堂计划"表格

日期：	用时：	科目：果树栽培
班级：	地点：	题目：学习主题 4.2.4(建议 4 学时)：板栗花期施硼(应用举例：板栗花期施硼)

课堂特殊要求(家庭作业等)：
1. 板栗花为何提倡花期施硼
2. 硼肥的种类有哪些
3. 板栗花期如何进行土壤施硼
4. 板栗花期如何进行叶面喷硼
5. 板栗花期施硼应注意事项

目标：
专业能力：①熟悉板栗空苞畸形成原因，做好花期施硼；②掌握土壤施硼和喷施时期利用量等相关知识；②会正确进行板栗花期施硼
方法能力：①具有较强的信息采集与处理的能力；②具有决策和计划的能力；③自我控制与管理能力；④具有较强的开拓创新能力；⑤评价(自我、他人)能力
社会能力：①具备较强的团队协作、组织协调能力；④一定的妥协能力
个人能力：①具有爱岗、敬业的责任感；④高度的责任心；②热爱劳动、踏实肯干、爱岗敬业、遵纪守时等职业道德；②具有良好的心理素质、自信心强；③具有较好的语言表达、人际交往能力

准备：
仪器(投影仪、幻灯片等)
绘图纸　8张
白板笔(四种颜色)　各 8 支
小磁钉　8个
胶带　1 捆
喷雾器　8 个
硼砂　90 g
磷酸二氢钾　135 g
尿素　90 g
热水　2 L

时间	行为阶段	教师活动	参与者活动	方法	媒体
5′	资讯	1. 播放幻灯片——空苞好板栗和完好板栗(内有饱满的三粒种子)，引导学生思考造成此种现象的原因，提出"板栗花期施硼"任务 2. 学生分组	1. 学生思考、回答问题 2. 每组 6 名学生，共 8 组，选小组长，小组成员准备研讨	问答、头脑风暴	幻灯片、多媒体
40′	计划	安排小组讨论，要求学生提炼总结研讨内容，提出 2 组进行成果展示	讨论、总结理论基础，填写学习情境报告单，成果展示	讨论、填写报告单	学习情境报告单
20′	决策	教师指导小组完成实施方案	确定实施方案、实施计划	讨论、填写实施计划单	实施计划单
90′	实施	教师示范、巡回指导	组长负责，每组学生共同完成板栗花期施硼任务	实习法	喷雾器、硼砂、尿素、磷酸二氢钾、结果板栗果树等
15′	检查	教师巡回检查，并对各组进行监控和过程评价，及时纠错	1. 在小组内完成生产任务的过程中，互相检查实施情况和进行过程评价 2. 填写《果树栽培》职业能力评价表	小组学习法、工作任务评价	《果树栽培》职业能力评价表
5′	评价	1. 教师在学生实施过程中口试学生理论知识掌握情况，并将结果填入《果树栽培(个人)》专业技能评价表 2. 教师对各组的实施结果进行评价并将结果填入《果树栽培》职业能力评价表	1. 学生回答教师提出的问题 2. 对自己及组内成员完成任务情况进行评价，结果记入《果树栽培》专业技能评价表	提问、工作任务评价	《果树栽培》专业能力评价表、《果树栽培》职业能力评价表
5′	反馈	1. 总结任务实施情况 2. 强调应该注意的问题 3. 布置下次学习主题 4.2.5(建议 4 学时)："追造膨果肥"任务	1. 学生思考总结自己小组协作完成情况、总结优缺点 2. 完成工作技能单 3. 记录老师布置的工作任务	提问、小组工作法	工作技能单

☞引导文

教材

蒋锦标,卜庆雁.果树生产技术(北方本).2版.北京:中国农业大学出版社,2014

参考教材及著作

(1)马骏,蒋锦标.果树生产技术(北方本).北京:中国农业出版社,2006

(2)于泽源.果树栽培.北京:高等教育出版社,2011

(3)程丽莉,胡广隆,黄武刚.图说板栗优质高产栽培.北京:化学工业出版社,2013

(4)郑诚乐.锥栗板栗无公害栽培.福州:福建科技出版社,2008

(5)范伟国,李玲,刘树增.板栗标准化安全生产.北京:中国农业出版社,2007

网络资源

(1)个人图书馆:http://www.360doc.com/content/12/1207/13/5516683252657544.shtml 板栗

(2)中国化肥网:http://www.fert.cn/news/2011/3/14/201131411142896063.shtml 板栗施肥技术

(3)北京密云县林业局网:http://lyj.bjmy.gov.cn/lykj/402880f81126904201112f77ce5200e7.html 板栗密植丰产栽培技术

(4)创业第一步:http://www.cyone.com.cn/Article/Article40812.html 板栗种植技术

(5)豆丁网:http://www.docin.com/p-400425350.html 板栗丰产栽培技术

(6)一亩田:http://www.ymt360.com/channel/banli/688200 防治板栗空苞"四招"

行业标准

DB33/T 371—2011 浙江省林业标准化技术委员会发布无公害板栗栽培技术规程

附件

(1)学习情境报告单   见《果树栽培学程设计》作业单

(2)实施计划单   见《果树栽培学程设计》作业单

(3)《果树栽培》专业技能评价表   见附录A附表4-9

(4)《果树栽培》职业能力评价表   见附录B附表1

(5)工作技能单   见《果树栽培学程设计》作业单

(6)技术资料

学生补充的引导文

技术资料——板栗花期施硼

板栗空蓬(又叫空苞)在生产中很常见,除树体贮藏营养不足外,缺硼是引起板栗空蓬的重要原因。生产上能有效降低板栗空蓬率的技术措施是增施硼肥。栗园施硼肥有两种方法:一是土壤施肥,二是花期喷施。

一、土施硼肥

1. 施肥时期
花前(大致 5 月上中旬)。不同地方的果园要根据当地的物候期来调整施肥时间。

2. 施肥方法
(1)放射状沟施肥,见图 4-5。从树冠边缘不同方位开始,向树干方向挖 4～8 条放射状的施肥沟,沟的长短视树冠的大小而定,通常为 1～2 m,沟宽 40～50 cm,树冠内侧深 15 cm 左右,外侧深 25 cm 左右,将肥料均匀施入后覆土。

(2)环状沟施肥,见图 4-6。在树干周围,沿着树冠的外缘,挖一条深 30～40 cm、宽 40～50 cm 的环状施肥沟,将肥料均匀施入埋好。

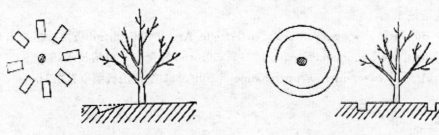

图 4-5　放射状沟施肥　　　　　图 4-6　环状沟施肥

(3)穴状施肥,见图 4-7。以树干为中心,从树冠半径的 1/2 处开始,挖成若干个小穴,穴深、宽各 20～30 cm,穴的分布要均匀,将肥料施入穴中埋好即可。亦可在树冠边缘至树冠半径 1/2 处的施肥圈内,在各个方位挖成若干不规则的施肥小穴,施入肥料后埋土。

(4)条状沟施肥,见图 4-8。于行间或株间,分别在树冠相对的两侧,沿树冠投影边缘挖成相对平行的两条沟,沟深、宽各 30～40 cm,长度视树冠大小而定,幼树一般为 1～3 m。第二年的挖沟位置应换到另外相对的两侧。

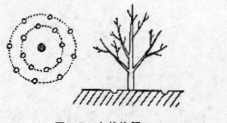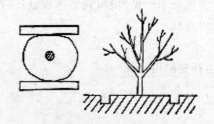

图 4-7　穴状施肥　　　　　图 4-8　条状沟施肥

3. 施肥量
一般幼树株施 0.30 kg、大树株施 0.75 kg 硼肥。

注意事项

施肥后要灌水。

二、花期喷施

1. 施肥时期

雄花长至 5 cm 左右时。

2. 喷施浓度

花期叶面喷施 2 g /L 硼砂＋2 g/L 磷酸二氢钾＋3 g/L 尿素混合液。

3. 喷施方法

喷时先用 60～70℃的热水化开硼砂，然后加入磷酸二氢钾和尿素，再用凉开水稀释至喷施浓度，喷施时间宜在阴天或晴天上午 10：00 前或下午 4：00 后，雨天不喷。肥料混合液随配随用，当天用完，不可隔天再用。隔 5～7 d 喷 1 次，连续 3 次。

注意事项

叶面喷肥不能代替土壤施肥，二者结合才能取得良好效果。实际使用时，尤其在混用农药时，应先做小规模试验，以避免发生药害造成损失。

4.2.5 追施膨果肥

"课堂计划"表格

日期：	用时：
班级：	地点：

科目：	果树栽培
题目：	学习主题 4.2.5（建议 4 学时）：追施膨果肥（应用举例：板栗追施膨果肥）

课堂特殊要求（家庭作业等）：
1. 板栗根系特性
2. 板栗需肥特点
3. 板栗追施肥的时期与方法
4. 板栗为何要重视追施膨果肥
5. 板栗追施膨果肥注意事项

目标：

专业能力：①熟悉板栗根系特性、需肥特点和追施肥的时期与方法；②会正确进行板栗追施膨果肥

方法能力：①具有较强进行信息采集与处理的能力；②具有较强的开拓创新能力；③具有再学习能力；④评价（自我、他人）能力；⑤自我控制与管理能力

社会能力：①具有较强的团队协作、组织协调能力；②良好的责任感；③高度的责任心；④一定的妥协能力

个人能力：①具有职业道德、遵纪守时等职业意识；②热爱劳动，热爱岗位，吃苦耐劳、爱岗敬业；③具有良好的心理素质和身体素质，自信心强；④具有较好的语言表达、人际交往能力

准备：

仪器（投影仪、幻灯片等）
绘图纸　8 张
白板笔（四种颜色）各 8 支
小磁钉　8 个
镐　16 把
耙子　16 把
合杆　1 台
塑料瓶　16 个
剪刀　1 把
复合肥　50 kg
灌水用具　若干

时间	行为阶段	教师活动	参与者活动	方法	媒体
5'	资讯	1. 展示三张（幼果期、果实膨大期和果实成熟期）图片，提出问题，从幼果到果实成熟，我们在果实膨大期干些什么，才能保证种子饱满？提出"追施膨果肥"任务 2. 学生分组	1. 学生回答问题 2. 每组 6 名学生，共 8 组，选小组长，小组成员准备研讨	问答 头脑风暴	多媒体、视频展台
30'	计划	安排小组讨论，要求学生提炼总结研讨内容，提出 2 组进行汇报	讨论、总结理论基础，填写学习情境报告单、成果展示	讨论 引导问题、填写报告单	学习情境报告单
10'	决策	指导学生小组完成实施方案	确定实施方案、填写实施计划	讨论、填写实施计划单	实施计划单
100'	实施	教师示范、巡回指导	组长负责，每组学生共同完成板栗追施膨果肥任务	实习法	板栗结果树、镐、耙子或复合肥
20'	检查	教师巡回检查，并对各组进行监控和过程评价，及时纠错	1. 在小组完成生产任务的过程中，互相检查实施情况和进行过程评价 2. 填写《果树栽培》职业能力评价表	小组学习法 工作任务评价	《果树栽培》职业能力评价表
10'	评价	1. 教师在学生实施过程中口试学生生理知识掌握情况，并将结果填入《果树栽培》（个人）专业技能评价表 2. 教师对各组实施的《果树栽培》职业能力评价进行评价并将结果填入《果树栽培》职业能力评价表	1. 学生回答教师提出的问题 2. 对自己及组内成员完成任务情况进行评价，结果记入《果树栽培》职业能力评价表	提问 工作任务评价	《果树栽培》专业技能评价表 《果树栽培》职业能力评价表
5'	反馈	1. 总结任务完成情况 2. 强调应该注意的问题	1. 学生思考总结自己小组协作完成情况，总结优缺点 2. 完成工作技能单	提问 小组工作法	工作技能单

☞引导文

教材

蒋锦标，卜庆雁.果树生产技术(北方本).2 版.北京:中国农业大学出版社,2014

参考教材及著作

(1)张宝刚.果树栽培.北京:中国林业出版社 2006

(2)于泽源.果树栽培.北京:高等教育出版社,2011

(3)程丽莉,胡广隆,黄武刚.图说板栗优质高产栽培.北京:化学工业出版社,2013

(4)郑诚乐.锥栗板栗无公害栽培.福建:福建科技出版社,2008

(5)范伟国,李玲,刘树增.板栗标准化安全生产.北京:中国农业出版社,2007

网络资源

(1)陇原先锋网:http：// www. lyxfw. gov. cn/content. jsp？urltype ＝ news. News Content Url&wbn-ewsid＝109113&wbtreeid＝1045 板栗施肥技术

(2)河北林业网:http：//www.hebly.gov.cn/showarticle.php？id＝8880 板栗生产技术问答

(3)黔农网:http：//www.qnong.com.cn/zhongzhi/shuiguo/1461.html 板栗栽培种植技术

(4)西北苗木网:http：//www.xbmiaomu.com/zaipeizhishi39234/板栗秋管抓好六个重点

(5)北京密云县林业局网:http：//lyj.bjmy.gov.cn/lykj/402880f81126904201112f77ce5200e7.html 板栗密植丰产栽培技术

附件

(1)学习情境报告单　见《果树栽培学程设计》作业单

(2)实施计划单　见《果树栽培学程设计》作业单

(3)《果树栽培》专业技能评价表　见附录 A 附表 4-10

(4)《果树栽培》职业能力评价表　见附录 B 附表 2

(5)工作技能单　见《果树栽培学程设计》作业单

(6)技术资料

学生补充的引导文

技术资料——板栗追施膨果肥

7月初至8月底,尤其是7月底至8月底是板栗果实膨大期,是栗果迅速膨大及果肉干物质积累期,对养分需求旺盛。及时追肥,可使果实饱满,提高果实产量见图4-9、图4-10、图4-11。

图4-9　板栗的幼果

图4-10　板栗果实膨大期

一、追肥时期及肥料种类

1. 7月上中旬,追肥以速效氮肥(尿素)为主,每次每株投影面积10 m²,施0.25 kg尿素;投影面积每增加10 m²,施尿素增加0.25 kg。如遇干旱天气施肥后要灌水。

2. 8月下旬,板栗果实进入灌浆期。这期间如能满足栗树的养分需要,不仅能有效地促进栗粒增大、果肉饱满和提高品质,而且可增强叶片光合效能,增加树体养分积累。此时施肥以速效性的三元复合肥为最理想,一般每667 m²施20～25 kg。

图4-11　板栗果实成熟期

二、施肥方法

1. 以土壤施肥为主,施肥方法见4.2.4板栗花期施硼之技术资料。

2. 7月下旬至8月下旬,在土壤施肥的同时,可每隔15 d加喷一次6 500倍植宝素,同时要保证树体水分供应,才能更好地发挥肥效。

3. 果园管理是一个系统工程,不能片面强调某一项管理,要求土壤管理、施肥、水分管理、修剪、病虫防治等相结合,才能有更好的管理效果。

保护地核果类果树栽培

● 设施结构及保护地桃主栽品种

● 打破休眠

● 环境调控

● 植物生长调节剂的使用

● 采收后修剪

5.1 设施结构及保护地桃主栽品种

"课堂计划"表格

日期：	班级：
用时：	
地点：	

科目：果树栽培

题目：学习主题5.1（建议6学时）：设施结构及保护地桃主栽品种

课堂特殊要求（家庭作业等等）：
提前查阅下列问题：
1. 保护地的类型有哪些？调查一栋温室，绘图说明其结构
2. 保护设施栽培的类型及果树的生长发育特点
3. 保护地桃栽培品种选择原则
4. 保护地桃栽培的主要品种及各自特点

准备：
黑板
教材
仪器（投影仪、幻灯片等）
练习本
绘图纸　8张
白板笔（四种颜色）各8支
胶带　1捆
小磁钉　8个
钢卷尺　8个

目标：
专业能力：①熟悉保护地栽培的类型；掌握保护设施结构及保护果树栽培的主要品种的类型等知识；②利用工具调查并绘制学院某一栋温室；③能够指导保护地桃栽培品种选择
方法能力：①具有较强的信息采集与处理的能力；②具有决策和计划的能力；③具有再学习能力；④具有较强的开拓创新能力；⑤自我控制与管理能力；⑥评价（自我、他人）能力
社会能力：①具备较强的团队协作、组织协调能力；②高度的责任感；③一定的安全防护能力
个人能力：①具有踏实肯干、遵纪守时等职业道德；②具有良好的心理素质、身体素质、自信心强；③具有较好的语言表达、人际交往能力

时间	行为阶段	教师活动	参与者活动	方法	媒体
20'	资讯	1. 利用PPT介绍设施果树栽培的意义、现状、存在的问题及发展趋势。提出"保护设施结构及保护地桃栽培的主要品种调查"任务 2. 学生分组	1. 过程中学生回答问题 2. 每组6名学生，共8组，选小组长，小组成员准备研讨	讲授	PPT，学生自备资料
25'	计划、决策	1. 安排小组讨论，要求学生提炼总结研讨内容 2. 指导小组完成调查单设计	1. 讨论、总结理论基础，填写学习情境报告单 2. 确定实施方案，填写调查清单	讨论、填写报告单，设计调查清单	学习情境报告单，调查清单
190'	实施	观察指导	1. 学生合作完成"设施栽培品种调查，绘制"任务 2. 总结设施结构调查、品种选择的原则，主要品种及各自特点	小组工作法，操作实施	钢卷尺、温室
25'	检查	教师巡回检查，并对各组进行监控。听取各组成果展示	在小组完成任务的过程中，互相检查实施情况，完成调查，成果展示	小组汇报	学习情境报告单，绘制温室结构
10'	评价	1. 教师对学生的实施进行提问与纠正 2. 对调查实施时出现的问题备予纠正 3. 布置下次学习主题5.2（建议4学时）："打破休眠"任务	1. 回答教师的问题，对教师的正确处理措施 2. 记录问题做出反应 3. 记录老师布置的工作任务	提问，工作任务评价	学习情境报告单绘制，温室结构

☞ 引导文

教材

蒋锦标,卜庆雁.果树生产技术(北方本).2 版.北京:中国农业大学出版社,2014

参考教材及著作

(1)马骏,蒋锦标.果树生产技术(北方本).北京:中国农业出版社,2006

(2)蒋锦标,于立杰.桃优质高效生产技术.北京:化学工业出版社,2012

(3)何水涛等.桃优质丰产栽培技术彩色图说.北京:中国农业出版社,2002

(4)赵锦彪等.桃标准化生产.北京:中国农业出版社,2007

(5)郭晓成.桃树栽培新技术.西安:西北农林科技大学出版社,2003

(6)陈杏禹.园艺设施.北京:化学工业出版社,2011

网络资源

(1)豆丁网:http://www.docin.com/p-61813571.html 园艺设施类型

(2)新浪博客:http://blog.sina.com.cn/s/blog45bc17d30100xgk7.html 设施园艺

(3)东北农业大学:http://ssyy.neau.edu.cn/kcjx/studyj.aspx? t=xgsy&zId=182 设施园艺学

(4)中国种植技术网:http://zz.ag365.com/zhongzhi/guoshu/guoshuzhongzhi/2006/2006092656005.html 发展保护地果树前景好

(5)农村信息直通车:http://www.gdcct.gov.cn/agritech/kxzz/gs/zpjs/200909/t20090903172460.html#text 油桃保护地栽培的品种选择

附件

(1)学习情境报告单　见《果树栽培学程设计》作业单

(2)保护地桃主栽品种调查表　见《果树栽培学程设计》作业单

(3)设施结构调查清单　见《果树栽培学程设计》作业单

学生补充的引导文

5.2 打破休眠

"课堂计划"表格

日期:	用时:	科目: 果树栽培
班级:	地点:	题目: 学习主题5.2（建议4学时）: 打破休眠 （应用举例：设施桃树的人工破眠）

课堂特殊要求（家庭作业等）:
提前查阅下列问题:
1. 果树需冷量概念及桃树的需冷量范围
2. 保护地桃需冷量不足的弊端
3. 保护地桃人工促眠的具体措施
4. 保护地桃人工促眠注意事项

目标:
专业能力：①熟悉果树休眠机理、打破果树休眠的方法、掌握桃人工低温暗光促眠等相关的理论知识；②会正确进行保护地桃人工破眠

方法能力：①具有较强的信息采集与处理能力；②具有决策和计划的能力；③具有再学习能力的开拓创新能力；④具有较强的团队协作、组织协调能力

社会能力：①自我控制与管理能力；②具备较强的团队协作、组织协调能力；②高度的责任感；③一定的妥协能力

个人能力：①具有踏实肯干等职业道德；②具有良好的心理素质、身体素质，自信心强；③具有较好的语言表达、人际交往能力

准备:
黑板
仪器（投影仪、幻灯片等）
桌椅、座次
练习本
绘图纸 8张
白板笔（四种颜色） 各8支
胶带 1捆
小磁钉 8个
单氰胺 1瓶
喷雾器 4个
量筒（10 mL） 2个
量筒（1 000 mL） 2个

时间	行为阶段	教师活动	参与者活动	方法	媒体
5′	资讯	1. 展示图片，提问"为什么要把温室白天覆盖，甚至室外温度降至0℃时更要把温室覆盖上，甚至有的温室白天覆盖，晚上卷起前底脚处覆盖"，提出"保护地桃人工破眠"任务	1. 学生回答问题 2. 每组6名学生，共8组，选出地小组长，小组成员准备研讨	提问分析	学生自备资料、温室覆盖图片、下帘夜间放风图片、多媒体
25′	计划	安排小组讨论，要求学生提炼总结研讨内容	讨论、总结理论基础，填写实施计划单	讨论、填写报告单	学习情境报告单
15′	决策	指导小组完成实施方案	讨论、填写实施计划单 确定实施方案	讨论、填写实施计划单	实施计划单
100′	实施	观察指导	组长负责，学生合作完成保护地桃人工破眠任务	小组工作法 操作实施	保护地桃树、单氰胺、喷雾器等
10′	检查	教师巡回检查，并对各组进行监督和过程评价，及时纠错	1. 在小组完成生产任务的过程中，互相检查实施情况和进行过程评价 2. 填写《果树栽培》职业能力评价表	小组学习法 工作任务评价	《果树栽培》职业能力评价表
20′	评价	1. 教师在学生实施过程中口试学生生《果树栽培》专业技能理论知识掌握情况，并将结果填入《果树栽培》专业技能评价表 2. 教师对各组的实施结果进行评价并将结果填入《果树栽培（个人）》职业能力评价表	1. 学生回答教师提出的问题 2. 对自己及组内成员完成任务情况进行评价，结果记入《果树栽培》职业能力评价表	提问 工作任务评价	《果树栽培》专业技能评价表、《果树栽培》职业能力评价表
5′	反馈	1. 对调查实施时出现的问题给予纠正 2. 布置下次学习主题5.3（建议8学时）："环境控制"任务	1. 对教师的点评做出反应，记录问题的正确处理措施 2. 完成工作技能单 3. 记录老师布置的工作任务	提问 小组工作法	工作技能单

👉 引导文

教材

蒋锦标,卜庆雁.果树生产技术(北方本).2版.北京:中国农业大学出版社,2014

参考教材及著作

(1)马骏,蒋锦标.果树生产技术(北方本).北京:中国农业出版社,2006

(2)蒋锦标,于立杰.桃优质高效生产技术.北京:化学工业出版社,2012

(3)王有年.优质桃无公害生产关键技术问答.北京:中国林业出版社,2008

(4)王金政,王少敏.果树保护地栽培不可不读.北京:中国农业出版社,2004

(5)郭晓成.桃树栽培新技术.西安:西北农林科技大学出版社,2003

(6)边卫东.桃生产关键技术百问百答.北京:中国农业出版社,2002

网络资源

(1)青青花木网:http://www.312green.com/information/detail.php? topicid＝87887 大棚果树打破休眠的方法

(2)道客巴巴:http://www.doc88.com/p－99014661045.html 落叶果树休眠和设施果树休眠的解除

(3)第一食品网:http://www.foods1.com/content/1366823/果树休眠可提前唤醒

(4)360doc 图书馆:http://www.360doc.com/content/11/1023/16/7197533158452056.shtml 解除落叶果树休眠的方法

(5)豆丁网:http://www.docin.com/p－366417910.html 打破落叶果树芽休眠的措施

附件

(1)学习情境报告单　见《果树栽培学程设计》作业单

(2)实施计划单　　见《果树栽培学程设计》作业单

(3)《果树栽培》专业技能评价表　见附录 A 附表 5-1

(4)《果树栽培》职业能力评价表　见附录 B 附表 2

(5)工作技能单　见《果树栽培学程设计》作业单

(6)技术资料

学生补充的引导文

技术资料——设施桃树的人工破眠

桃树休眠期树体处于一个相对静止状态,但在休眠过程,树体内部仍然进行着一系列的生理生化变化活动,如激素的转化、芽的进一步分化等,所以休眠要求一定的气候条件和时间进度。桃树的需冷量为 450～1 200 h,不同温度对打破休眠的效应不同,有研究表明 2.5～9.1℃打破休眠的效果最好。如果需冷量不足就扣棚升温,会造成桃树萌芽开花不整齐,授粉受精不良,严重的可能不能萌芽开花。桃树进入深休眠后,每个芽都成为相对独立的个体,温度是影响芽休眠的最重要的气候参数。采取简单经济的调控措施,可创造打破休眠所需的低温环境。

一、环境调控促进破除休眠

我国北方地区在桃树落叶后,可采用白天盖膜覆盖草帘、夜间揭帘通风的方法人为降温创造低温环境,使桃树尽快度过休眠期。山东果农在桃树落叶后,随即采用冰块降温的方法,促使温室内的桃树尽快度过休眠。规模大的设施桃,可以采用活动冷管,即制冷钢管可装配,降温落叶后再移到另一设施中。

如桃树栽培在容器内,可在落叶前提早把容器移植到冷库中,开始温度比外界略低,以后逐渐降低,达到 5～6℃最好,这种方法在以色列、意大利等国都有采用。我国多用于盆栽观赏桃。有的地区盆栽桃树可一年四季控制成熟。

降温时间一般在当地正常开始落叶前 20 d 左右时行。

二、化学药剂破除休眠

施用化学药剂,可破除落叶果树的休眠。目前常用的化学物质有含氮化合物、含硫化合物、矿物油和植物生长调节剂等,如石灰氮(氰胺化钙)、单氰胺(氨基氰)、TDZ、硫脲、KNO_3、NH_4NO_3 和乙烯等。休眠芽体对化学药剂的反应受很多因素的影响,包括修剪时期、化学药剂的施用时间、芽的生理状态以及栽培条件等。

国内近几年开始采用单氰胺和石灰氮对桃树进行破除休眠试验,结果表明,单氰胺对桃树破眠效果较好,一般能提前 6～10 d 解除休眠,但也有试验表明坐果率有一定的降低。石灰氮对桃树破眠效果不一,有的试验表明能提前 6 d 左右解除休眠,有的试验表明没有明显效果,可能受品种和环境条件的影响。

1. 石灰氮（$CaCN_2$）

石灰氮是黑色粉末,带有大蒜的气味,质地细而轻,吸湿性很大,易吸潮起水解,并且体积增大。石灰氮含氮 20%～22%,在农业上可用作碱性肥料,做基肥使用。也可做食用菌栽培基质的化学添加剂,补充氮源和钙素。石灰氮对人畜有毒,接触皮肤时能引起局部溃烂。

对水 5～7 倍。配制时需将石灰氮缓缓倒入 70℃以上热水中,搅拌均匀,容器加盖浸泡 2 h 以上,自然冷却后即可使用。在发芽前,用背负式喷雾器全树均匀喷药一次。

2. 单氰胺

单氰胺(hydrogen cyanamide,CH_2N_2)化学名称为氨基氰,又名氰胺、氨基甲氰,是一种植物休眠终止剂,可以弥补低温不足,有效地抑制植物体内过氧化氢酶的活性,加速植物体内氧化磷酸戊糖(PPP)循环,从而加速植物体内基础性物质的生成,刺激作物生长,终止休眠,促进果树萌芽。在保护地桃扣棚升温初期,用 50～60 倍单氰胺水溶液喷洒桃枝条,可有效促进桃提早萌芽、开花、结果和成熟,并已在生产上推广使用。单氰胺具毒性,能刺激腐蚀皮肤、呼吸道、黏膜,吸入或食入会使面部瞬时强烈变红、头痛、头晕、呼吸加快、心动过速、血压过低等症状。

5.3　环境调控

▨ "课堂计划"表格

日期:	用时:	科目: 果树栽培
班级:	地点:	题目: 学习主题5.3(建议8学时): 环境调控

课前特殊要求(家庭作业等): 提前查阅下列问题:
1. 保护地内温度变化规律及温度调控措施
2. 保护地内湿度变化规律及湿度调控措施
3. 保护地内光照变化规律及光照调控措施
4. 保护地内 CO_2 变化规律及 CO_2 调控措施
5. 保护地核桃不同发育时期对温光水气的要求

目标:

专业能力:①熟悉核桃不同生育时期对温光水气的要求,保护地内温度、湿度、光照以及 CO_2 变化规律及调控措施等相关的理论知识;②会正确进行保护地桃的温湿水气调节

方法能力:①具有较强进行信息采集与处理的能力;②具有决策和计划的能力;③具有再学习能力;④具有较强的开拓创新能力;⑤自我控制与管理能力;⑥评价(自我、他人)能力

社会能力:①具备较强的团队协作、组织协调能力;②具有一定的妥协能力;③一定的责任感

个人能力:①具有踏实肯干、遵纪守时等职业道德;②高度自信、自信心强;③具有较好的语言表达;良好的心理素质和身体素质;人际交往能力

准备: 黑板
仪器(投影仪、幻灯片等)
桌椅、座次
练习本
绘图纸　8张
白板笔　4种颜色　各8支
胶带　1捆
小磁钉　8个
温度计　4个
湿度计　4个
照度计　4个
CO_2 测定仪　4个

时间	行为阶段	教师活动	参与者活动	方法	媒体
5'	资讯	1. 提出任务——保护地桃温光水气调控 2. 学生分组	1. 学生回答问题 2. 每组6个学生、小组成员准备研讨	思维导图法	黑板、粉笔、学生自备资料
30'	计划	安排小组讨论,要求学生提炼总结研讨内容	讨论、填写学习情境报告单	讨论、填写报告单	学习情境报告单
10'	决策	指导小组完成调查清单设计	确定实施方案、填写调查清单	小组工作法填写调查清单	调查清单
270'	实施	观察指导	1. 学生分工合作完成保护地内外温光水气状况调查及规律,绘制折线图 2. 每组负责温室两天的温光水气调控任务	小组工作法操作实施	温度计、湿度计、照度计、CO_2 测定仪等
35'	检查	教师听取各组成员成果展示	在小组完成任务的过程中,互相检查实施情况,完成调查、成果展示	小组汇报	学习情境报告单
10'	评价	1. 教师对学生的成果展示进行提问与点评 2. 对调查实施时出现的问题给予纠正 3. 对实施结果给出评价 4. 布置下一次学习主题5.4(建议4学时):"植物生长调节剂的使用"任务	1. 回答教师的问题,对教师的点评做出反应 2. 记录问题正确的问题做处理措施 3. 记录老师布置的工作任务	提问 工作任务评价	成果展示材料

☞引导文

教材

蒋锦标,卜庆雁.果树生产技术(北方本).2 版.北京:中国农业大学出版社,2014

参考教材及著作

(1)王金政,王少敏.果树保护地栽培不可不读.北京:中国农业出版社,2004

(2)蒋锦标,于立杰.桃优质高效生产技术.北京:化学工业出版社,2012

(3)王有年.优质桃无公害生产关键技术问答.北京:中国林业出版社,2008

(4)李林光等.桃——无公害农产品高效生产技术丛书.北京:中国农业大学出版社,2006

(5)赵锦彪等.桃标准化生产.北京:中国农业出版社,2007

(6)郭晓成.桃树栽培新技术.西安:西北农林科技大学出版社,2003

(7)边卫东.桃生产关键技术百问百答.北京:中国农业出版社,2002

网络资源

(1)中华园林网:http://www.yuanlin365.com/yuanyi/166864.shtml 温室设施配置及环境调控技术

(2)道客巴巴:http://www.doc88.com/p-99737240942.html 第四章 设施环境调控

(3)中华文本库:http://www.chinadmd.com/file/w6e3reerwwo6wcpxeitaup3t1.html 设施土壤环境及调控

(4)一亩田:http://www.ymt360.com/news/bview/51710 设施果树栽培的环境调控

(5)豆丁网:http://www.docin.com/p-732949728.html 设施园艺-环境及调控技术

附件

(1)学习情境报告单   见《果树栽培学程设计》作业单

(2)调查清单   见《果树栽培学程设计》作业单

学生补充的引导文

5.4　植物生长调节剂的使用

"课堂计划"表格

日期：	用时：
班级：	地点：

科目：果树栽培
题目：学习主题5.4（建议4学时）：植物生长调节剂的使用（应用举例：桃生长抑制剂的使用）

课堂特殊要求（家庭作业等）：
提前查阅下列问题：
1. 植物生长调节剂的种类与作用
2. 保护地果树常用生长调节剂
3. 桃生长抑制剂的使用时期与方法
4. 使用抑制剂PBO的注意事项

目标：
专业能力：①熟悉植物生长调节剂的种类与作用，设施果树常用生长调节剂的使用知识；②会正确使用桃生长抑制剂；③严格执行无公害果品生产规程及环保基本要求
方法能力：①具有较强的信息采集与处理的能力；②具有决策和计划的能力；③具有再学习能力；④具有较强的开拓创新能力；⑤自我控制与管理能力
社会能力：①具备较强的团队协作、组织协调能力；⑤一定的妥协能力
个人能力：①评价（自我、他人）能力；②高度的责任感；③良好的心理素质和身体素质；④能吃苦耐劳，热爱劳动，踏实肯干、爱岗敬业、遵纪守时；③具有较好的语言表达、人际交往能力

准备：
黑板
仪器（投影仪、幻灯片等）
桌椅、座次
练习本
绘图纸　8张
白板笔（四种颜色）　各8支
胶带　4卷
小磁钉　16个
量筒（1 000 mL）　1台
托盘天平　4个
喷雾器　4个
PBO　2袋

时间	行为阶段	教师活动	参与者活动	方法	媒体
5′	资讯	1. 提问植物生长调节剂你知道多少 2. 引出问题，用于桃抑制生长的调节剂 3. 学生分组	1. 学生回答问题 2. 每组6名学生，共8组，选小组长、小组成员准备研讨	头脑风暴法	黑板、粉笔、学生自备资料
30′	计划	安排小组讨论，要求学生提炼总结研讨内容	阅读资料，讨论、总结理论基础，填写学习情境报告单	讨论引导问题填写报告单	学习情境报告单
10′	决策	指导小组完成实施方案	确定实施方案，填写实施计划，展示板	讨论、引导问题，填写报告单	展示板、实施计划单
100′	实施	教师监督管理学生称药、配制、量水、喷药，巡回观察指导	组长负责，每组学生共同完成桃生长抑制使用任务	实际操作、小组工作法	药剂、量筒、托盘天平、喷雾器、桃树等
20′	检查	教师巡回检查，并对各组进行监控和过程评价	1. 在小组完成生产任务的过程中，互相检查实施情况 2. 填写《果树栽培》职业能力评价	小组工作法 工作任务评价	《果树栽培》专业能力评价表
10′	评价	1. 教师在学生实施过程中口试学生理论知识填入《果树栽培（个人）》专业技能评价表 2. 教师对各组实施结果进行评价并将结果填入《果树栽培》专业技能评价表	1. 学生回答教师提出的问题 2. 对自己及组内成员完成任务情况进行评价，结果填入《果树栽培》职业能力评价表	提问 工作任务评价	《果树栽培》专业技能评价表、《果树栽培》职业能力评价表
5′	反馈	1. 总结任务实施情况 2. 强调抑制剂使用应该注意的问题 3. 布置下一次学习主题5.5（建议8学时）："采收后修剪"任务	1. 学生思考自己小组协作完成情况，总结优缺点 2. 完成工作技能单的编写 3. 记录老师布置的工作任务	归纳总结 小组工作法	工作技能单

👉 引导文

教材

蒋锦标,卜庆雁.果树生产技术(北方本).2 版.北京:中国农业大学出版社,2014

参考教材及著作

(1)马骏,蒋锦标.果树生产技术(北方本).北京:中国农业出版社,2006

(2)蒋锦标,于立杰.桃优质高效生产技术.北京:化学工业出版社,2012

(3)王有年.优质桃无公害生产关键技术问答.北京:中国林业出版社,2008

(4)李林光等.桃——无公害农产品高效生产技术丛书.北京:中国农业大学出版社,2006

(5)赵锦彪,等.桃标准化生产.北京:中国农业出版社,2007

(6)郭晓成.桃树栽培新技术.西安:西北农林科技大学出版社,2003

(7)边卫东.桃生产关键技术百问百答.北京:中国农业出版社,2002

(8)张克斌,等.油桃优良品种与优质高效栽培.北京:中国农业出版社,2002

网络资源

(1)新农网:http://www.xinnong.com/tao/jishu/607023.html 温室桃树的栽培技术

(2)宁夏农网:http://www.nxnw.com.cn/Item/2512.aspx 日光温室油桃栽培技术

(3)水果邦论坛:http://bbs.shuiguobang.com/thread-89209-1-1.html 甜油桃定植当年前促后控精细管理技术

(4)新农村商网:http://nc.mofcom.gov.cn/news/P1P130921I8672302.html 桃树上使用 PBO 的几个深层问题

(5)中国兴农网:http://nykj.xn121.com/zxdy/08/1614407.shtml 温室桃树拉枝一边倒的方法与管理

(6)衢州市党员干部现代远程教育服务网:http://www.nj110.com/programs/main/yjsyjs/view.jsp? id=131094 新型果树促控剂 PBO 的功能及使用方法

附件

(1)学习情境报告单　见《果树栽培学程设计》作业单

(2)实施计划单　见《果树栽培学程设计》作业单

(3)《果树栽培》专业技能评价表　见附录 A 附表 5-2

(4)《果树栽培》职业能力评价表　见附录 B 附表 2

(5)工作技能单　见《果树栽培学程设计》作业单

(6)技术资料

学生补充的引导文

技术资料——桃生长抑制剂的使用

一、温室桃常用生长抑制剂

1. PPP₃₃₃

PPP$_{333}$也叫多效唑,是近年来果树上应用较为普遍的生长抑制剂。它的作用是抑制树体内赤霉素的合成,从而使新梢生长缓慢,节间短,树姿紧凑,由此促进花芽形成。PPP$_{333}$对多种果树有效,对桃、李、杏、樱桃等核果类的作用特别显著,对控制桃幼树的旺长特别有用。施用PPP$_{333}$后,控制了树体的生长,减轻了夏季修剪,改善了树体光照,花芽着生部位低、充实而健壮,花期和果实成熟期略有提前。不影响坐果,也不会抑制果实生长。但也有副作用:一是果实发涩,糖度降低,影响食用性;二是果实底色发绿,果形发扁,影响外观质量,降低商品价值;三是在果实内有残留;四是树体弱的尤其是立地条件差的,不靠肥水,单靠多效唑促花,坐果也不理想。

2. PBO

PBO含细胞分裂BA(又名促花激素)、生长素衍生物ORE、增糖着色剂、延缓剂、早熟剂、抗旱保水剂、防冻剂、防裂素、杀菌剂及10多种营养元素组成,其作用机理是调控果树花器子房及果实三种激素的比率,提高花器的受精功能,提高坐果率,激活成花基因,促进孕育大量优质花芽,叶绿素含量增加66.7%以上,光合速率增长55%以上,光产物增长1.21～1.35倍,PBO能诱导各器官营养向果实集中,营养丰富,果实大,质量高,果树高产,优质、高效。

3. 烯效唑

烯效唑属广谱性、高效植物生长调节剂,兼有杀菌和除草作用,是赤霉素合成抑制剂。具有控制营养生长,抑制细胞伸长、缩短节间、矮化植株,促进侧芽生长和花芽形成,增进抗逆性的作用。其活性较多效唑高6～10倍,但其在土壤中的残留量仅为多效唑的1/10,因此对后茬作物影响小,可通过种子、根、芽、叶吸收,并在器官间相互运转,但叶吸收向外运转较少。多用于观赏植物控制株形,促进花芽分化和多开花等。

二、温室桃生长抑制剂的使用

1. PPP₃₃₃

7月中下旬叶片喷布200～400倍15%的多效唑。隔15 d再喷一次。

注意事项

①营养生长旺盛的树上使用,弱树不宜使用。

②施用后一定要进行疏果。

③要内外喷透,并以喷施叶背面为主。

④不同厂家生产的多效唑使用浓度应有所区别。

⑤低浓度多次喷布比高浓度一次喷布效果好。

2. PBO

7月中下旬喷2次150倍液,间隔10～15 d,使花芽着生在新梢中部,可以控梢促花。

5.5 采收后修剪

日期：	科目：果树栽培
班级：	

用时：	题目：学习主题 5.5（建议 4 学时）：
地点：	采收后修剪（应用举例：温室桃采收后修剪）

课堂特殊要求（家庭作业）：
1. 温室桃常用树形及树体结构
2. 温室桃采收后修剪的时期与方法
3. 采收后修剪的注意事项
4. 修剪后的植株如何进行管理

目标：
专业能力：①熟悉温室桃常用树形及结构、修剪的依据；②能够独立完成温室桃采收后修剪的修剪任务
方法能力：①具有较强的信息采集与处理能力；②具有决策和计划能力；③具有再学习能力；④具有较强的开拓创新能力；⑤自我控制与管理能力；⑥评价（自我、他人）能力
社会能力：①具备较强的团队协作、组织协调能力；②良好的责任感；④一定的妥协能力
个人能力：③高度的责任感；①具有吃苦耐劳、热爱劳动、踏实肯干、爱岗敬业、遵纪守时等职业道德；②具有良好的心理素质、自信心强；③具有较好的语言表达、人际交往能力

准备：
黑板
仪器（投影仪、幻灯片等）
果椅、座次
绘图纸 8 张
白板笔（红、蓝、黑、绿） 各 8 支
小磁钉 8 个
手锯 4 把
修枝剪 48 把

时间	行为阶段	教师活动	参与者活动	方法	媒体
5′	资讯	1.提问：温室桃果实采收后树体基本交接，怎样调整才能保证丰产、稳产？从而引出"温室桃采收后修剪"任务 2.学生分组	1.学生回答 2.每组 6 名学生，共 8 组，选人组长，小组成员准备讨论	问答、头脑风暴	多媒体、PPT、学生自备资料
30′	计划	安排小组讨论，要求学生提炼总结研讨内容，提出 4 组进行成果展示	讨论、总结理论基础，填写学习情境报告单、成果展示	讨论引导问题，填写报告单	学习情境报告单
35′	决策	指导小组完成实施方案	确定实施方案，填写实施计划	讨论、填写实施计划单	实施计划单
85′	实施	教师示范，巡回指导	组长负责，每组学生共同完成桃采收后修剪任务	实习法	修枝剪、手锯、温室桃树
10′	检查	教师巡回检查，并对各组进行监控和过程评价，及时纠错	1.在小组完成生产任务的过程中，互相检查采收后修剪任务 2.填写《果树栽培》职业能力评价表	小组学习法、工作任务评价	《果树栽培》职业能力评价表
10′	评价	1.教师在学生实施过程中口试学生理论知识掌握情况，并将结果填入《果树栽培（个人）》专业技能评价表 2.教师对各组《果树栽培（个人）》专业技能进行评价并将结果填入果树栽培（个人）专业技能评价表	1.学生回答教师提出的问题 2.对自己及组内成员完成任务情况进行评价，结果记入《果树栽培》职业能力评价表	提问、工作任务评价	《果树栽培》职业能力评价表、《果树栽培》职业能力评价表
5′	反馈	1.总结任务实施情况 2.强调应该注意的问题	1.学生思考总结自己小组协作完成情况，总结优缺点 2.完成工作技能单 3.记录老师布置的工作任务	归纳总结小组工作法	工作技能单

☞ 引导文

教材

蒋锦标,卜庆雁.果树生产技术(北方本).2版.北京:中国农业大学出版社,2014

参考教材及著作

(1)蒋锦标,于立杰.桃优质高效生产技术.北京:化学工业出版社,2012

(2)王有年.优质桃无公害生产关键技术问答.北京:中国林业出版社,2008

(3)李林光等.桃——无公害农产品高效生产技术丛书.北京:中国农业大学出版社,2006

(4)赵锦彪等.桃标准化生产.北京:中国农业出版社,2007

(5)郭晓成.桃树栽培新技术.西安:西北农林科技大学出版社,2003

(6)边卫东.桃生产关键技术百问百答.北京:中国农业出版社,2002

(7)张克斌,等.油桃优良品种与优质高效栽培.北京:中国农业出版社,2002

网络资源

(1)青青花木网:http://www.312green.com/information/detail.php? topic_id=97702 油桃采收后修剪技术

(2)西北苗木网:http://www.xbmiaomu.com/zaipeizhishi39511/油桃采收后修剪技术

(3)额尔齐斯网:http://alt.xjkunlun.cn/wnfw/syjs/2014/4128886.htm 桃树大棚栽培

(4)个人图书馆:http://www.360doc.com/content/13/0226/22/6240242268106033.shtml 日光温室无公害大棚油桃栽培技术要点

(5)宁夏农网:http://www.nxnw.com.cn/Item/17041.aspx 设施农业桃树栽培技术

(6)农广在线:http://www.ngonline.cn/njwk/syjs/gszp_syjs/201203/t20120319_108633.html 一边倒桃树采收后的修剪

附件

(1)学习情境报告单　见《果树栽培学程设计》作业单

(2)实施计划单　见《果树栽培学程设计》作业单

(3)《果树栽培》专业技能评价表　见附录A附表5-3

(4)《果树栽培》职业能力评价表　见附录B附表2

(5)工作技能单　见《果树栽培学程设计》作业单

(6)技术资料

学生补充的引导文

技术资料——温室桃采后修剪

一、采收后修剪的意义

设施内桃的生产过程与露地不同,冬季生长期主要目的是结果、形成产量,夏季生长期主要目的是培养树体结构和形成良好的花芽,为下一年的生产打下基础。温室桃的采收后修剪是适应保护地的生产而产生的,通过修剪来调整树体结构,培养稳定的结果枝组。

二、桃采收后修剪的原则

采取重修剪,以短截为主。冬季形成的枝组枝轴长、长势弱、花芽质量不好,通过短截更新,使结果部位更靠近主轴,使新抽生的新梢形成花芽,成为来年的结果部位。

三、桃采收后修剪的依据

品种特性、环境条件、栽培管理水平等。

株行距1 m×2.5 m,采用"Y"字形,主干高20～30 cm,两主枝开张角度70°～80°,伸向行间,主枝上直接着生结果枝组,主枝中、下部着生中大型枝组,主枝中、上部着生中、小型枝组,株间可培养临时性的大型枝组或辅养枝。

四、修剪的方法

短截、疏枝、回缩。

五、温室桃采收后修剪的措施

1. 骨干枝

主枝通过延长枝调整方位、角度与高度。由于受棚室高度的限制,要将树高控制在1.5～1.8 m,树冠间距控制在50 cm左右。留外芽短截,协调主枝间的关系。有空间时,主枝延长枝中短截,以扩大树冠;无空间时,回缩过长过高的延长枝和中部大型枝组,使同一行树保持前低后高的走势。

2. 枝组

温室内桃树,一般不留有侧枝,而是在主枝上直接着生枝组。当枝组扩大到一定范围,不需要再继续扩展时,先端枝可采用回缩的办法,以防止结果部位外移。前强后弱的枝组,要及时回缩,并注意利用剪口枝的角度,调节其生长势。枝组回缩要有长有短,上下左右错开。实际操作时,根据树形的要求调整枝组的分布与平衡。对枝轴过长的结果枝组,要及时回缩到分支处。

3. 结果枝

对所有留下的结果新梢(枝间距15～20 cm)留2～3个芽短截。剪除病弱枝、下垂枝、过密枝和劈裂折断枝,以集中养分,促发新枝。

4. 其他

对徒长枝可以疏除,或用之培养枝组。培养枝组的可留5～7芽短截。病虫枝、干枯枝、瘦弱枝等,均应疏除。

5. 清理果园

修剪完毕,要将剪下的枝条清理干净。

注意事项

①修剪时先观察树势强弱，主枝间是否平衡，枝条疏密情况，对植株有个整体概念之后，再动剪。修剪时，先回缩，后疏枝，再短截。

②剪锯口要平。

③修剪时从主枝基部逐级向上剪，避免疏漏。

④控制上强，防止局部光秃。

保护地浆果类果树栽培

● 保护地浆果主栽品种及栽植制度

● 打破休眠

● 环境调控

● 植物生长调节剂的使用

● 采收后修剪

6.1　保护地浆果主栽品种及栽植制度

📖"课堂计划"表格

日期:		用时:		科目: 果树栽培
班级:		地点:		

题目:
学习主题6.1(建议2学时):
保护地浆果主栽品种及栽植制度
(应用举例:保护地主要栽培品种与设施栽培制度)

课堂特殊要求(家庭作业等):
1. 保护地葡萄栽培的类型有哪些
2. 保护地葡萄品种选择的原则
3. 保护地葡萄栽培的主要品种及其特点
4. 保护地葡萄的栽植制度,架式及栽植密度

目标:
专业能力:①熟悉葡萄保护地栽培的类型及架式,掌握保护地葡萄品种选择的原则,主栽品种及栽植制度等理论知识;②能够指导保护地葡萄栽培

方法能力:①具有较强的信息采集与处理能力;②具有决策和计划能力;③具有再学习能力;④具有较强的开拓创新能力;⑤自我控制与管理能力;⑥评价(自我,他人)能力

社会能力:①具备较强的团队协作,组织协调能力;②高度的责任感;③一定的妥协能力

个人能力:①有踏实肯干,遵纪守时等职业道德;②具有良好的心里素质,自信心强;③具有较好的语言表达.人际交往能力

准备:
黑板
仪器(投影仪,幻灯片等)
桌椅,座次
练习本
绘图纸　8张
白板笔(红,蓝,黑,绿)　各6支
胶带　1捆
小磁钉　8个

时间	行为阶段	教师活动	参与者活动	方法	媒体
15′	资讯	1. 利用PPT介绍保护地葡萄栽培的类型及架式。提出保护地葡萄栽培品种选择的原则,主要品种及特点等相关问题 2. 学生分组	1. 学生回答教师提出的问题 2. 每组6名学生,小组成员准备研讨	讲授,问答	PPT,学生自备资料
20′	计划决策	安排小组讨论,要求学生提炼总结研讨内容	讨论,总结理论知识,填写学习情境报告单	小组学习法	多媒体,学习情境报告单
20′	实施	观察指导	总结保护地葡萄栽培品种选择的原则,主要品种及各自特点,完成展示材料	小组工作法操作实施	绘图纸,笔
20′	检查	教师巡回检查,并对各组进行监控和过程评价,听取4组汇报	1. 在小组完成任务的过程中,互相检查实施情况和进行过程评价 2. 成果展示	小组汇报	展示材料
10′	评价	教师对学生的成果展示进行提问与点评	1. 回答教师的问题,对教师的点评做出反应 2. 记录正确的实施措施	提问工作任务评价	展示材料
5′	反馈	1. 总结任务实施情况 2. 布置下次学习主题6.2(建议4学时):"打破休眠"任务	1. 学生思考总结自己小组协作完成情况,总结优缺点 2. 记录老师布置的工作任务	归纳总结小组工作法	展示材料

☞ 引导文

教材

蒋锦标,卜庆雁.果树生产技术(北方本).2 版.北京:中国农业大学出版社,2014

参考教材及著作

(1)马骏,蒋锦标.果树生产技术(北方本).北京:中国农业出版社,2006
(2)王金政,王少敏.果树保护地栽培不可不读.北京:中国农业出版社,2004
(3)刘恩璞,李莉.保护地葡萄丰产配套栽培技术.北京:中国农业出版社,1997
(4)何任红.保护地葡萄栽培技术图解.北京:中国农业出版社,2004

网络资源

(1)中国种植技术网:http://zz.ag365.com/zhongzhi/guoshu/guoshuzhongzhi/2006/2006092153933.html 保护地栽培葡萄效益高
(2)中华园林网:http://www.yuanlin365.com/yuanyi/78351.shtml 红宝石无核葡萄保护地栽培技术
(3)辽宁金农网:http://www.lnjn.gov.cn/edu/syjs/2006/8/111569.shtml 葡萄栽培技术简介
(4)中国农业科技信息网:cast.net.cn/scientech/AppliedTechText.asp? Mdid＝29860&IsEdit＝no 保护地葡萄品种选择六技巧
(5)农业资讯:http://12582.10086.cn/xj/agriculture/techdetail/11971602 保护地葡萄品种的选择技巧

附件

(1)学习情境报告单　见《果树栽培学程设计》作业单
(2)保护地葡萄主要品种调查表　见《果树栽培学程设计》作业单

学生补充的引导文

6.2　打破休眠

"课堂计划"表格

日期:　　　　　科目: 果树栽培

班级:　　　　　小时:

地点:

题目: 学习主题6.2(建议4学时): 打破休眠 (应用举例: 石灰氮处理)

目标:
专业能力: ①熟悉果树休眠机理 打破果树休眠的方法,掌握葡萄石灰氮使用等相关的理论知识;②会正确利用石灰氮对保护地葡萄进行处理
方法能力: ①具有较强的信息采集与处理能力;②具有决策和计划能力;③具有再学习能力;④具有较强的开拓创新能力;⑤自我控制与管理能力;⑥评价(自我、他人)能力
社会能力: ①具有较强的团队协作,组织协调能力;②高度的责任感;③一定的妥协能力
个人能力: ①具有踏实肯干、遵纪守时等职业道德;②自信心强;③具有较好的语言表达、人际交往能力;④具有安全意识
良好的心理素质和身体素质

准备:
黑板
仪器(投影仪、幻灯片等)
方法工具(投影仪、幻灯片等):
果椅、座次、练习本
托盘天平　1台
烧杯　8个
量筒　8个
玻璃棒　8支
塑料盆　16个
毛笔　32支
石灰氮　500 g

课堂特殊要求(家庭作业等):
打破落叶果树休眠的方法有哪些
1. 石灰氮的作用
2. 石灰氮使用的作用
3. 石灰氮使用时期
4. 石灰氮的使用方法
5. 使用石灰氮注意事项

时间	行为阶段	教师活动	参与者活动	方法	媒体
5'	资讯	1. 提问: 打破葡萄休眠的措施有哪些 2. 根据学生回答情况进行总结,并提出"保护地葡萄打破休眠"任务 3. 学生分组	1. 学生回答 2. 每组6名学生,共8组,选8组小组成员准备研讨	问答,头脑风暴法	多媒体,PPT,学生自备资料
30'	计划	安排小组讨论,要求学生提炼总结研讨内容。提出2组进行成果展示	讨论、总结理论基础,填写学习情境报告单。2组进行成果展示	讨论引导与问题,填写报告单	学习情境报告单
35'	决策	指导小组完成实施方案	确定实施方案,填写实施计划	讨论、填写实施计划单	实施计划单
85'	实施	教师示范、巡回指导	组长负责,每组学生共同完成保护地葡萄打破休眠任务	实习法	保护地葡萄树、石灰氮、毛笔、塑料盆等
10'	检查	教师巡回检查,并对各组进行监控和过程评价,及时纠错	1. 在小组完成生产任务的过程中,互相检查实施情况和进行过程评价 2. 填写《果树栽培》职业能力评价表	小组学习法工作任务评价	《果树栽培》专业技能评价表
10'	评价	1. 教师在学生实施过程中口试学生理论知识掌握情况,并将结果填入《果树栽培》(个人)的实施结果评价表 2. 教师对各组《果树栽培》职业技能进行评价	1. 学生回答教师提出的问题 2. 对自己及组内成员完成任务情况进行评价,结果记入《果树栽培》职业能力评价表	提问工作任务评价	《果树栽培》评价表 《果树栽培》评价表
5'	反馈	1. 总结任务实施 2. 强调应该注意的问题 3. 布置下次学习主题6.3(建议8学时): "环境调控"任务	1. 学生思考总结自己小组协作完成情况,总结优点 2. 完成工作技能单 3. 记录老师布置的工作任务	归纳总结小组工作法	工作技能单

👉 引导文

教材

蒋锦标,卜庆雁.果树生产技术(北方本).2 版.北京:中国农业大学出版社,2014

参考教材及著作

(1)马骏,蒋锦标.果树生产技术(北方本).北京:中国农业出版社,2006

(2)王金政,王少敏.果树保护地栽培不可不读.北京:中国农业出版社,2004

(3)刘恩璞,李莉.保护地葡萄丰产配套栽培技术.北京:中国农业出版社,1997

(4)何任红.保护地葡萄栽培技术图解.北京:中国农业出版社,2004

网络资源

(1)黑龙江农业信息网:http://www.hljagri.gov.cn/ycjy/nyzs/200705/t2007052337104.htm 大棚葡萄如何提前打破休眠

(2)中华园林网:http://www.yuanlin365.com/yuanyi/86361.shtml 打破葡萄休眠促进提早萌芽技术

(3)广西农业信息网:http://www.gxny.gov.cn/web/2009-04/238237.htm 打破葡萄休眠技术

(4)中国农资网:http://www.ampcn.com/trade/detail/78403.asp 葡萄破眠早熟增产剂(50%单氰胺水剂)

(5)北京现代农业:www.agri.ac.cn/science1/estplant/SD/sdShow.asp? id=1864 大棚葡萄如何提前打破休眠

附件

(1)学习情境报告单　见《果树栽培学程设计》作业单

(2)实施计划单　见《果树栽培学程设计》作业单

(3)《果树栽培》专业技能评价表　见附录 A 附表 6-1

(4)《果树栽培》职业能力评价表　见附录 B 附表 2

(5)工作技能单　见《果树栽培学程设计》作业单

(6)技术资料

学生补充的引导文

技术资料1——石灰氮打破葡萄休眠

一、涂抹时间

一般在葡萄休眠进行到2/3时(约12月上旬)开始涂抹。

二、药剂配制

石灰氮学名氰氨基化钙,其应用浓度以20%为佳,10%也有效果,超过20%时易发生药害,反而抑制萌芽。

其配制方法有两种,一是将1 kg石灰氮倒入5 kg 40～50℃的温水中,不停地搅拌,经1～2 h使其均匀成糊状(防止结块)应用即可;二是称取石灰氮1份,水5份,将石灰氮倒入70℃水中,立即搅拌,一般每隔20～30 min搅拌1次,搅拌4～5次后静置6～12 h,取上清液应用即可。

三、涂抹葡萄芽眼

用小盆盛好上清液,加展着剂或豆浆,用毛笔蘸上清液对葡萄冬芽进行涂抹。基部距地面30 cm以内的芽和顶端的两个芽不涂抹,其间的芽也要隔一或两个涂抹一个。

注意事项

①处理前葡萄园要修剪完毕,剪口呈干燥状态。

②石灰氮处理后,切忌升温过快。

③石灰氮属中等毒性物质,处理时要戴手套,防止接触皮肤,如接触皮肤应立即用肥皂水洗净。

④药剂处理前土壤应灌水,增加湿度;涂抹后可将葡萄枝蔓顺行放贴到地面盖塑料薄膜保湿。

⑤配好的药液应在当天使用。

除石灰氮外,像赤霉素(GA₃)、玉米素、6-BA 二氯乙醇等都有打破休眠的作用,但作用往往不稳定,并易受环境条件的影响,还不能在生产中大量普遍使用。

技术资料 2——单氰胺（H_2CN_2）打破葡萄休眠

一、涂抹时间

不同葡萄品种涂抹时间各异。一般在葡萄休眠有效低温累积达到葡萄需冷量的 2/3～3/4 时使用。

二、药剂配制

单氰胺可用于促进葡萄休眠解除，主要采用经特殊工艺处理后含有 50％有效成分（H_2CN 的稳定单氰胺水溶液），在室温下贮藏有效期很短，如在 1.5～5℃条件下冷藏，有效期可以保持 1 年以上。

单氰胺打破葡萄休眠的有效浓度因处理时期和品种而异，一般情况下是 0.5％～3.0％。单氰胺可以直接对水使用，方便安全。

三、使用方法

1. 喷施

除去葡萄枝芽上的泥土后，用背负式喷雾器均匀、细致喷雾即可。

2. 涂抹

用小盆盛好药液，用毛笔蘸上对葡萄冬芽进行涂抹。

如用刀片或锯条将葡萄休眠芽上方枝条刻伤后再使用破眠剂破眠效果将更佳。

注意事项

①处理或贮藏时应注意安全防护，要避免药液同皮肤直接接触。处理时要戴手套，如接触皮肤应立即用肥皂水洗净。

②由于其具有较强的醇溶性，所以操作人员应注意在使用前后 1 d 内不可饮酒。

③贮藏放在儿童触摸不到的地方。

④于避光干燥处保存，不能与酸或碱放在一起。

⑤一般应选择晴好天气进行，气温以 10～20℃最佳，气温低于 5℃时应取消处理。

⑥配好的药液应在当天使用。

6.3　环境调控

参考5.3，但注意不同树种在不同物候期时，其温光水气指标不同。

6.4　植物生长调节剂的使用

👉"课堂计划"表格

日期：		班级：
科目：	果树栽培	
小时：		地点：
题目：	学习主题6.4（建议4学时）：植物生长调节剂的使用（应用举例：保护地葡萄果实膨大剂的使用）	

目标：
专业能力：①熟悉植物生长调节剂的种类与作用，掌握葡萄果实膨大剂的使用时期与方法，保护地葡萄常用果实膨大剂；②会正确使用规程及环保基本要求，掌握果品生产规程执行无公害果品生产规程及环保基本要求
方法能力：①具有较强的信息采集与处理能力；②自我控制与管理能力；③组织协调能力；④评价（自我、他人）能力
社会能力：①具备较强的团队协作，④一定的安全协作意识；③高度的责任感；④有吃苦耐劳、踏实苦干、爱岗敬业的法律意识个人能力：①具有职业道德、一定的心理素质和身体素质，②遵纪守时自信心强，③具有较好的语言表达、人际交往能力

准备：
黑板
某桌椅、座次
电子天平　1台
练习本
量筒（1 000 mL）　8个
手持喷雾器　8个
膨大剂　2袋
酒精　50 mL
玻璃丝　若干

课堂特殊要求（家庭作业 等等）：
1. 植物生长调节剂的种类与作用
2. 保护地葡萄常用果实膨大剂种类
3. 保护地葡萄果实膨大剂处理的时期与方法
4. 使用果实膨大剂的注意事项

时间	行为阶段	教师活动	参与者活动	方法	媒体
5′	资讯	1. 提问：列举出你知道的植物生长调节剂种类 2. 引出问题——赤霉素 3. 学生分组	1. 学生回答 2. 每组6名学生，共8组，选小组长，小组成员准备研讨	问答、头脑风暴	多媒体、PPT、学生自备资料
30′	计划	安排小组讨论、要求学生提炼总结研讨内容，提出2组进行成果展示	讨论、总结各组研讨内容，填写学习情境报告单。成果展示	讨论、引导学问题、填写报告单	学习情境报告单
35′	决策	指导小组完成实施方案	确定实施方案，填写实施计划单	讨论、填写实施计划单	实施计划单
85′	实施	指导示范、巡回回答指导	组长负责，每组学生共同完成植物生长调节剂使用任务	实习法	电子天平、量筒、手持喷雾器、膨大剂等
10′	检查	教师巡回检查和过程评价，并对各组进行监控和及时纠错	1. 在小组完成生产任务中，互相检查实施情况和进行过程评价 2. 填写《果树栽培》职业能力评价表	小组学习工作法任务评价	《果树栽培》职业能力评价表
10′	评价	1. 教师在学生实施过程中口试学生生理学知识掌握情况，并将结果填入《果树栽培》（个人）的实施结果评价表 2. 教师对各组的实施结果进行评价并将评价结果填入《果树栽培》专业技能评价表	1. 学生回答教师提出的问题 2. 对自己及组内成员完成任务能力进行评价，结果记入《果树栽培》职业能力评价表	提问工作任务评价	《果树栽培》专业技能评价表《果树栽培》职业能力评价表
5′	反馈	1. 总结任务实施情况 2. 强调应该注意的问题 3. 布置下次学习主题6.5（建议4学时）："采收后修剪"	1. 学生思考总结自己小组专业技能情况 2. 完成工作技能表 3. 记录老师布置的工作任务	归纳总结、小组工作法	工作技能单

👉 引导文

教材

蒋锦标,卜庆雁.果树生产技术(北方本).2版.北京:中国农业大学出版社,2014

参考教材及著作

(1)马骏,蒋锦标.果树生产技术(北方本).北京:中国农业出版社,2006

(2)王金政,王少敏.果树保护地栽培不可不读.北京:中国农业出版社,2004

(3)刘恩璞,李莉.保护地葡萄丰产配套栽培技术.北京:中国农业出版社,1997

(4)何任红.保护地葡萄栽培技术图解.北京:中国农业出版社,2004

网络资源

(1)农博果蔬:http://guoshu.aweb.com.cn/2009/0915/142249330.shtml 葡萄果实增大增收技术

(2)365农业网:http://www.ag365.com/Idetail/116351/ 葡萄各个品种专用膨大剂

(3)新农技术:http://www.xinnong.com/putao/jishu/552547.html 葡萄的无核剂和膨大剂处理

(4)武进农业信息网:http://www.wjagri.gov.cn/node/fwbsyjs/2011-6-8/11681019455272824.html 葡萄浆果膨大着色期的管理要点

(5)水果帮论坛:http://bbs.shuiguobang.com/thread-163199-1-1.html 用美国奇宝膨大处理

(6)中国百科网:http://www.chinabaike.com/z/nong/gs/833065.html 葡萄优果剂与膨大剂使用

附件

(1)学习情境报告单　　见《果树栽培学程设计》作业单

(2)实施计划单　　见《果树栽培学程设计》作业单

(3)《果树栽培》专业技能评价表　　见附录A附表6-2

(4)《果树栽培》职业能力评价表　　见附录B附表2

(5)工作技能单　　见《果树栽培学程设计》作业单

(6)技术资料

学生补充的引导文

技术资料——保护地葡萄果实膨大剂的使用

一、促进葡萄果实膨大药剂种类

(1)赤霉素(GA_3)：属于二萜类酸,由四环骨架衍生而得。生产中用的"奇宝",主要成分是赤霉素。现在已知的赤霉素类至少有38种。

(2)吡效隆(CPPU或KT-30)：又名氯吡脲、施特优、葡萄膨大剂等,属苯脲类细胞分裂素,为腺嘌呤的衍生物。目前人工合成的活性最高的细胞分裂素,其活性是6-BA(6-苄基腺嘌呤)的几十倍。

二、药剂的配制

1. 赤霉素配制

①用药量的计算。如想促进无核白鸡心葡萄果粒膨大,在花后20 d左右喷布50 mg/kg的"920",配制成15 kg重的溶液,需要用多少克"920"？

$$1\ 000 : 0.05 = 15\ 000 : x$$
$$x = 0.75(g)$$

②配制方法。赤霉素不溶于水,易溶于酒精,必须将称好的原药放进较小的容器内,加少量的酒精溶解后,再用水稀释到所需要的量。

2. 吡效隆配制

难溶于水,溶于甲醇、乙醇,必须将量好的原药放进较小的容器内,加少量的酒精溶解后,再用水稀释到所需要的量。

三、使用时期与方法

1. 时期

果实横径5 mm时。

2. 喷布

药剂配好后,分装到雾化性好的小喷壶中,然后距果穗20 cm左右,进行喷施,注意一侧喷一下。一穗一喷,喷完后用玻璃丝绳或其他绑缚材料做上标记,避免重复喷雾。喷雾时间宜在早晚温度低时进行。

生产实践证明,用GA_3 100 mg/kg+6-BA 100～200 mg/kg进行处理后,既能增大果实,又可显著提高葡萄的结粒数,使果梗肥大,长势良好。然而,吡效隆有的细胞分裂素活性比6-BA还要强,与GA_3混合处理的效果更好。据2003年对8611和8612两个无核葡萄品种上试验,先用GA_3 50 mg/kg在花前3 d处理后,并于花后10 d再用GA_3 50 mg/kg+吡效隆100 mg/kg处理,结果单粒重可达9.4～10.2 g(对照仅为2.7～3.8 g),增重2～3倍多;单穗重达500～700 g,高出对照(仅175～260 g)2～3倍;可溶性固形物为16.3%～18.8%,略低于对照16.4%～19.2%。

注意事项

①药液喷布要均匀、周到。

②喷药时间最好在晴天上午10:00时前或下午4:00时后进行。勿在下雨前或强日照时进行,以免改变药液浓度,降低药效或发生药害。

③配好的药液应随配随用。

6.5 采收后修剪

"课堂计划"表格

日期：＿＿＿＿ 小时：＿＿＿＿
班级：＿＿＿＿ 地点：＿＿＿＿

科目：果树栽培
题目：学习主题 6.5（建议 4 学时）：采收后修剪
（应用举例：温室葡萄采收后修剪）

课堂特殊要求（家庭作业等等）：
1. 温室葡萄常用树形及树体结构
2. 温室葡萄采收后修剪的时期与方法
3. 采收后修剪的注意事项
4. 修剪后的植株如何进行管理

目标：
专业能力：①熟悉温室葡萄常用形及树体及结构，修剪的依据，掌握温室葡萄采收后时期与方法等理论知识；②能够独立完成温室葡萄采收后的修剪任务
方法能力：①具有较强的信息采集与处理能力；②具有较强的开拓创新能力；和计划能力：③具有再学习能力；④评价（自我、他人）能力；⑤自我控制与管理能力
社会能力：①具备较强的团队协作，组织协调能力；②良好的法律意识；③高度的责任感；④一定的安协能力
个人能力：①具有吃苦耐劳，热爱劳动，踏实肯干，爱岗敬业，遵纪守时等职业道德；②具有良好的心理素质和身体素质，自信心强；③具有较好的语言表达，人际交往能力

准备：
黑板
仪器（投影仪、幻灯片等）
桌椅，座次
绘图纸 8张
白加笔（红、蓝、黑、绿）各8支
小磁钉 8个
手锯 4把
修枝剪 48把

时间	行为阶段	教师活动	参与者活动	方法	媒体
5'	资讯	1. 提问：露地葡萄果实采收后如何进行管理？从而引出"温室葡萄采收后修剪"任务 2. 学生分组	1. 学生回答 2. 每组6名学生，共8组，选小组长，小组成员准备研讨	问答、头脑风暴	多媒体、PPT、学生自备资料
30'	计划	安排小组讨论，要求学生提炼总结研讨内容。提出2组进行成果展示	讨论、总结理论基础，填写学习情境报告单	讨论引导问题、填写报告单	学习情境报告单
35'	决策	指导小组完成实施方案	确定实施方案，填写实施计划	讨论、填写实施计划	实施计划单
85'	实施	教师示范、巡回指导	组长负责，每组学生共同完成葡萄采收修剪任务	实习法	修枝剪、手锯、温室葡萄树
10'	检查	教师巡回检查，并对各组进行监控和过程评价，及时纠错	1. 在小组完成生产任务的过程中，互相检查实施情况和进行过程评价 2. 填写《果树栽培》职业能力评价表	小组学习法、工作任务评价	《果树栽培》职业能力评价表
10'	评价	1. 教师在学生实施过程中口试学生理论知识掌握情况，并将结果填入《果树栽培》(个人)专业技能评价表 2. 教师对各组实施结果进行评价并将结果记入《果树栽培》职业能力评价表	1. 学生回答教师提出的问题 2. 对自己及组内成员完成任务情况进行评价，填入《果树栽培》职业能力评价表	提问、工作任务评价	《果树栽培》评价表 《果树栽培》评价表
5'	反馈	1. 总结任务实施情况 2. 强调任务应该注意的问题	1. 学生思考总结自己小组协作完成情况，总结优缺点 2. 完成工作技能	归纳总结、小组工作法	工作技能单

☞引导文

教材

蒋锦标,卜庆雁.果树生产技术(北方本).2版.北京:中国农业大学出版社,2014

参考教材及著作

(1)马骏,蒋锦标.果树生产技术(北方本).北京:中国农业出版社,2006

(2)王金政,王少敏.果树保护地栽培不可不读.北京:中国农业出版社,2004

(3)刘恩璞,李莉.保护地葡萄丰产配套栽培技术.北京:中国农业出版社,1997

(4)何任红.保护地葡萄栽培技术图解.北京:中国农业出版社,2004

(5)苏淑钗,赵玉琴.葡萄整形修剪实用图说.北京:中国农业出版社,2000

网络资源

(1)三农科技:http://www.gdcct.gov.cn/agritech/kxzz/gs/zpjs/201004/t20100429277920.html 大棚葡萄栽培关键技术

(2)新农村商网:http://nc.mofcom.gov.cn/news/2840415.html 葡萄剪梢和采收后修剪技术

(3)水果邦论坛网:http://bbs.shuiguobang.com/thread-176892-1-3.html 葡萄定植后当年技术管理要点

(4)鄞州农业信息网:http://www.yxnw.gov.cn/InfoShow.aspx? ClassID=20704&ID=24172 无公害大棚葡萄生产技术规程

(5)楚雄州农业信息网:http://www.ynagri.gov.cn/cx/news707/20131122/4469078.shtml 大棚葡萄采收后的管理

附件

(1)学习情境报告单　见《果树栽培学程设计》作业单

(2)实施计划单　见《果树栽培学程设计》作业单

(3)《果树栽培》专业技能评价表　见附录A 附表6-3

(4)《果树栽培》职业能力评价表　见附录B 附表2

(5)工作技能单　见《果树栽培学程设计》作业单

(6)技术资料

学生补充的引导文

技术资料——温室葡萄采收后修剪

一、修剪时间

6月上旬，最迟不能超过6月下旬。

二、修剪依据

观察日光温室篱架葡萄的树体结构，明确栽植方式、树形、树势，确定修剪手法。

三、葡萄采收后修剪

1. 篱架葡萄采后修剪

将主蔓在距地面30~50 cm处回缩，促使潜伏芽萌发，培养新的主蔓，即结果母枝。有预备枝的回缩到预备枝处。篱架葡萄采后修剪状见图6-1。

图 6-1　葡萄采后修剪状

2. 棚架葡萄修剪

将结过果的主蔓部分回缩到棚架部分与篱架部分的转弯处，最好用预备枝培养新的结果母枝。

四、修剪后的新梢管理

主蔓回缩修剪后，20 d左右萌发。萌芽后，注意选留一条生长健壮的新梢向上生长。当新梢长到30~40 cm时搭架引绑，同时抹除40 cm以下叶腋中的夏芽副梢，以上留1片叶摘心。到8月中下旬（立秋前后）对主梢摘心，保留顶端2~3个夏芽副梢，并对每个副梢留2片叶反复摘心，促进主梢组织充实、积累营养和形成良好花芽。美人指等生长势旺的品种回缩后可留2个新梢，缓和其生长势。

附　录

● 附录 A　专业技能评价表

● 附录 B　职业能力评价表

附录 A 专业技能评价表

附表 1-1 《果树栽培》专业技能评价表

姓名：　　　　　　班级：　　　　　　学号：　　　　　　成绩：

学习情境 1　仁果类果树栽培				
苹果（梨）休眠期修剪			时间：　年　月　日	
评价环节一：技能操作（满分 40 分）				
教师评价	内容一　树体结构调整（10 分） 内容二　延长枝、枝组处理（10 分） 内容三　小枝修剪（10 分） 内容四　剪、锯口、处理（5 分） 内容五　清理园地（5 分）	严格执行操作规程，技能操作规范。树体结构调整准确，延长枝、枝组处理得当，小枝修剪细致到位，正确使用修剪工具，剪口、锯口符合要求，地面清理干净，操作速度快 36～40 分	认真执行操作规程，技能操作较规范。树体结构调整较准确，延长枝、枝组处理较得当，小枝修剪较到位，修剪工具使用较正确，剪口、锯口比较符合要求，地面清理干净，操作速度较快 31～35 分	基本能够执行操作规程，技能操作基本规范。树体结构调整基本准确，延长枝、枝组处理基本得当，小枝修剪基本到位，修剪工具使用基本正确，剪口、锯口基本符合要求，操作速度稍慢 24～30 分	操作规程执行较差，技能操作不够规范。树体结构调整、延长枝、枝组处理不当，小枝修剪不到位，修剪工具使用不正确，剪口、锯口不符合要求，操作速度慢 10～23 分
此环节得分				
评价环节二：岗位必需知识（满分 30 分）技能考核过程中随机口试，按答题程度确定分值				
此环节得分				
评价教师签字				

附表 1-2 《果树栽培》专业技能评价表

姓名：　　　　　　班级：　　　　　　学号：　　　　　　成绩：

学习情境 1　仁果类果树栽培				
苹果（梨）春季修剪——刻芽、抹芽			时间：　年　月　日	
评价环节一：技能操作（满分 40 分）				
教师评价	内容一　刻芽（15 分） 内容二　抹芽（15 分） 内容三　清理园地（10 分）	严格执行操作规程，技能操作规范，符合行业技术标准。刻芽的位置、深度、数量符合要求，抹芽处理准确，地面清理干净，操作速度快 36～40 分	认真执行操作规程，技能操作较规范，符合行业技术标准。刻芽的位置、深度、数量比较符合要求，抹芽处理较准确，地面清理干净，操作速度较快 31～35 分	基本能够执行操作规程，技能操作基本规范，基本符合行业技术标准。刻芽的位置、深度、数量基本符合要求，抹芽处理基本准确，地面清理基本干净，操作速度稍慢 24～30 分	操作规程执行较差，技能操作不够规范，达不到行业技术标准。刻芽的位置、深度、数量没有达到生产要求，抹芽处理不到位，地面清理不干净，操作速度慢 10～23 分
此环节得分				
评价环节二：岗位必需知识（满分 30 分）技能考核过程中随机口试，按答题程度确定分值				
此环节得分				
评价教师签字				

附表 1-3 《果树栽培》专业技能评价表

姓名：　　　　　班级：　　　　　学号：　　　　　成绩：

学习情境 1　仁果类果树栽培			
苹果(梨)树栽植		时间：　年　月　日	
评价环节一：技能操作(满分 40 分)			

教师评价	内容一　土壤准备(10 分)	严格执行操作规程,技能操作规范,符合行业技术标准。定植穴的挖掘准确,土肥回填到位,苗木定植正确,及时浇水、覆地膜	认真执行操作规程,技能操作较规范,符合行业技术标准。定植穴的挖掘较准确,土肥回填到位,苗木定植较正确,浇水、覆膜较及时	基本能够执行操作规程,技能操作基本规范,基本符合行业技术标准。定植穴的挖掘基本准确,土肥回填基本到位,苗木定植较正确,较及时浇水、覆地膜	操作规程执行较差,技能操作不够规范,达不到行业技术标准。定植穴的挖掘不准确,土肥回填不到位,苗木定植不正确,浇水、覆地膜不及时
	内容二　苗木准备(10 分)				
	内容三　栽植(10 分)				
	内容四　清理园地(10 分)	36～40 分	31～35 分	24～30 分	10～23 分
	此环节得分				

评价环节二：岗位必需知识(满分 30 分)技能考核过程中随机口试,按答题程度确定分值	
此环节得分	
评价教师签字	

附表 1-4 《果树栽培》专业技能评价表

姓名：　　　　　班级：　　　　　学号：　　　　　成绩：

学习情境 1　仁果类果树栽培			
苹果(梨)疏花		时间：　年　月　日	
评价环节一：技能操作(满分 40 分)			

教师评价	内容一　工具准备及使用(10 分)	严格执行操作规程,技能操作规范,符合行业技术标准。疏花数量、方法准确,操作速度快,组内协作好,工具使用安全	认真执行操作规程,技能操作较规范,符合行业技术标准。疏花数量、方法较准确,操作速度较快,组内协作较好,工具使用安全	基本能够执行操作规程,技能操作基本规范,基本符合行业技术标准。疏花数量、方法基本准确,操作速度较快,组内协作较好,工具使用较安全	操作规程执行较差,技能操作不够规范,达不到行业技术标准。疏花数量、方法不准确,操作速度慢,组内协作差,工具使用不够安全
	内容二　负载量的确定(10 分)				
	内容三　疏花(10 分)				
	内容四　清理园地(10 分)	36～40 分	31～35 分	24～30 分	10～23 分
	此环节得分				

评价环节二：岗位必需知识(满分 30 分)技能考核过程中随机口试,按答题程度确定分值	
此环节得分	
评价教师签字	

附表 1-5 《果树栽培》专业技能评价表

姓名： 班级： 学号： 成绩：

学习情境 1 仁果类果树栽培				
苹果(梨)花粉的采集与人工辅助授粉			时间： 年 月 日	
评价环节一：技能操作(满分 40 分)				
教师评价	内容一 花蕾采集(10 分)	严格执行操作规程，技能操作规范，符合行业技术标准。会正确选择花蕾、取花药、散粉，正确进行花粉稀释与人工点授，操作速度快	认真执行操作规程，技能操作较规范，符合行业技术标准。选择花蕾、取花药、散粉较准确；正确进行花粉稀释与人工点授，操作速度较快	基本能够执行操作规程，技能操作基本规范，基本符合行业技术标准。基本能正确选择花蕾、取花药、散粉；基本能正确进行花粉稀释与人工点授，操作速度稍慢	操作规程执行较差，技能操作不够规范，达不到行业技术标准。不会正确选择花蕾、取花药、散粉；进行花粉稀释与人工点授不够准确，操作速度慢
	内容二 取花药(5 分)				
	内容三 散粉(5 分)				
	内容四 花粉稀释(5 分)				
	内容五 人工点授(15 分)	36～40 分	31～35 分	24～30 分	10～23 分
此环节得分					
评价环节二：岗位必需知识(满分 30 分)技能考核过程中随机口试，按答题程度确定分值				
此环节得分					
评价教师签字					

附表 1-6 《果树栽培》专业技能评价表

姓名： 班级： 学号： 成绩：

学习情境 1 仁果类果树栽培				
苹果(梨)疏果			时间： 年 月 日	
评价环节一：技能操作(满分 40 分)				
教师评价	内容一 工具准备及使用(10 分)	严格执行操作规程，技能操作规范，符合行业技术标准。疏果方法准确，留果数量符合生产要求，操作速度快	认真执行操作规程，技能操作较规范，符合行业技术标准。疏果方法较准确，留果数量较符合生产要求，操作速度较快	基本能够执行操作规程，技能操作基本规范，基本符合行业技术标准。疏果方法基本准确，留果数量基本符合生产要求，操作速度稍慢	操作规程执行较差，技能操作不够规范，达不到行业技术标准。疏果方法不够准确，留果数量不符合生产要求，操作速度慢
	内容二 疏果(20 分)				
	内容三 清理园地(10 分)	36～40 分	31～35 分	24～30 分	10～23 分
此环节得分					
评价环节二：岗位必需知识(满分 30 分)技能考核过程中随机口试，按答题程度确定分值				
此环节得分					
评价教师签字					

附表1-7　《果树栽培》专业技能评价表

姓名：　　　　　　班级：　　　　　　学号：　　　　　　成绩：

学习情境1　仁果类果树栽培				
苹果(梨)夏季修剪——扭梢、摘心与剪梢、疏梢			时间：　年　月　日	
评价环节一：技能操作(满分40分)				
教师评价	内容一　扭梢(10分)	严格执行操作规程，技能操作规范，符合行业技术标准。扭梢位置、方法正确，摘心、剪梢、疏枝合理，地面清理干净	认真执行操作规程，技能操作较规范，符合行业技术标准。扭梢位置、方法较正确，摘心、剪梢、疏枝较合理，地面清理干净	基本能够执行操作规程，技能操作基本规范，基本符合行业技术标准。扭梢位置、方法基本正确，摘心、剪梢、疏枝基本合理，地面清理较干净	操作规程执行较差，技能操作不够规范，达不到行业技术标准。扭梢位置、方法不够正确，摘心、剪梢、疏枝不够合理，地面清理不干净
	内容二　摘心与剪梢(10分)				
	内容三　疏枝(10分)				
	内容四　清理园地(10分)	36～40分	31～35分	24～30分	10～23分
	此环节得分				
评价环节二：岗位必需知识(满分30分)技能考核过程中随机口试，按答题程度确定分值				
	此环节得分				
	评价教师签字				

附表1-8　《果树栽培》专业技能评价表

姓名：　　　　　　班级：　　　　　　学号：　　　　　　成绩：

学习情境1　仁果类果树栽培				
苹果(梨)套袋			时间：　年　月　日	
评价环节一：技能操作(满分40分)				
教师评价	内容一　纸袋选择与处理(10分)	严格执行操作规程，技能操作规范，符合行业技术标准。纸袋处理、套袋顺序、套袋方法正确，操作速度快(3个/min)	认真执行操作规程，技能操作较规范，符合行业技术标准。纸袋处理、套袋顺序、套袋方法较正确，操作速度较快(2.5个/min)	基本能够执行操作规程，技能操作基本规范，基本符合行业技术标准。纸袋处理、套袋顺序、套袋方法基本正确，操作速度稍慢(2个/min)	操作规程执行较差，技能操作不够规范，达不到行业技术标准。纸袋处理、套袋顺序、套袋方法不准确，操作速度慢(<2个/min)
	内容二　套袋的顺序(10分)				
	内容三　套袋方法(10分)				
	内容四　套袋速度(10分)	36～40分	31～35分	24～30分	10～23分
	此环节得分				
评价环节二：岗位必需知识(满分30分)技能考核过程中随机口试，按答题程度确定分值				
	此环节得分				
	评价教师签字				

附表 1-9　《果树栽培》专业技能评价表

姓名：　　　　　　班级：　　　　　　学号：　　　　　　成绩：

学习情境 1　　仁果类果树栽培			
苹果(梨)追肥		时间：　年　月　日	
评价环节一：技能操作(满分 40 分)			

教师评价	内容一　开施肥沟 (10 分)	严格执行操作规程,技能操作规范,符合行业技术标准。施肥沟深宽度、位置、施肥方法正确,施肥沟回填后地面踏实、整平	认真执行操作规程,技能操作较规范,符合行业技术标准。施肥沟深宽度、位置、施肥方法较正确,施肥沟回填后地面踏实、整平	基本能够执行操作规程,技能操作基本规范,基本符合行业技术标准。施肥沟深宽度、位置、施肥方法基本正确,施肥沟回填后地面基本踏实、整平	操作规程执行较差,技能操作不够规范,达不到行业技术标准。施肥沟深宽度、位置、施肥方法不够正确,施肥沟回填后地面不能完全踏实、整平
	内容二　施肥(10 分)				
	内容三　回填(10 分)				
	内容四　清理园地 (10 分)	36～40 分	31～35 分	24～30 分	10～23 分
此环节得分					
评价环节二：岗位必需知识(满分 30 分)技能考核过程中随机口试,按答题程度确定分值					
此环节得分					
评价教师签字					

附表 1-10　《果树栽培》专业技能评价表

姓名：　　　　　　班级：　　　　　　学号：　　　　　　成绩：

学习情境 1　　仁果类果树栽培			
苹果果实增色		时间：　年　月　日	
评价环节一：技能操作(满分 40 分)			

教师评价	内容一　摘袋(10 分)	严格执行操作规程,技能操作规范,符合行业技术标准。摘袋方法正确,铺反光膜平整、压实,摘叶位置、数量符合要求,转果的时间与方法正确,操作熟练	认真执行操作规程,技能操作较规范,符合行业技术标准。摘袋方法较正确,铺反光膜较平整、压实,摘叶位置、数量较符合要求,转果的时间与方法较正确,操作较熟练	基本能够执行操作规程,技能操作基本规范,基本符合行业技术标准。摘袋方法基本正确,铺反光膜基本平整、压实,摘叶位置、数量基本符合要求,转果的时间与方法基本正确,操作速度较慢	操作规程执行较差,技能操作不够规范,达不到行业技术标准。摘袋方法不正确,铺反光膜不平整、压不实,摘叶位置、数量不符合要求,转果的方法不够正确,操作不熟练
	内容二　铺设反光膜 (10 分)				
	内容三　摘叶(10 分)				
	内容四　转果(10 分)	36～40 分	31～35 分	24～30 分	10～23 分
此环节得分					
评价环节二：岗位必需知识(满分 30 分)技能考核过程中随机口试,按答题程度确定分值					
此环节得分					
评价教师签字					

附表 1-11 《果树栽培》专业技能评价表

姓名：　　　　　　　班级：　　　　　　　学号：　　　　　　　成绩：

<table>
<tr><td colspan="6">学习情境1　仁果类果树栽培</td></tr>
<tr><td colspan="6">苹果(梨)采收及采后处理　　　　　　时间：　年　月　日</td></tr>
<tr><td colspan="6">评价环节一：技能操作(满分40分)</td></tr>
<tr><td rowspan="4">教师评价</td><td>内容一　采收(10分)</td><td rowspan="4">严格执行操作规程，技能操作规范，符合行业技术标准。采收及采后处理方法准确，操作速度快
36～40分</td><td rowspan="4">认真执行操作规程，技能操作较规范，符合行业技术标准。采收及采后处理方法较准确，操作速度较快
31～35分</td><td rowspan="4">基本能够执行操作规程，技能操作基本规范，基本符合行业技术标准。采收及采后处理方法基本准确，操作速度稍慢
24～30分</td><td rowspan="4">操作规程执行较差，技能操作不够规范，达不到行业技术标准。采收及采后处理方法不准确，操作速度慢
10～23分</td></tr>
<tr><td>内容二　分级(10分)</td></tr>
<tr><td>内容三　包装(10分)</td></tr>
<tr><td>内容四　清理现场(10分)</td></tr>
<tr><td colspan="2">此环节得分</td><td colspan="4"></td></tr>
<tr><td colspan="6">评价环节二：岗位必需知识(满分30分)技能考核过程中随机口试，按答题程度确定分值</td></tr>
<tr><td colspan="2">此环节得分</td><td colspan="4"></td></tr>
<tr><td colspan="2">评价教师签字</td><td colspan="4"></td></tr>
</table>

附表 1-12 《果树栽培》专业技能评价表

姓名：　　　　　　　班级：　　　　　　　学号：　　　　　　　成绩：

<table>
<tr><td colspan="6">学习情境1　仁果类果树栽培</td></tr>
<tr><td colspan="6">苹果(梨)施基肥　　　　　　时间：　年　月　日</td></tr>
<tr><td colspan="6">评价环节一：技能操作(满分40分)</td></tr>
<tr><td rowspan="4">教师评价</td><td>内容一　挖沟(10分)</td><td rowspan="4">严格执行操作规程，技能操作规范，符合行业技术标准。施肥沟深宽度、位置、施肥方法正确，施肥沟回填后地面踏实、整平
36～40分</td><td rowspan="4">认真执行操作规程，技能操作较规范，符合行业技术标准。施肥沟深宽度、位置、施肥方法较正确，施肥沟回填后地面踏实、整平
31～35分</td><td rowspan="4">基本能够执行操作规程，技能操作基本规范，基本符合行业技术标准。施肥沟深宽度、位置、施肥方法基本正确，施肥沟回填后地面基本踏实、整平
24～30分</td><td rowspan="4">操作规程执行较差，技能操作不够规范，达不到行业技术标准。施肥沟深宽度、位置、施肥方法不够正确，施肥沟回填后地面不能完全踏实、整平
10～23分</td></tr>
<tr><td>内容二　施肥(10分)</td></tr>
<tr><td>内容三　回填(10分)</td></tr>
<tr><td>内容四　清理园地(10分)</td></tr>
<tr><td colspan="2">此环节得分</td><td colspan="4"></td></tr>
<tr><td colspan="6">评价环节二：岗位必需知识(满分30分)技能考核过程中随机口试，按答题程度确定分值</td></tr>
<tr><td colspan="2">此环节得分</td><td colspan="4"></td></tr>
<tr><td colspan="2">评价教师签字</td><td colspan="4"></td></tr>
</table>

附表 1-13　《果树栽培》专业技能评价表

姓名：　　　　　　班级：　　　　　　学号：　　　　　　成绩：

学习情境1　仁果类果树栽培				
苹果(梨)秋季修剪			时间：　　年　　月　　日	
评价环节一：技能操作(满分40分)				
教师评价	内容一　疏枝(10分)	严格执行操作规程,技能操作规范,符合行业技术标准。疏枝、回缩、短截到位,剪、锯口处理得当,拉枝位置、角度符合要求	认真执行操作规程,技能操作较规范,符合行业技术标准。疏枝、回缩、短截比较到位,剪、锯口处理比较得当,拉枝位置、角度比较符合要求	基本能够执行操作规程,技能操作基本规范,基本符合行业技术标准。疏枝、回缩、短截基本到位,剪、锯口处理基本得当,拉枝位置、角度基本符合要求	操作规程执行较差,技能操作不够规范,达不到行业技术标准。疏枝、回缩、短截不够到位,剪、锯口处理处理不当,拉枝位置、角度不符合要求
	内容二　回缩、短截(10分)				
	内容三　拉枝(10分)				
	内容四　清理园地(10分)	36～40分	31～35分	24～30分	10～23分
	此环节得分				
评价环节二：岗位必需知识(满分30分)技能考核过程中随机口试,按答题程度确定分值				
	此环节得分				
	评价教师签字				

附表 1-14　《果树栽培》专业技能评价表

姓名：　　　　　　班级：　　　　　　学号：　　　　　　成绩：

学习情境1　仁果类果树栽培				
苹果(梨)树体保护			时间：　　年　　月　　日	
评价环节一：技能操作(满分40分)				
教师评价	内容一　称取原料(10分)	严格执行操作规程,技能操作规范,符合行业技术标准。原料称取准确,配制方法正确,涂白位置、厚度适中,速度快	认真执行操作规程,技能操作较规范,符合行业技术标准。原料称取较准确,配制方法较正确,涂白位置、厚度适中,速度较快	基本能够执行操作规程,技能操作基本规范,基本符合行业技术标准。原料称取基本准确,配制方法较正确,涂白位置、厚度基本适中,速度稍慢	操作规程执行较差,技能操作不够规范,达不到行业技术标准。原料称取基本准确,配制方法不够正确,涂白不完全,速度慢
	内容二　配制(15分)				
	内容三　涂白(10分)				
	内容四　整理工具(5分)	36～40分	31～35分	24～30分	10～23分
	此环节得分				
评价环节二：岗位必需知识(满分30分)技能考核过程中随机口试,按答题程度确定分值				
	此环节得分				
	评价教师签字				

附表 2-1　《果树栽培》专业技能评价表

姓名：　　　　　　　班级：　　　　　　　学号：　　　　　　　成绩：

学习情境 2　核果类果树栽培			
解除桃防寒草把			时间：　年　月　日
评价环节一：技能操作考核（满分 50 分）			
教师评价	内容一　解除草把的方法、速度（25 分） 内容二　整理工具、清园（15 分）	严格执行操作规程，技能操作规范，符合行业技术标准。解除防寒草把方法正确，速度快 36～40 分	认真执行操作规程，技能操作较规范，符合行业技术标准。解除防寒草把方法较正确，速度较快 31～35 分	基本能够执行操作规程，技能操作基本规范，基本符合行业技术标准。解除防寒草把方法基本正确，速度稍慢 24～30 分	操作规程执行较差，技能操作不够规范，达不到行业技术标准。解除防寒草把方法不正确，速度慢 10～23 分
此环节得分			
评价环节二：岗位必需知识考核（满分 30 分）			
技能考核过程中随机口试，按答题程度确定分值			
此环节得分			
评价教师签字			

附表 2-2　《果树栽培》专业技能评价表

姓名：　　　　　　　班级：　　　　　　　学号：　　　　　　　成绩：

学习情境 2　核果类果树栽培			
桃休眠期修剪			时间：　年　月　日
评价环节一：技能操作（满分 50 分）			
教师评价	内容一　树体结构（10 分） 内容二　延长枝修剪（10 分） 内容三　结果枝组和结果枝的修剪（10 分） 内容四　清理园地（10 分）	严格执行操作规程，技能操作规范，符合行业技术标准。树体结构调整、延长枝处理得当，结果枝组和结果枝修剪符合要求，操作速度快 36～40 分	认真执行操作规程，技能操作较规范，符合行业技术标准。树体结构调整、延长枝处理较得当，结果枝组和结果枝处理符合要求，操作速度较快 31～35 分	基本能够执行操作规程，技能操作基本规范，基本符合行业技术标准。树体结构调整、延长枝处理基本得当，结果枝组和结果枝处理符合要求，操作速度稍慢 24～30 分	操作规程执行较差，技能操作不够规范，达不到行业技术标准。树体结构调整、延长枝处理不当，结果枝组和结果枝处理不符合要求，操作速度慢 10～23 分
此环节得分			
评价环节二：岗位必需知识（满分 30 分）			
技能考核过程中随机口试，按答题程度确定分值			
此环节得分			
评价教师签字			

附表 2-3　《果树栽培》专业技能评价表

姓名：　　　　　　班级：　　　　　　学号：　　　　　　成绩：

学习情境 2　核果类果树栽培				
桃春季修剪——抹芽、疏梢			时间：　　年　　月　　日	
评价环节一：技能操作考核（满分 50 分）				
教师评价	内容一　抹芽（15 分）	严格执行操作规程，技能操作规范，符合行业技术标准。抹芽处理准确，疏梢的位置、数量符合要求，操作速度快	认真执行操作规程，技能操作较规范，符合行业技术标准。抹芽较准确，疏梢的位置、数量较符合要求，操作速度较快	基本能够执行操作规程，技能操作基本规范，基本符合行业技术标准。抹芽处理基本准确，疏梢的位置、数量基本符合要求，操作速度稍慢	操作规程执行较差，技能操作不够规范，达不到行业技术标准。疏梢的位置、数量没有达到生产要求，抹芽处理不到位，操作速度慢
	内容二　疏梢（15 分）				
	内容三　清理园地（10 分）	36～40 分	31～35 分	24～30 分	10～23 分
此环节得分					
评价环节二：岗位必需知识考核（满分 30 分）				
技能考核过程中随机口试，按答题程度确定分值				
此环节得分					
评价教师签字					

附表 2-4　《果树栽培》专业技能评价表

姓名：　　　　　　班级：　　　　　　学号：　　　　　　成绩：

学习情境 2　核果类果树栽培				
桃夏季修剪——摘心、疏梢			时间：　　年　　月　　日	
评价环节一：技能操作考核（满分 50 分）				
教师评价	内容一　摘心（10 分）	严格执行操作规程，技能操作规范，符合行业技术标准。摘心位置、方法正确，疏梢合理，地面清理干净，操作速度快	认真执行操作规程，技能操作较规范，符合行业技术标准。摘心位置、方法较正确，疏梢较合理，地面清理干净，操作速度较快	基本能够执行操作规程，技能操作基本规范，基本符合行业技术标准。摘心位置、方法基本正确，疏梢基本合理，地面清理较干净，操作速度稍慢	操作规程执行较差，技能操作不够规范，达不到行业技术标准。摘心位置、方法不正确，疏梢不合理，地面清理不干净，操作速度慢
	内容二　疏梢（20 分）				
	内容三　清理园地（10 分）	36～40 分	31～35 分	24～30 分	10～23 分
此环节得分					
评价环节二：岗位必需知识考核（满分 30 分）				
技能考核过程中随机口试，按答题程度确定分值				
此环节得分					
评价教师签字					

附表 2-5 《果树栽培》专业技能评价表

姓名：　　　　　　　班级：　　　　　　　学号：　　　　　　　成绩：

学习情境 2　核果类果树栽培			
桃疏果		时间：　年　月　日	
评价环节一：技能操作考核（满分 50 分）			

教师评价	内容一　疏果方法（10 分）	严格执行操作规程，技能操作规范，符合行业技术标准。疏果方法准确，留果数量符合生产要求，操作速度快	认真执行操作规程，技能操作较规范，符合行业技术标准。疏果方法较准确，留果数量较符合生产要求，操作速度较快	基本能够执行操作规程，技能操作基本规范，基本符合行业技术标准。疏果方法基本准确，留果数量基本符合生产要求，操作速度稍慢	操作规程执行较差，技能操作不够规范，达不到行业技术标准。疏果方法不够准确，留果数量不符合生产要求，操作速度慢
	内容二　留果数量（20 分）				
	内容三　清理园地（10 分）				
		36～40 分	31～35 分	24～30 分	10～23 分
此环节得分					

评价环节二：岗位必需知识考核（满分 30 分）	
技能考核过程中随机口试，按答题程度确定分值	
此环节得分	
评价教师签字	

附表 2-6 《果树栽培》专业技能评价表

姓名：　　　　　　　班级：　　　　　　　学号：　　　　　　　成绩：

学习情境 2　核果类果树栽培			
桃套袋		时间：　年　月　日	
评价环节一：技能操作考核（满分 50 分）			

教师评价	内容一　纸袋选择与处理（10 分）	严格执行操作规程，技能操作规范，符合行业技术标准。套袋方法正确，操作速度快	认真执行操作规程，技能操作较规范，符合行业技术标准。套袋方法较正确，操作速度较快	基本能够执行操作规程，技能操作基本规范，基本符合行业技术标准。套袋方法基本正确，操作速度稍慢	操作规程执行较差，技能操作不够规范，达不到行业技术标准。套袋方法不正确，操作速度慢
	内容二　套袋的顺序（10 分）				
	内容三　套袋方法（10 分）				
	内容四　套袋速度（10 分）	36～40 分	31～35 分	24～30 分	10～23 分
此环节得分					

评价环节二：岗位必需知识考核（满分 30 分）	
技能考核过程中随机口试，按答题程度确定分值	
此环节得分	
评价教师签字	

附表 2-7 《果树栽培》专业技能评价表

姓名：　　　　　　　班级：　　　　　　　学号：　　　　　　　成绩：

学习情境 2　核果类果树栽培				
桃采收及采后处理			时间：　年　月　日	
评价环节一：技能操作考核（满分50分）				
教师评价	内容一　采收（10分）	严格执行操作规程，技能操作规范，符合行业技术标准。采收及采后处理方法准确，操作速度快	认真执行操作规程，技能操作较规范，符合行业技术标准。采收及采后处理方法较准确，操作速度较快	基本能够执行操作规程，技能操作基本规范，基本符合行业技术标准。采收及采后处理方法基本准确，操作速度稍慢	操作规程执行较差，技能操作不够规范，达不到行业技术标准。采收及采后处理方法不准确，操作慢
	内容二　分级（10分）				
	内容三　包装（10分）				
	内容四　清理现场（10分）	36～40分	31～35分	24～30分	10～23分
	此环节得分				
评价环节二：岗位必需知识考核（满分30分）				
技能考核过程中随机口试，按答题程度确定分值				
	此环节得分				
	评价教师签字				

附表 2-8 《果树栽培》专业技能评价表

姓名：　　　　　　　班级：　　　　　　　学号：　　　　　　　成绩：

学习情境 2　核果类果树栽培				
桃秋季修剪			时间：　年　月　日	
评价环节一：技能操作考核（满分50分）				
教师评价	内容一　疏枝（15分）	严格执行操作规程，技能操作规范，符合行业技术标准。疏枝、回缩、短截到位，剪口、锯口符合要求，地面清理干净，操作速度快	认真执行操作规程，技能操作较规范，符合行业技术标准。疏枝、回缩、短截比较到位，剪口、锯口比较符合要求，地面清理较干净，操作速度较快	基本能够执行操作规程，技能操作基本规范，基本符合行业技术标准。疏枝、回缩、短截基本到位，剪口、锯口基本符合要求，地面清理基本干净，操作速度稍慢	操作规程执行较差，技能操作不够规范，达不到行业技术标准。疏枝、回缩、短截不够到位，剪口、锯口处理差，地面清理不干净，操作速度慢
	内容二　回缩（15分）				
	内容三　清理园地（10分）	36～40分	31～35分	24～30分	10～23分
	此环节得分				
评价环节二：岗位必需知识考核（满分30分）				
技能考核过程中随机口试，按答题程度确定分值				
	此环节得分				
	评价教师签字				

附表 2-9　《果树栽培》专业技能评价表

姓名：　　　　　　班级：　　　　　　　学号：　　　　　　　成绩：

学习情境 2　核果类果树栽培				
桃绑草把			时间：　年　月　日	
评价环节一：技能操作考核(满分50分)				
教师评价	内容一　草把的选取(10分)	严格执行操作规程,技能操作规范,符合行业技术标准。选择合适的草把,草把捆绑操作正确,地面清理干净,操作速度快	认真执行操作规程,技能操作较规范,符合行业技术标准。选择较合适的草把,草把捆绑操作较正确,地面清理较干净,操作速度较快	基本能够执行操作规程,技能操作基本规范,基本符合行业技术标准。选择基本合适的草把,草把捆绑基本正确,地面清理基本干净,操作速度稍慢	操作规程执行较差,技能操作不够规范,达不到行业技术标准。选择的草把不合适,草把捆绑不正确,地面清理不干净,操作速度慢
	内容二　绑草把(20分)				
	内容三　清理地面(10分)	36～40分	31～35分	24～30分	10～23分
此环节得分					
评价环节二：岗位必需知识考核(满分30分)					
技能考核过程中随机口试,按答题程度确定分值					
此环节得分					
评价教师签字					

附表 2-10　《果树栽培》专业技能评价表

姓名：　　　　　　班级：　　　　　　　学号：　　　　　　　成绩：

学习情境 2　核果类果树栽培				
四种修剪手法的运用			时间：　年　月　日	
评价环节一：技能操作考核(满分50分)				
教师评价	内容一　修剪手法运用(20分)	严格执行操作规程,技能操作规范,符合行业技术标准。修剪手法运用合理,剪、锯口符合要求,地面清理干净,操作速度快	认真执行操作规程,技能操作较规范,符合行业技术标准。修剪手法运用比较合理,剪、锯口比较符合要求,地面清理较干净,操作速度较快	基本能够执行操作规程,技能操作基本规范,基本符合行业技术标准。修剪手法基本合理,剪、锯口基本符合要求,地面清理基本干净,操作速度稍慢	操作规程执行较差,技能操作不够规范,达不到行业技术标准。修剪手法不够合理,剪、锯口处理差,地面清理不干净,操作速度慢
	内容二　剪口、锯口处理(10分)				
	内容三　清理园地(10分)	36～40分	31～35分	24～30分	10～23分
此环节得分					
评价环节二：岗位必需知识考核(满分30分)					
技能考核过程中随机口试,按答题程度确定分值					
此环节得分					
评价教师签字					

附表 3-1 《果树栽培》专业技能评价表

姓名：　　　　　　班级：　　　　　　学号：　　　　　　成绩：

学习情境 3　浆果类果树栽培			
葡萄出土上架		时间：　年　月　日	
评价环节一：技能操作（满分 40 分）			
教师评价　内容一　出土前准备（10 分）　内容二　葡萄出土（10 分）　内容三　葡萄上架（10 分）　内容四　做畦（10 分）	严格执行操作规程，技能操作规范。覆土清理干净，防寒沟基本平整，葡萄枝芽无损伤，上架方法正确、株间距适当、绑缚正确，做畦完全符合要求　36～40 分	认真执行操作规范，技能操作较规范。覆土清理较干净，防寒沟基本平整，葡萄枝芽损伤较少，上架方法正确、株间距较适当、绑缚较正确，做畦比较符合要求　31～35 分	基本能够执行操作规程，技能操作基本规范。覆土清理基本干净，防寒沟基本平整，葡萄枝芽有部分损伤，上架方法基本正确、株间距基本适当、绑缚基本正确，做畦基本符合要求　24～30 分	操作规程执行较差，技能操作不够规范。覆土清理不干净，防寒沟没有完全平整，葡萄枝芽损伤多，上架方法不完全正确、株间距不适当、绑缚不正确，做畦不符合要求　10～23 分
此环节得分			
评价环节二：岗位必需知识（满分 30 分）技能考核过程中随机口试，按答题程度确定分值			
此环节得分			
评价教师签字			

附表 3-2 《果树栽培》专业技能评价表

姓名：　　　　　　班级：　　　　　　学号：　　　　　　成绩：

学习情境 3　浆果类果树栽培			
葡萄春季修剪		时间：　年　月　日	
评价环节一：技能操作（满分 40 分）			
教师评价　内容一　抹芽（15 分）　内容二　定枝（15 分）　内容三　清理园地（10 分）	严格执行操作规程，技能操作规范，符合行业技术标准。抹芽处理准确，新梢选留位置、间距适当，地面清理干净，操作速度快　36～40 分	认真执行操作规范，技能操作较规范，符合行业技术标准。抹芽处理较准确，新梢选留位置、间距较适当，地面清理较干净，操作速度较快　31～35 分	基本能够执行操作规程，技能操作基本规范，基本符合行业技术标准。抹芽处理基本准确，新梢选留位置、间距基本适当，地面清理基本干净，操作速度稍慢　24～30 分	操作规程执行较差，技能操作不够规范，达不到行业技术标准。抹芽处理不准确，新梢选留位置、间距不合适，地面清理不干净，操作速度慢　10～23 分
此环节得分			
评价环节二：岗位必需知识（满分 30 分）技能考核过程中随机口试，按答题程度确定分值			
此环节得分			
评价教师签字			

附表 3-3　《果树栽培》专业技能评价表

姓名：　　　　　　班级：　　　　　　学号：　　　　　　成绩：

学习情境 3　浆果类果树栽培				
葡萄夏季修剪			时间：　　年　　月　　日	
评价环节一：技能操作（满分 40 分）				
教师评价	内容一　摘心（10 分）	严格执行操作规程，技能操作规范，符合行业技术标准。摘心位置适宜、副梢处理方法正确，花序选留数量、质量符合要求，去副穗、掐穗尖正确，卷须处理干净	认真执行操作规程，技能操作较规范，符合行业技术标准。摘心位置较适宜、副梢处理方法较正确，花序选留数量、质量较符合要求，去副穗、掐穗尖较正确，卷须处理较干净	基本能够执行操作规程，技能操作基本规范，基本符合行业技术标准。摘心位置基本适宜，副梢处理方法基本正确，花序选留数量、质量基本符合要求，去副穗、掐穗尖基本正确，卷须处理较干净	操作规程执行较差，技能操作不够规范，达不到行业技术标准。摘心位置不适宜、副梢处理不正确，花序选留数量、质量不符合要求，去副穗、掐穗尖不正确，卷须处理不干净
	内容二　副梢处理（10 分）				
	内容三　疏花序（10 分）				
	内容四　去副穗、掐穗尖（5 分）				
	内容五　去卷须（5 分）	36～40 分	31～35 分	24～30 分	10～23 分
	此环节得分				
评价环节二：岗位必需知识（满分 30 分）技能考核过程中随机口试，按答题程度确定分值				
	此环节得分				
	评价教师签字				

附表 3-4　《果树栽培》专业技能评价表

姓名：　　　　　　班级：　　　　　　学号：　　　　　　成绩：

学习情境 3　浆果类果树栽培				
葡萄疏穗疏粒			时间：　　年　　月　　日	
评价环节一：技能操作（满分 40 分）				
教师评价	内容一　工具使用（5 分）	严格执行操作规程，技能操作规范。工具使用安全、方法正确，留穗数适宜，果粒留量适中，果粒无损伤，地面清理干净，操作速度快	认真执行操作规程，技能操作较规范。工具使用较安全、方法正确，留穗数较适宜，果粒留量适中，果粒基本无损伤，地面清理较干净，操作速度较快	基本能够执行操作规程，技能操作基本规范。工具使用方法基本正确，留穗数基本适宜，果粒留量基本适中，果粒有损伤，地面清理基本干净，操作速度稍慢	操作规程执行较差，技能操作不够规范。工具使用方法不正确，留穗数不适宜，果粒留量过多或过少，果粒损伤较重，地面清理不干净，操作速度慢
	内容二　葡萄疏穗（15 分）				
	内容三　葡萄疏粒（15 分）				
	内容四　清理园地（5 分）	36～40 分	31～35 分	24～30 分	10～23 分
	此环节得分				
评价环节二：岗位必需知识（满分 30 分）技能考核过程中随机口试，按答题程度确定分值				
	此环节得分				
	评价教师签字				

附表 3-5 《果树栽培》专业技能评价表

姓名：　　　　　　班级：　　　　　　学号：　　　　　　成绩：

学习情境 3　浆果类果树栽培				
葡萄果实增色			时间：　年　月　日	
评价环节一：技能操作（满分 40 分）				
教师评价	内容一　摘袋（8 分）	严格执行操作规程，技能操作规范。摘袋方法正确，摘叶位置、数量符合要求，转果方法正确，反光膜铺设位置、方法正确。叶面肥配制及使用方法正确。操作熟练	认真执行操作规范。摘袋方法较正确，摘叶位置、数量较符合要求，转果方法较正确，反光膜铺设位置、方法较正确。叶面肥配制及使用方法较正确。操作较熟练	基本能够执行操作规程，技能操作基本规范。摘袋方法基本正确，摘叶位置、数量基本符合要求，转果方法基本正确，反光膜铺设位置、方法基本正确。叶面肥配制及使用方法基本正确。操作速度较慢	操作规程执行较差，技能操作不够规范。摘袋方法不正确，摘叶位置、数量不符合要求，转果方法不正确，反光膜铺设位置、方法不正确。叶面肥配制及使用方法不正确。操作不熟练
	内容二　摘叶（8 分）				
	内容三　转果（8 分）				
	内容四　铺反光膜（8 分）				
	内容五　喷施叶面肥（8 分）	36～40 分	31～35 分	24～30 分	10～23 分
此环节得分					
评价环节二：岗位必需知识（满分 30 分）技能考核过程中随机口试，按答题程度确定分值				
此环节得分					
评价教师签字					

附表 3-6 《果树栽培》专业技能评价表

姓名：　　　　　　班级：　　　　　　学号：　　　　　　成绩：

学习情境 3　浆果类果树栽培				
葡萄采收及采后处理			时间：　年　月　日	
评价环节一：技能操作（满分 40 分）				
教师评价	内容一　采收工具准备（10 分）	严格执行操作规程，技能操作规范。采收工具正确、准备齐全，果实成熟度好，采收方法正确，分级符合标准，包装方法正确。操作速度快	认真执行操作规程，技能操作较规范。采收工具正确、准备较齐全，果实成熟度较好，采收方法正确，分级符合标准，包装方法较正确。操作速度较快	基本能够执行操作规程，技能操作基本规范。采收工具准备基本齐全，果实基本成熟，采收方法基本正确，分级基本符合标准，包装方法基本正确。操作速度较慢	操作规程执行较差，技能操作不够规范。采收工具准备不全，果实成熟度较差，采收方法不正确，未按标准进行分级，包装方法不正确。操作不熟练
	内容二　采收（10 分）				
	内容三　分级（10 分）				
	内容四　包装（10 分）	36～40 分	31～35 分	24～30 分	10～23 分
此环节得分					
评价环节二：岗位必需知识（满分 30 分）技能考核过程中随机口试，按答题程度确定分值				
此环节得分					
评价教师签字					

附表 3-7　《果树栽培》专业技能评价表

姓名：　　　　　　班级：　　　　　　　学号：　　　　　　　　成绩：

学习情境 3　浆果类果树栽培				
葡萄休眠期修剪及下架			时间：　年　月　日	
评价环节一：技能操作(满分40分)				
教师评价	内容一　结果母枝处理(10分) 内容二　延长枝处理(10分) 内容三　剪、锯口处理(5分) 内容四　园地清理(5分) 内容五　下架(10分)	严格执行操作规程,技能操作规范。结果母枝修剪方法正确,延长头处理得当,地面清理干净,正确使用修剪工具,剪口、锯口,下架高度、宽度符合要求。操作速度快	认真执行操作规程,技能操作较规范。结果母枝修剪方法较正确,延长头处理较得当,地面清理较干净,修剪工具使用较正确,剪口、锯口,下架高度、宽度较符合要求。操作速度较快	基本能够执行操作规程,技能操作基本规范。结果母枝修剪方法基本正确,延长头处理基本合格,地面清理基本干净,修剪工具使用基本正确,剪口、锯口,下架高度、宽度基本符合要求。操作速度较慢	操作规程执行较差,技能操作不够规范。结果母枝修剪方法不准确,延长头处理不得当,地面清理不干净,修剪工具使用基本正确,剪口、锯口,下架高度、宽度不符合要求,操作速度慢
		36~40分	31~35分	24~30分	10~23分
此环节得分					
评价环节二：岗位必需知识(满分30分)技能考核过程中随机口试,按答题程度确定分值				
此环节得分					
评价教师签字					

附表 3-8　《果树栽培》专业技能评价表

姓名：　　　　　　班级：　　　　　　　学号：　　　　　　　　成绩：

学习情境 3　浆果类果树栽培				
葡萄埋土防寒			时间：　年　月　日	
评价环节一：技能操作(满分40分)				
教师评价	内容一　覆盖草苫(10分) 内容二　覆盖无纺布(10分) 内容三　埋土(15分) 内容四　清理园地(5分)	严格执行操作规程,技能操作规范。覆盖材料位置、方法正确,取土位置适宜,防寒沟平直,埋土厚度、宽度符合要求	认真执行操作规程,技能操作较规范。覆盖材料位置、方法较正确,取土位置较适宜,防寒沟较平直,埋土厚度、宽度符合要求	基本能够执行操作规程,技能操作基本规范。覆盖材料位置、方法基本正确,取土位置基本适宜,防寒沟基本平直,埋土厚度、宽度基本符合要求	操作规程执行较差,技能操作不够规范。覆盖材料位置、方法不够正确,取土位置不适宜,防寒沟不能完全平直,埋土厚度、宽度不符合要求
		36~40分	31~35分	24~30分	10~23分
此环节得分					
评价环节二：岗位必需知识(满分30分)技能考核过程中随机口试,按答题程度确定分值				
此环节得分					
评价教师签字					

附表 4-1 《果树栽培》专业技能评价表

姓名：　　　　　　　班级：　　　　　　　学号：　　　　　　　成绩：

学习情境 4　坚果类果树栽培				
核桃高接换优				时间：　年　月　日
评价环节一：技能操作（满分 40 分）				
教师评价	内容一　砧木处理（10分） 内容二　接穗处理（10分） 内容三　绑缚（5分） 内容四　保湿（5分） 内容五　接后管理（10分）	严格执行操作规程，技能操作规范。砧木、接穗处理得当，绑缚、保湿合理，接后管理符合要求，操作速度快 36～40分	认真执行操作规程，技能操作较规范。砧木、接穗处理较得当，绑缚、保湿较合理，接后管理较符合要求，操作速度较快 31～35分	基本能够执行操作规程，技能操作基本规范。砧木、接穗处理基本得当，绑缚、保湿基本合理，接后管理基本符合要求，操作速度稍慢 24～30分	操作规程执行较差，技能操作不够规范。砧木、接穗处理不到位，绑缚、保湿没有达到要求，接后管理没有符合要求，操作速度慢 10～23分
此环节得分				
评价环节二：岗位必需知识（满分 30 分）技能考核过程中随机口试，按答题程度确定分值				
此环节得分				
评价教师签字				

附表 4-2 《果树栽培》专业技能评价表

姓名：　　　　　　　班级：　　　　　　　学号：　　　　　　　成绩：

学习情境 4　坚果类果树栽培				
核桃去雄				时间：　年　月　日
评价环节一：技能操作（满分 40 分）				
教师评价	内容一　留花量的确定（15分） 内容二　疏花（15分） 内容五　清理园地（10分）	严格执行操作规程，技能操作规范，符合行业技术标准。疏雄数量、方法准确，地面清理干净，操作速度快 36～40分	认真执行操作规程，技能操作较规范。疏雄数量、方法较准确，地面清理干净，操作速度较快 31～35分	基本能够执行操作规程，技能操作基本规范。疏雄数量、方法基本准确，地面清理基本干净，操作速度稍慢 24～30分	操作规程执行较差，技能操作不够规范。疏雄数量、方法不准确，地面清理不干净，操作速度慢 10～23分
此环节得分				
评价环节二：岗位必需知识（满分 30 分）技能考核过程中随机口试，按答题程度确定分值				
此环节得分				
评价教师签字				

附表 4-3 《果树栽培》专业技能评价表

姓名：　　　　　　班级：　　　　　　学号：　　　　　　成绩：

学习情境 4　坚果类果树栽培				
核桃秋季修剪			时间：　年　月　日	
评价环节一：技能操作（满分 40 分）				
教师评价	内容一　树体结构调整（10分） 内容二　延长枝处理（10分） 内容三　结果枝组处理（10分） 内容四　疏除无效枝（5分） 内容五　清理园地（5分）	严格执行操作规程，技能操作规范。树体结构调整准确，延长枝处理得当，结果枝组修剪符合要求，无效枝疏除合理。地面清理干净，操作速度快	认真执行操作规程，技能操作较规范。树体结构调整较准确，延长枝处理较得当，结果枝组修剪比较符合要求，无效枝疏除较合理，地面清理干净，操作速度较快	基本能够执行操作规程，技能操作基本规范。树体结构调整基本准确，延长枝处理基本得当，结果枝组修剪基本符合要求，无效枝疏除基本合理，地面清理基本干净，操作速度稍慢	操作规程执行较差，技能操作不够规范。树体结构调整、延长枝、结果枝组处理不当，无效枝疏除不合理，地面清理不干净，操作速度慢
		36～40分	31～35分	24～30分	10～23分
此环节得分					
评价环节二：岗位必需知识（满分 30 分）技能考核过程中随机口试，按答题程度确定分值				
此环节得分					
评价教师签字					

附表 4-4 《果树栽培》专业技能评价表

姓名：　　　　　　班级：　　　　　　学号：　　　　　　成绩：

学习情境 4　坚果类果树栽培				
核桃采收及采后处理			时间：　年　月　日	
评价环节一：技能操作（满分 40 分）				
教师评价	内容一　采收（10分） 内容二　脱青皮（10分） 内容三　漂洗、晾晒（10分） 内容四　分级（5分） 内容五　清理园地（5分）	严格执行操作规程，技能操作规范，符合行业技术标准。采收及采后处理方法准确。地面清理干净，操作速度快	认真执行操作规程，技能操作较规范，符合行业技术标准。采收及采后处理方法较准确。地面清理较干净，操作速度较快	基本能够执行操作规程，技能操作基本规范，基本符合行业技术标准。采收及采后处理方法基本准确。地面清理基本干净，操作速度稍慢	操作规程执行较差，技能操作不够规范，达不到行业技术标准。采收及采后处理方法不准确。地面清理不干净，操作速度慢
		36～40分	31～35分	24～30分	10～23分
此环节得分					
评价环节二：岗位必需知识（满分 30 分）技能考核过程中随机口试，按答题程度确定分值				
此环节得分					
评价教师签字					

附表 4-5 《果树栽培》专业技能评价表

姓名： 班级： 学号： 成绩：

学习情境 4 坚果类果树栽培				
核桃幼树培土防寒			时间： 年 月 日	
评价环节一:技能操作(满分 40 分)				
教师评价	内容一 培土(15 分)	严格执行操作规程,技能操作规范,符合行业技术标准。选取合适的工具,培土操作正确,编织袋密封严密。地面清理干净,操作速度快	认真执行操作规程,技能操作较规范,符合行业技术标准。选取较合适的工具,培土操作较正确,编织袋密封较严密。地面清理较干净,操作速度较快	基本能够执行操作规程,技能操作基本规范,基本符合行业技术标准。选取较合适的工具,培土操作基本正确,编织袋密封基本严密。地面清理基本干净,操作速度稍慢	操作规程执行较差,技能操作不够规范,达不到行业技术标准。选取工具不合适,培土操作不正确,编织袋密封不严密。地面清理不干净,操作速度慢
	内容二 密封(15 分)				
	内容三 清理园地(10 分)				
		36～40 分	31～35 分	24～30 分	10～23 分
此环节得分					
评价环节二:岗位必需知识(满分 30 分)技能考核过程中随机口试,按答题程度确定分值				
此环节得分					
评价教师签字					

附表 4-6 《果树栽培》专业技能评价表

姓名： 班级： 学号： 成绩：

学习情境 4 坚果类果树栽培				
板栗休眠期修剪			时间： 年 月 日	
评价环节一:技能操作(满分 40 分)				
教师评价	内容一 树体结构调整(10 分)	严格执行操作规程,技能操作规范。树体结构调整准确,结果母枝、枝组处理得当,小枝修剪细致到位,正确使用修剪工具,剪口、锯口符合要求,地面清理干净,操作速度快	认真执行操作规程,技能操作较规范。树体结构调整较准确、结果母枝、枝组处理较得当,小枝修剪较到位,修剪工具使用较正确,剪口、锯口比较符合要求,地面清理干净,操作速度较快	基本能够执行操作规程,技能操作基本规范。树体结构调整基本准确,结果母枝、枝组处理基本得当,小枝修剪基本到位,修剪工具使用基本正确,剪口、锯口基本符合要求,操作速度稍慢	操作规程执行较差,技能操作不够规范。树体结构调整、结果母枝、枝组处理不当,小枝修剪不到位,修剪工具使用不正确,剪口、锯口不符合要求,操作速度慢
	内容二 结果母枝、枝组处理(10 分)				
	内容三 小枝修剪(10 分)				
	内容四 剪、锯口(5 分)				
	内容五 清理园地(5 分)				
		36～40 分	31～35 分	24～30 分	10～23 分
此环节得分					
评价环节二:岗位必需知识(满分 30 分)技能考核过程中随机口试,按答题程度确定分值				
此环节得分					
评价教师签字					

附表 4-7　《果树栽培》专业技能评价表

姓名：　　　　　　　班级：　　　　　　　学号：　　　　　　　成绩：

学习情境 4　坚果类果树栽培					
板栗园春季覆草				时间：　年　月　日	
评价环节一：技能操作（满分 40 分）					
教师评价	内容一　树盘整理（10 分）	严格执行操作规程，技能操作规范。树盘平整，覆盖材料位置、方法正确，取土位置适宜，压土厚度、范围符合要求	认真执行操作规程，技能操作较规范。树盘较平整，覆盖材料位置、方法较正确，取土位置较适宜，压土厚度、范围符合要求	基本能够执行操作规程，技能操作基本规范。树盘基本平整，覆盖材料位置、方法基本正确，取土位置基本适宜，压土厚度、范围基本符合要求	操作规程执行较差，技能操作不够规范。树盘不平整，覆盖材料位置、方法不够正确，取土位置不适宜，压土厚度、范围不符合要求
	内容二　覆盖稻草（15 分）				
	内容三　压土（10 分）				
	内容四　清理园地（5 分）	36～40 分	31～35 分	24～30 分	10～23 分
此环节得分					
评价环节二：岗位必需知识（满分 30 分）技能考核过程中随机口试，按答题程度确定分值					
此环节得分					
评价教师签字					

附表 4-8　《果树栽培》专业技能评价表

姓名：　　　　　　　班级：　　　　　　　学号：　　　　　　　成绩：

学习情境 4　坚果类果树栽培					
板栗去雄				时间：　年　月　日	
评价环节一：技能操作（满分 40 分）					
教师评价	内容一　量取原料（10 分）	严格执行操作规程，技能操作规范，符合行业技术标准。原料称取准确，配制方法正确，喷布均匀、周到，地面清理干净，操作速度快	认真执行操作规程，技能操作较规范，符合行业技术标准。原料称取较准确，配制方法较正确，喷布较均匀、周到，地面清理干净，操作速度较快	基本能够执行操作规程，技能操作基本规范，基本符合行业技术标准。原料称取基本准确，配制方法较正确，喷布基本均匀、周到，地面清理基本干净，操作速度稍慢	操作规程执行较差，技能操作不够规范，达不到行业技术标准。原料称取基本准确，配制方法不够正确，喷布不均匀、周到，地面清理不干净，操作速度慢
	内容二　配制（15 分）				
	内容三　喷施（10 分）				
	内容四　整理工具（5 分）	36～40 分	31～35 分	24～30 分	10～23 分
此环节得分					
评价环节二：岗位必需知识（满分 30 分）技能考核过程中随机口试，按答题程度确定分值					
此环节得分					
评价教师签字					

附表 4-9 《果树栽培》专业技能评价表

姓名：　　　　　　班级：　　　　　　学号：　　　　　　成绩：

学习情境 4　坚果类果树栽培				
板栗花期喷硼			时间：　年　月　日	
评价环节一：技能操作(满分 40 分)				
教师评价	内容一　称取原料(10 分)	严格执行操作规程,技能操作规范,符合行业技术标准。原料称取准确,配制方法正确,喷布均匀、周到,地面清理干净,操作速度快	认真执行操作规程,技能操作较规范,符合行业技术标准。原料称取较准确,配制方法较正确,喷布较均匀、周到,地面清理干净,操作速度较快	基本能够执行操作规程,技能操作基本规范,基本符合行业技术标准。原料称取基本准确,配制方法较正确,喷布基本均匀、周到,地面清理基本干净,操作速度稍慢	操作规程执行较差,技能操作不够规范,达不到行业技术标准。原料称取基本准确,配制方法不够正确,喷布不均匀、周到,地面清理不干净,操作速度慢
	内容二　配制(15 分)				
	内容三　喷施(10 分)				
	内容四　整理工具(5 分)				
		36～40 分	31～35 分	24～30 分	10～23 分
此环节得分					
评价环节二：岗位必需知识(满分 30 分)技能考核过程中随机口试,按答题程度确定分值				
此环节得分					
评价教师签字					

附表 4-10 《果树栽培》专业技能评价表

姓名：　　　　　　班级：　　　　　　学号：　　　　　　成绩：

学习情境 4　坚果类果树栽培				
板栗追膨果肥			时间：　年　月　日	
评价环节一：技能操作(满分 40 分)				
教师评价	内容一　开施肥沟(10 分)	严格执行操作规程,技能操作规范,符合行业技术标准。施肥沟深宽度、位置、施肥方法正确,施肥沟回填后地面踏实、整平	认真执行操作规程,技能操作较规范,符合行业技术标准。施肥沟深宽度、位置、施肥方法较正确,施肥沟回填后地面踏实、整平	基本能够执行操作规程,技能操作基本规范,基本符合行业技术标准。施肥沟深宽度、位置、施肥方法基本正确,施肥沟回填后地面基本踏实、整平	操作规程执行较差,技能操作不够规范,达不到行业技术标准。施肥沟深宽度、位置、施肥方法不够正确,施肥沟回填后地面不能完全踏实、整平
	内容二　施肥(10 分)				
	内容三　回填(10 分)				
	内容四　清理园地(10 分)				
		36～40 分	31～35 分	24～30 分	10～23 分
此环节得分					
评价环节二：岗位必需知识(满分 30 分)技能考核过程中随机口试,按答题程度确定分值				
此环节得分					
评价教师签字					

附表 5-1　《果树栽培》专业技能评价表

姓名：　　　　　　班级：　　　　　　　学号：　　　　　　　成绩：

学习情境 5　保护地核果类果树栽培				
设施桃的人工破眠			时间：　年　月　日	
评价环节一：技能操作(满分40分)				
教师评价	内容一　称取原料(10分)	严格执行操作规程,技能操作规范,符合行业技术标准。原料称取准确,配制方法正确,喷布均匀、周到,地面清理干净,操作速度快	认真执行操作规程,技能操作较规范,符合行业技术标准。原料称取较准确,配制方法较正确,喷布较均匀、周到,地面清理干净,操作速度较快	基本能够执行操作规程,技能操作基本规范,基本符合行业技术标准。原料称取基本准确,配制方法较正确,喷布基本均匀、周到,地面清理基本干净,操作速度稍慢	操作规程执行较差,技能操作不够规范,达不到行业技术标准。原料称取基本准确,配制方法不够正确,喷布不均匀、周到,地面清理不干净,操作速度慢
	内容二　配制(15分)				
	内容三　喷施(10分)				
	内容四　整理工具(5分)	36～40分	31～35分	24～30分	10～23分
	此环节得分				
评价环节二：岗位必需知识(满分30分)技能考核过程中随机口试,按答题程度确定分值				
	此环节得分				
	评价教师签字				

附表 5-2　《果树栽培》专业技能评价表

姓名：　　　　　　班级：　　　　　　　学号：　　　　　　　成绩：

学习情境 5　保护地核果类果树栽培				
桃生长抑制剂的使用			时间：　年　月　日	
评价环节一：技能操作(满分40分)				
教师评价	内容一　称取原料(10分)	严格执行操作规程,技能操作规范,符合行业技术标准。原料称取准确,配制方法正确,喷布均匀、周到,地面清理干净,操作速度快	认真执行操作规程,技能操作较规范,符合行业技术标准。原料称取较准确,配制方法较正确,喷布较均匀、周到,地面清理干净,操作速度较快	基本能够执行操作规程,技能操作基本规范,基本符合行业技术标准。原料称取基本准确,配制方法较正确,喷布基本均匀、周到,地面清理基本干净,操作速度稍慢	操作规程执行较差,技能操作不够规范,达不到行业技术标准。原料称取基本准确,配制方法不够正确,喷布不均匀、周到,地面清理不干净,操作速度慢
	内容二　配制(15分)				
	内容三　喷施(10分)				
	内容四　整理工具(5分)	36～40分	31～35分	24～30分	10～23分
	此环节得分				
评价环节二：岗位必需知识(满分30分)技能考核过程中随机口试,按答题程度确定分值				
	此环节得分				
	评价教师签字				

附表5-3 《果树栽培》专业技能评价表

姓名：　　　　　　班级：　　　　　　学号：　　　　　　成绩：

学习情境5　保护地核果类果树栽培			
温室桃采收后修剪			时间：　年　月　日
评价环节一：技能操作(满分40分)			
教师评价	内容一　树体结构调整(10分)	严格执行操作规程，技能操作规范。树体结构调整准确，延长枝、枝组处理得当，小枝修剪细致到位，正确使用修剪工具，剪口、锯口符合要求，地面清理干净，操作速度快	认真执行操作规程，技能操作较规范。树体结构调整较准确、延长枝、枝组处理较得当，小枝修剪较到位，修剪工具使用较正确，剪口、锯口比较符合要求，地面清理干净，操作速度较快	基本能够执行操作规程，技能操作基本规范。树体结构调整基本准确，延长枝、枝组处理基本得当，小枝修剪基本到位，修剪工具使用基本正确，剪口、锯口基本符合要求，操作速度稍慢	操作规程执行较差，技能操作不够规范。树体结构调整、延长枝、枝组处理不当，小枝修剪不到位，修剪工具使用不正确，剪口、锯口不符合要求，操作速度慢
	内容二　延长枝、枝组处理(10分)				
	内容三　小枝修剪(10分)				
	内容四　剪、锯口(5分)				
	内容五　清理园地(5分)	36～40分	31～35分	24～30分	10～23分
此环节得分			
评价环节二：岗位必需知识(满分30分)技能考核过程中随机口试，按答题程度确定分值			
此环节得分			
评价教师签字			

附表6-1 《果树栽培》专业技能评价表

姓名：　　　　　　班级：　　　　　　学号：　　　　　　成绩：

学习情境6　保护地浆果类果树栽培			
石灰氮处理			时间：　年　月　日
评价环节一：技能操作(满分40分)			
教师评价	内容一　称取原料(10分)	严格执行操作规程，技能操作规范，符合行业技术标准。原料称取准确，配制方法正确，涂抹位置准确、周到	认真执行操作规程，技能操作较规范，符合行业技术标准。原料称取较准确，配制方法较正确，涂抹位置较准确、较周到	基本能够执行操作规程，技能操作基本规范，基本符合行业技术标准。原料称取基本准确，配制方法较正确，涂抹位置基本准确、周到	操作规程执行较差，技能操作不够规范，达不到行业技术标准。原料称取基本准确，配制方法不够正确，涂抹不准确、不周到
	内容二　配制(15分)				
	内容三　涂抹(10分)				
	内容四　整理工具(5分)	36～40分	31～35分	24～30分	10～23分
此环节得分			
评价环节二：岗位必需知识(满分30分)技能考核过程中随机口试，按答题程度确定分值			
此环节得分			
评价教师签字			

附表 6-2 《果树栽培》专业技能评价表

姓名: 班级: 学号: 成绩:

学习情境 6 保护地浆果类果树栽培				
保护地葡萄果实膨大处理			时间: 年 月 日	
评价环节一:技能操作(满分 40 分)				
教师评价	内容一 称取原料(10 分)	严格执行操作规程,技能操作规范,符合行业技术标准。原料称取准确,配制方法正确,喷布均匀、周到	认真执行操作规程,技能操作较规范,符合行业技术标准。原料称取较准确,配制方法较正确,喷布较均匀、周到	基本能够执行操作规程,技能操作基本规范,基本符合行业技术标准。原料称取基本准确,配制方法较正确,喷布基本均匀、周到	操作规程执行较差,技能操作不够规范,达不到行业技术标准。原料称取基本准确,配制方法不够正确,喷布不均匀、周到
	内容二 配制(15 分)				
	内容三 喷施(10 分)				
	内容四 整理工具(5 分)	36~40 分	31~35 分	24~30 分	10~23 分
	此环节得分				
评价环节二:岗位必需知识(满分 30 分)技能考核过程中随机口试,按答题程度确定分值				
	此环节得分				
	评价教师签字				

附表 6-3 《果树栽培》专业技能评价表

姓名: 班级: 学号: 成绩:

学习情境 6 保护地浆果类果树栽培				
温室葡萄采收后修剪			时间: 年 月 日	
评价环节一:技能操作(满分 40 分)				
教师评价	内容一 回缩位置(15 分)	严格执行操作规程,技能操作规范,符合行业技术标准。回缩位置选择合理,正确使用修剪工具,剪口、锯口符合要求,操作速度快	认真执行操作规程,技能操作较规范,符合行业技术标准。回缩位置选择较合理,较正确使用修剪工具,剪口、锯口比较符合要求,操作速度较快	基本能够执行操作规程,技能操作基本规范,基本符合行业技术标准。回缩位置选择基本合理,基本正确使用修剪工具,剪口、锯口基本符合要求,操作速度较慢	操作规程执行较差,技能操作不够规范,达不到行业技术标准。回缩位置选择不当,修剪工具使用不正确,剪口、锯口不符合要求,操作速度慢
	内容二 剪、锯口处理(15 分)				
	内容三 清理园地(10 分)	36~40 分	31~35 分	24~30 分	10~23 分
	此环节得分				
评价环节二:岗位必需知识(满分 30 分)技能考核过程中随机口试,按答题程度确定分值				
	此环节得分				
	评价教师签字				

附录 B 职业能力评价表

附表 1 《果树栽培》职业能力评价表

姓名： 班级： 学号： 成绩：

果树春季、夏季生产				
评价环节一：职业素养和学习表现（满分 20 分）				
评价内容	评价细则			
出勤情况（满分 5 分）	按时出勤，不迟到、早退为 5 分；迟到、早退一次扣 1 分；不出勤为 0 分			
沟通、合作、概括总结能力（满分 10 分）	与小组成员沟通、合作能力强，概括总结能力强 10 分	与组员沟通、合作能力较强，概括总结能力较强 8 分	能与组员沟通，在提醒情况下能够与组员合作，有一定的概括总结能力 6 分	不能与组员沟通、合作，概括能力不强 4 分
学习态度（满分 5 分）	态度端正，认真听讲，认真操作 5 分	态度较端正，听讲认真，操作较认真 4 分	态度基本端正，听讲较认真，服从教师指导 3 分	不能自我控制，学习态度不端正 2 分
此环节得分				

评价环节二：技能操作（满分 50 分）				
任务	成绩		任务	成绩
休眠期修剪			人工辅助授粉	
解除防寒、高接换优			疏果	
春季修剪			夏季修剪	
栽植			套袋	
疏花			追肥	
平均				
学生自评（5 分）学生针对任务完成情况进行自我评定，总结经验教训	敢于操作，对知识点掌握清晰准确，能客观总结经验教训 5 分	敢于操作，对知识点掌握较准确，能总结经验教训 4 分	需教师稍加指导，对知识点掌握基本准确，能总结经验教训 3 分	教师指导下方可工作，对知识点掌握不够准确，总结经验教训能力较差 2 分
学生互评（5 分）学生针对小组其他成员实施表现进行评价	学习态度认真，操作规范，任务完成效果好 5 分	学习态度较认真，操作规范，任务完成效果较好 4 分	学习态度较端正，操作基本规范，能够完成任务 3 分	学习态度不认真，操作不规范，任务完成效果较差 2 分
此环节得分				

评价环节三：岗位必需知识（满分 30 分）				
任务	成绩		任务	成绩
休眠期修剪			人工辅助授粉	
解除防寒、高接换优			疏果	
春季修剪			夏季修剪	
栽植			套袋	
疏花			追肥	
此环节总分（平均）				

附表 2　《果树栽培》职业能力评价表

姓名：　　　　　　班级：　　　　　　学号：　　　　　　成绩：

果树秋季、冬季生产				
评价环节一：职业素养和学习表现（满分 20 分）				
评价内容	评价细则			
出勤情况（满分 5 分）	按时出勤，不迟到、早退为 5 分；迟到、早退一次扣 1 分；不出勤为 0 分			
沟通、合作、概括总结能力（满分 10 分）	与小组成员沟通、合作能力强，概括总结能力强 10 分	与组员沟通、合作能力较强，概括总结能力较强 8 分	能与组员沟通，在提醒情况下能够与组员合作，有一定的概括总结能力 6 分	不能与组员沟通、合作，概括能力不强 4 分
学习态度（满分 5 分）	态度端正，认真听讲，认真操作 5 分	态度较端正，听讲认真，操作较认真 4 分	态度基本端正，听讲较认真，服从教师指导 3 分	不能自我控制，学习态度不端正 2 分
此环节得分				

评价环节二：技能操作（满分 50 分）				
任务	成绩	任务	成绩	
果实增色		四种修剪手法的运用		
采收及采后处理		葡萄修剪及下架		
施基肥		保护地果树打破休眠		
秋季修剪		保护地植物生长调节剂的使用		
树体保护		保护地果树采收后修剪		
平均				
学生自评（5 分）学生针对任务完成情况进行自我评定，总结经验教训	敢于操作，对知识点掌握清晰准确，能客观总结经验教训 5 分	敢于操作，对知识点掌握较准确，能总结经验教训 4 分	需教师稍加指导，对知识点掌握基本准确，能总结经验教训 3 分	教师指导下方可工作，对知识点掌握不够准确，总结经验教训能力较差 2 分
学生互评（5 分）学生针对小组其他成员实施表现进行评价	学习态度认真，操作规范，任务完成效果好 5 分	学习态度较认真，操作规范，任务完成效果较好 4 分	学习态度较端正，操作基本规范，能够完成任务 3 分	学习态度不认真，操作不规范，任务完成效果较差 2 分
此环节得分				

评价环节三：岗位必需知识（满分 30 分）				
任务	成绩	任务	成绩	
果实增色		四种修剪手法的运用		
采收及采后处理		葡萄修剪及下架		
施基肥		保护地果树打破休眠		
秋季修剪		保护地果树生长调节剂的使用		
树体保护		保护地果树采收后修剪		
此环节总分（平均）				

果树栽培学程设计

作业单

学习情境报告单——苹果(梨)休眠期修剪

组别：　　　　组长：　　　　记录人：　　　参加人：　　　时间：　年　月　日

1. 苹果(梨)常用树形及树体结构要点。
2. 休眠期修剪的意义、修剪的原则和依据。
3. 苹果(梨)的枝芽特性、丰产树形的特点。
4. 苹果(梨)休眠期修剪流程。
5. 休眠期修剪注意事项。

学习情境报告单——苹果(梨)刻芽、抹芽

组别：　　　组长：　　　记录人：　　　参加人：　　　时间：　年　月　日

1. 苹果(梨)常用树形及树体结构要点。
2. 春季修剪的意义。
3. 苹果(梨)刻芽的时期与方法。
4. 苹果(梨)抹芽的时期与方法。
5. 春季修剪的注意事项。

学习情境报告单——苹果(梨)树栽植

组别：　　　组长：　　　记录人：　　　参加人：　　　时间：　年　月　日

1. 苹果(梨)园建园条件。
2. 苹果(梨)苗木质量标准。
3. 苹果(梨)园建园规划。
4. 栽植时期与方法。
5. 提高栽植成活率的措施。

学习情境报告单——苹果(梨)疏花

组别：　　　　组长：　　　　记录人：　　　　参加人：　　　　时间：　　年　　月　　日

1. 苹果(梨)树负载量的确定。
2. 苹果(梨)疏花的意义。
3. 苹果(梨)疏花的时期与方法。
4. 苹果(梨)疏花注意事项。

学习情境报告单——苹果(梨)花粉的采集与人工辅助授粉

组别：　　　　组长：　　　　记录人：　　　参加人：　　　时间：　年　月　日

1. 授粉受精的概念。
2. 花粉的采集与贮藏。
3. 花粉的稀释。
4. 人工辅助授粉的时期与方法。
5. 人工辅助授粉注意事项。

学习情境报告单——苹果(梨)疏果

组别：　　　　组长：　　　　记录人：　　　　参加人：　　　　时间：　　年　　月　　日

1. 坐果与落花落果的概念。
2. 落花落果的次数及原因分析。
3. 疏果的意义。
4. 苹果(梨)疏果的时期与方法。
5. 苹果(梨)疏果注意事项。

学习情境报告单——苹果(梨)扭梢、摘心与剪梢、疏梢

组别：　　　组长：　　　记录人：　　　参加人：　　　时间：　年　月　日

1. 苹果(梨)常用树形及树体结构要点。
2. 夏季修剪的意义。
3. 苹果扭梢的时期与方法。
4. 苹果(梨)摘心与剪梢的时期与方法。
5. 苹果(梨)疏梢的时期与方法。

学习情境报告单——苹果(梨)套袋

组别：　　　　组长：　　　　记录人：　　　　参加人：　　　　时间：　　年　　月　　日

1. 苹果(梨)套袋的意义。
2. 苹果(梨)果袋的选择。
3. 套袋前的准备。
4. 苹果(梨)套袋的时期和方法。
5. 苹果(梨)套袋注意事项。

学习情境报告单——苹果(梨)追肥

组别：　　　组长：　　　记录人：　　参加人：　　时间：　年　月　日

1. 苹果(梨)果实发育规律。
2. 苹果(梨)树需肥特点。
3. 苹果(梨)追肥的种类。
4. 苹果(梨)追肥的时期与方法。
5. 苹果(梨)追肥注意事项。

学习情境报告单——苹果(梨)果实增色

组别：　　　　组长：　　　　记录人：　　　参加人：　　　时间：　　年　　月　　日

1. 果实着色机理。
2. 影响花青苷合成的内外因素。
3. 果实着色的调控技术。
4. 苹果(梨)果实增色方法。

学习情境报告单——苹果(梨)采收及采后处理

组别：　　　组长：　　　记录人：　　　参加人：　　　时间：　　年　　月　　日

1. 苹果(梨)果实成熟的标准及采前准备。
2. 苹果(梨)采收的时期、方法。
3. 苹果(梨)果实分级标准。
4. 苹果(梨)果实包装。
5. 苹果(梨)采收及采后处理注意事项。

学习情境报告单——苹果(梨)秋施基肥

组别：　　　　组长：　　　　记录人：　　　参加人：　　　时间：　　年　　月　　日

1. 果树施基肥的好处和最佳时期。
2. 苹果(梨)树根系分布特点及生长发育规律。
3. 基肥的种类。
4. 苹果(梨)施基肥的方法。
5. 苹果(梨)施基肥注意事项。

学习情境报告单——苹果(梨)秋季修剪

组别：　　　　组长：　　　　记录人：　　　参加人：　　　时间：　年　月　日

1. 苹果(梨)常用树形及树体结构要点。
2. 秋季修剪的意义。
3. 秋季修剪的原则。
4. 苹果(梨)的秋季修剪流程。
5. 秋季修剪的注意事项。

学习情境报告单——苹果(梨)树干涂白

组别：　　　　　组长：　　　　　记录人：　　　　　参加人：　　　　　时间：　年　月　日

1. 为什么给苹果(梨)树做树干涂白？
2. 树干涂白什么时候做比较好？
3. 涂白剂的原料有哪些？如何配制涂白剂？
4. 怎样做苹果(梨)树干涂白？
5. 树干涂白应注意哪些事项？

学习情境报告单——桃解除防寒草把

组别： 　　组长： 　　记录人： 　　参加人： 　　时间： 年 　月 　日

1. 桃的耐寒特性及当地的气候条件。
2. 桃树解除防寒草把的时期。
3. 解除防寒草把的方法。
4. 解除防寒草把应注意哪些事项。

学习情境报告单——桃休眠期修剪

组别：　　　　组长：　　　　记录人：　　　参加人：　　　时间：　年　月　日

1. 桃常用树形及树体结构要点。
2. 休眠期修剪有何意义？
3. 休眠期修剪的原则是什么？
4. 桃的休眠期修剪流程。
5. 休眠期修剪的注意事项。

学习情境报告单——桃抹芽、疏梢

组别：　　　　组长：　　　　记录人：　　　　参加人：　　　　时间：　　年　　月　　日

1. 桃常用树形及树体结构要点。
2. 春季修剪有何意义？
3. 桃抹芽的时期与方法。
4. 桃疏梢的时期与方法。
5. 春季修剪的注意事项。

学习情境报告单——桃摘心、扭梢、拉枝

组别：   组长：   记录人：   参加人：   时间：   年   月   日

1. 桃常用树形及树体结构要点。
2. 夏季修剪有何意义？
3. 桃摘心的时期与方法。
4. 桃扭梢的时期与方法。
5. 桃拉枝的时期与方法。

学习情境报告单——桃疏果

组别：　　　　组长：　　　　记录人：　　　参加人：　　　时间：　　年　　月　　日

1. 坐果与落花落果的概念。
2. 落花落果的次数及原因分析。
3. 桃疏果的利与弊。
4. 桃疏果的时期与方法。
5. 桃疏果注意事项。

学习情境报告单——桃套袋

组别：　　　　组长：　　　　记录人：　　　　参加人：　　　　时间：　　年　　月　　日

1. 桃套袋的意义。
2. 桃果袋的选择。
3. 桃套袋前的准备。
4. 桃套袋的时期和方法。
5. 桃套袋注意事项。

学习情境报告单——桃采收及采后处理

组别：　　　　组长：　　　　记录人：　　参加人：　　时间：　年　月　日

1. 桃果实成熟的标准及采前准备。
2. 桃采收的时期、方法。
3. 桃果实分级标准。
4. 桃果实包装。
5. 桃采收及采后处理注意事项。

学习情境报告单——桃秋季修剪

组别： 组长： 记录人： 参加人： 时间： 年 月 日

1. 桃秋季修剪的时间。

2. 桃树秋季修剪有何意义？

3. 桃树秋季修剪的原则是什么？

4. 桃树秋季修剪流程。

5. 桃秋季修剪的注意事项。

学习情境报告单——桃绑草把

组别：　　　　　组长：　　　　　记录人：　　　　参加人：　　　　时间：　　年　　月　　日

1. 为什么给桃树绑草把？
2. 什么时候绑草把适宜？
3. 如何进行草把的捆绑？
4. 桃树对低温的承受力及当地极端最低温度是多少？
5. 桃树绑草把应注意哪些事项？

学习情境报告单——修剪手法的运用

组别：　　　组长：　　　记录人：　　　参加人：　　　时间：　年　月　日

1. 李树常用树形及树体结构要点。
2. 短截的概念、作用及处理对象。
3. 疏枝的概念、作用及处理对象。
4. 回缩的概念、作用及处理对象。
5. 缓放的概念、作用及处理对象。

学习情境报告单——葡萄出土上架

组别：　　　　组长：　　　　记录人：　　　参加人：　　　时间：　　年　　月　　日

1. 葡萄什么时候出土适宜？出土过早、过晚的危害有哪些？

2. 葡萄出土上架前的准备工作有哪些？

3. 葡萄出土上架的方法。

4. 葡萄出土上架的注意事项。

学习情境报告单——葡萄春季修剪

组别：　　　　组长：　　　　记录人：　　　　参加人：　　　　时间：　　年　　月　　日

1. 葡萄常用树形及树体结构要点。
2. 葡萄芽的种类及特性。
3. 葡萄抹芽的时期与方法。
4. 葡萄定枝的时期与方法。
5. 春季修剪的注意事项。

学习情境报告单——葡萄夏季修剪

组别：　　　组长：　　　记录人：　　　参加人：　　　时间：　年　月　日

1. 葡萄常用树形及树体结构要点。
2. 夏季修剪有何意义？
3. 葡萄摘心、副梢处理的时期与方法。
4. 葡萄疏花序、去副穗、掐穗尖的时期与方法。
5. 葡萄夏季修剪的注意事项。

学习情境报告单——葡萄疏穗与疏粒

组别：　　　　组长：　　　　记录人：　　　　参加人：　　　　时间：　　年　　月　　日

1. 葡萄落花落果的时期及原因。
2. 葡萄果实生长发育的规律。
3. 葡萄疏穗与疏粒的时期。
4. 葡萄疏穗与疏粒的方法。
5. 葡萄疏穗与疏粒的注意事项。

学习情境报告单——葡萄果实增色

组别：　　　　组长：　　　　记录人：　　　　参加人：　　　　时间：　　年　　月　　日

1. 葡萄果实外观品质。
2. 葡萄果实着色的机理。
3. 葡萄增色的时期与方法。
4. 葡萄增色的注意事项。

学习情境报告单——葡萄采收及采后处理

组别： 组长： 记录人： 参加人： 时间： 年 月 日

1. 葡萄果实成熟的标准及采收前的准备工作。
2. 葡萄果实采收的时期、方法。
3. 葡萄果实分级标准。
4. 葡萄果实包装的方法。
5. 葡萄采收及采后处理的注意事项。

学习情境报告单——葡萄休眠期修剪及下架

组别：　　　　组长：　　　　记录人：　　　　参加人：　　　　时间：　　年　　月　　日

1. 葡萄常用树形、树体结构要点及芽的特性。
2. 休眠期修剪有何意义？
3. 葡萄休眠期修剪的时期及手法。
4. 如何操作葡萄的休眠期修剪？注意的事项有哪些？
5. 葡萄下架的方法及注意事项。

学习情境报告单——葡萄埋土防寒

组别：　　　　组长：　　　　记录人：　　　参加人：　　　时间：　　年　　月　　日

1. 葡萄为什么要进行埋土防寒？
2. 什么时候进行埋土防寒？做早、做晚的危害有哪些？
3. 埋土防寒的方法有哪些？各是如何操作的？
4. 葡萄植株各个器官的抗寒力如何？当地一般什么时候土壤开始封冻？
5. 葡萄埋土防寒时应注意哪些事项？

学习情境报告单——核桃高接换优

组别：　　　　组长：　　　　记录人：　　　参加人：　　　时间：　年　月　日

| 1. 核桃高接换优的意义有哪些？ |
| 2. 核桃插皮舌接的方法。 |
| 3. 嫁接口保湿措施。 |
| 4. 嫁接后管理方法。 |
| 5. 高接换优的注意事项。 |

学习情境报告单——核桃去雄

组别：　　　　组长：　　　　记录人：　　　参加人：　　　时间：　　年　　月　　日

1. 核桃去雄的意义。
2. 核桃去雄的时期和方法。
3. 核桃花期调控的其他措施。
4. 核桃落花落果原因。
5. 核桃去雄应注意事项。

学习情境报告单——核桃采收及采后处理

组别：　　　　组长：　　　　记录人：　　　参加人：　　　时间：　　年　　月　　日

1. 核桃果实成熟的标准及采前准备。
2. 核桃采收时期、方法。
3. 核桃脱青皮的方法。
4. 核桃分级标准。
5. 核桃采收及采后处理应注意事项。

学习情境报告单——核桃秋季修剪

组别：　　　　组长：　　　　记录人：　　　参加人：　　　时间：　年　月　日

1. 核桃常用树形及树体结构要点。
2. 核桃秋季修剪有何意义？
3. 核桃秋季修剪的手法。
4. 核桃的秋季修剪流程。
5. 核桃秋季修剪的注意事项。

学习情境报告单——核桃幼树培土防寒

组别：　　　　组长：　　　　记录人：　　　　参加人：　　　　时间：　　年　　月　　日

1. 为什么对核桃幼树进行培土防寒？
2. 什么时期进行培土防寒？
3. 核桃树冬季保护措施还有哪些？
4. 如何进行培土防寒。
5. 培土防寒的注意事项。

学习情境报告单——板栗休眠期修剪

组别：　　　　组长：　　　　记录人：　　　　参加人：　　　　时间：　　年　　月　　日

1. 板栗常用树形及树体结构要点。

2. 板栗休眠期修剪有何意义？

3. 板栗休眠期修剪的手法。

4. 板栗休眠期修剪流程。

5. 板栗休眠期修剪的注意事项。

学习情境报告单——板栗园春季覆盖

组别：　　　　组长：　　　　记录人：　　　　参加人：　　　　时间：　　年　　月　　日

1. 板栗园覆盖的意义？
2. 板栗园覆盖材料的选择。
3. 板栗园覆草的时期与方法。
4. 板栗园覆盖的注意事项。

学习情境报告单——板栗去雄

组别：　　　　组长：　　　　记录人：　　　　参加人：　　　　时间：　　年　　月　　日

1. 板栗去雄的意义。
2. 板栗去雄的时期和方法。
3. 板栗花期调控的其他措施。
4. 板栗空苞的原因及防治措施。
5. 板栗去雄应注意的事项。

学习情境报告单——板栗花期施硼

组别：　　　　组长：　　　　记录人：　　　参加人：　　　时间：　　年　　月　　日

1. 板栗为何提倡花期施硼？
2. 硼肥的种类有哪些？
3. 板栗如何进行土壤施硼？
4. 板栗花期如何进行叶面喷硼？
5. 板栗花期施硼应注意的事项。

学习情境报告单——板栗追施膨果肥

组别： 组长： 记录人： 参加人： 时间： 年 月 日

1. 板栗根系特性。
2. 板栗需肥特点。
3. 板栗追肥的时期与方法。
4. 板栗为何要重视膨果肥？
5. 板栗追施膨果肥的注意事项。

学习情境报告单——设施结构及保护地桃主栽品种

组别：　　　组长：　　　记录人：　　　参加人：　　　时间：　　年　　月　　日

1. 保护设施的类型有哪些？
2. 调查一栋温室，绘图说明此温室的结构。
3. 保护地桃栽培品种选择原则。
4. 保护地桃栽培的主要品种及各自特点(具体内容填入保护地桃主要品种调查表)。

保护地桃主栽品种调查表

组别： 组长： 记录人： 参加人： 时间： 年 月 日

序号	品种	主要特点
1		
2		
3		
4		
5		
6		
7		
8		
9		
10		

设施结构调查清单

组别：　　　　组长：　　　　记录人：　　　　参加人：　　　　时间：　　年　　月　　日

温室序号	
调查项目	

组长		组员			教师签字	

学习情境报告单——桃人工促眠

组别：　　　　组长：　　　　记录人：　　　参加人：　　　时间：　　年　　月　　日

1. 果树需冷量概念及桃的需冷量范围。
2. 保护地桃需冷量不足的弊端。
3. 保护地桃人工促眠的具体措施。
4. 保护地桃人工促眠的注意事项。

学习情境报告单——桃人工促眠

学习情境报告单——保护地桃温光水气调控

组别：　　　组长：　　　记录人：　　　参加人：　　　时间：　　年　　月　　日

1. 保护地内温度变化规律及温度调控措施。
2. 保护地内湿度变化规律及湿度调控措施。
3. 保护地内光照变化规律及光照调控措施。
4. 保护地内 CO_2 变化规律及 CO_2 调控措施。
5.保护地桃不同发育时期对温光水气的要求。

调查清单

组别：　　　　组长：　　　　记录人：　　　　参加人：　　　　时间：　　年　　月　　日

测定时间	温度（℃）		相对湿度（%）		光照强度（lx）		备注
	室内	室外	室内	室外	室内	室外	

学习情境报告单——桃生长抑制剂的使用

组别： 　　 组长： 　　 记录人： 　　 参加人： 　　 时间： 年 月 日

1. 植物生长调节剂的种类与作用。
2. 保护地桃常用生长抑制剂有哪些?
3. 桃生长抑制剂的使用时期与方法。
4. 使用抑制剂 PBO 的注意事项。

学习情境报告单——温室桃采收后修剪

组别：　　　组长：　　　记录人：　　　参加人：　　　时间：　　年　　月　　日

1. 温室桃常用树形及树体结构要点。
2. 温室桃采收后修剪的时期与方法。
3. 采收后修剪的注意事项。
4. 修剪后的植株如何进行管理?

学习情境报告单——保护地葡萄主要栽培品种与设施栽植制度

组别：　　　　组长：　　　　记录人：　　　　参加人：　　　　时间：　年　月　日

1.保护地葡萄栽培的类型有哪些？各自的成熟时间如何？
2.保护地葡萄栽培品种选择的原则。
3.保护地葡萄栽培的主要品种及其特点（具体内容填入保护地葡萄主要品种调查表）。
4.保护地葡萄的栽植制度、架式及栽植密度。

保护地葡萄主要品种调查表

组别：　　　　组长：　　　　记录人：　　参加人：　　时间：　年　月　日

序号	品种	主要特点
1		
2		
3		
4		
5		
6		
7		
8		
9		
10		

学习情境报告单——石灰氮(单氰胺)处理

组别:　　　　组长:　　　　记录人:　　　　参加人:　　　　时间:　　年　　月　　日

1. 打破落叶果树休眠的方法有哪些?
2. 石灰氮(单氰胺)的作用。
3. 石灰氮(单氰胺)使用时期。
4. 石灰氮(单氰胺)的使用方法。
5. 使用石灰氮(单氰胺)注意事项。

学习情境报告单——保护地葡萄果实膨大处理

组别： 组长： 记录人： 参加人： 时间： 年 月 日

1. 植物生长调节剂的种类与作用。
2. 保护地葡萄常用果实膨大剂种类。
3. 保护地葡萄果实膨大处理的时期与方法。
4. 使用果实膨大剂的注意事项。

学习情境报告单——温室葡萄采收后修剪

组别：　　　　组长：　　　　记录人：　　　　参加人：　　　　时间：　年　月　日

1. 温室葡萄常用树形及树体结构要点。
2. 温室葡萄采收后修剪的时期与方法。
3. 采收后修剪的注意事项。
4. 修剪后的植株如何进行管理？

实施计划单

组别：   时间：   年 月 日

步骤	名称	内　容	实施人
第一步			
第二步			
第三步			
第四步			
组　长	组　员		指导教师

实施计划单

组别：　　　　　　　　　　　　　　　　　　　时间：　年　月　日

步骤	名称	内　容	实施人
第一步			
第二步			
第三步			
第四步			

组长		组员		指导教师	

实施计划单

组别：　　　　　　　　　　　　　　　　　　　　　　时间：　年　月　日

步骤	名称	内　容	实施人
第一步			
第二步			
第三步			
第四步			

组长		组员		指导教师	

实施计划单

组别：　　　　　　　　　　　　　　　　　　时间：　年　月　日

步骤	名称	内　容	实施人
第一步			
第二步			
第三步			
第四步			

组 长		组 员		指 导 教 师	

实施计划单

组别：　　　　　　　　　　　　　　　　　　　　　时间：　　年　月　日

步骤	名称	内　容	实施人
第一步			
第二步			
第三步			
第四步			
组长		组员	指导教师	

实施计划单

组别：　　　　　　　　　　　　　　　　　　　　时间：　年　月　日

步骤	名称	内　容	实施人
第一步			
第二步			
第三步			
第四步			

组　长		组　员		指导教师	

工作技能单

班级：　　　　　组别：　　　　　组长：　　　　　组员：

步骤	名称	内容	材料用具及数量
第一步			
第二步			
第三步			
第四步			
注意事项			

时间：　年　月　日

工作技能单

班级：　　　　　　组别：　　　　　　组长：　　　　　　组员：

步骤	名称	内容	材料用具及数量
第一步			
第二步			
第三步			
第四步			
注意事项			

时间：　年　月　日

工作技能单

班级：　　　　　　组别：　　　　　　组长：　　　　　　组员：

步骤	名称	内容	材料用具及数量
第一步			
第二步			
第三步			
第四步			
注意事项			

时间：　　年　　月　　日

工作技能单

班级：　　　　　　　　组别：　　　　　　　组长：　　　　　　　组员：

步骤	名称	内容	材料用具及数量
第一步			
第二步			
第三步			
第四步			
注意事项			

时间：　　年　　月　　日

工作技能单

班级：　　　　　组别：　　　　　组长：　　　　　组员：

步骤	名称	内容	材料用具及数量
第一步			
第二步			
第三步			
第四步			
注意事项			

时间：　年　月　日

工作技能单

班级：　　　　　　　组别：　　　　　　　组长：　　　　　　　组员：

步骤	名称	内容	材料用具及数量
第一步			
第二步			
第三步			
第四步			
注意事项			

时间：　　年　　月　　日